U0159179

岩土工程抗震大型复杂试验设计理论及关键技术应用
国家自然科学基金资助项目（51708163，51808466）
国防基础科研计划项目（A0220110003，B0220133003）

国家出版基金项目
NATIONAL PUBLICATION FOUNDATION

岩土工程振动台试验模型 设计理论及技术

王志佳　吴祚菊　张建经 编著

西南交通大学出版社
·成　都·

图书在版编目（ＣＩＰ）数据

岩土工程振动台试验模型设计理论及技术 / 王志佳，吴祚菊，张建经编著. —成都：西南交通大学出版社，2020.8

（岩土工程抗震大型复杂试验设计理论及关键技术应用）

国家出版基金项目

ISBN 978-7-5643-7554-6

Ⅰ. ①岩… Ⅱ. ①王… ②吴… ③张… Ⅲ. ①岩土工程 – 振动台试验 – 研究 Ⅳ. ①TU41

中国版本图书馆 CIP 数据核字（2020）第 156751 号

国家出版基金项目

岩土工程抗震大型复杂试验设计理论及关键技术应用

Yantu Gongcheng Zhendongtai Shiyan Moxing Sheji Lilun ji Jishu

岩土工程振动台试验模型设计理论及技术

王志佳　吴祚菊　张建经　编著

出 版 人	王建琼
策 划 编 辑	张　雪
责 任 编 辑	杨　勇
封 面 设 计	何东琳设计工作室
出 版 发 行	西南交通大学出版社
	（四川省成都市金牛区二环路北一段 111 号
	西南交通大学创新大厦 21 楼）
发行部电话	028-87600564　028-87600533
邮 政 编 码	610031
网 　 　 址	http://www.xnjdcbs.com
印 　 　 刷	四川玖艺呈现印刷有限公司
成 品 尺 寸	170 mm × 230 mm
印 　 　 张	18
字 　 　 数	323 千
版 　 　 次	2020 年 8 月第 1 版
印 　 　 次	2020 年 8 月第 1 次
书 　 　 号	ISBN 978-7-5643-7554-6
定 　 　 价	120.00 元

振动台模型试验是探索土木工程结构地震响应的重要手段，在工程科学发展进程中的作用是不容忽视的，港珠澳大桥、三峡大坝等重大工程的建设实施大多依赖于模型试验的结果。经过近几十年的发展，振动台试验的研究成果已经越来越多地被应用于科学研究和工程实践中。振动台试验以相似理论为媒介，通过建立缩尺模型，把一个大型工程对象浓缩至一个较小尺寸的模型，通过伺服系统在振动台台面输入地震波后，使工程中发生的震害现象在实验室中得以重现。随着土木工程建设规模的发展，工程抗震的研究对象逐渐呈现出以下趋势：① 试验对象大型化，如超高建筑、大型水坝、跨海大桥等试验对象的出现；② 试验对象复杂化，主要表现在原型组成介质与作用形式复杂（如含软弱夹层边坡与锚索格构梁加固系统）、动力体系复杂（如风-车-桥-地基耦合系统、地震-波浪-桥梁-地基耦合系统）等；③ 试验内容多样化，试验内容已从以前的砌体结构、框架结构、水坝等逐渐向建筑安全评价、动力作用机理、极端灾害环境下的行为及防灾减灾措施等多样化方向发展。这些现状正逐渐将岩土工程振动台试验推向一个新的局面。

作者第一次开展岩土工程振动台试验是在 2011 年，至今已主持和指导振动台试验 20 余台，对振动台试验的开展有一些自己的理解和总结，为了将这些经验与更多科研工作者分享，特将以下五部分内容整理于本书中：

（1）对岩土工程振动台试验给予了综合介绍。一次完整的岩土工程振动台试验包含以下六步：试验模型的相似设计理论、模型土体与岩体的设计、模型结构的设计、模型测试元件的选择与布置、地震波的选择及输入、实验数据的处理。本书分别介绍了各大部分的内容及需注意的细节。

（2）原有地震动生成模式单纯依赖于震源机制、局部场地条件等两方面的估计，针对该问题，本书提出一种充分结合结构特性、局部场地条件以及震源机制等三者之间相互关系的新型人工地震动生成模式，利用优势频率耦合迭代手段，生成一系列与抗震研究目标（即某场地上的结构物）紧密相关的人工地震动场，其中包含具有空间相关性的多维多点人工地震动的生成理论及应用研究。

（3）在确定振动台试验模型设计参数时，按照传统量纲分析法推导振动台试验的相似关系，所有参数都被一个特征方程所包含，因此无法实现对土、结构和地震波根据各自特性分别进行相似设计，且推导结果要求每个参数在模型相似设计时均满足相似比要求，这在物理模型试验中几乎是不能实现的。针对该问题，本书提出了复杂岩土工程模型试验设计的分离量纲分析理论，并基于该理论建立了模型试验的分离相似设计方法，该方法可使试验设计较容易地满足所有参数要求的相似比，解决了无法同时满足所有参数相似比要求的问题。

（4）在进行模型土和结构设计时，动应力-动应变关系的相似是最关键也是最难以实现的关系。本书首先对传统模型土及岩石的设计方法进行分析，指出传统设计方法的局限性，同时提出了保证动应力-动应变关系相似的模型土和基岩设计方法，并对动应力-动应变关系相似程度的判定体系进行了探讨。除此之外，还对破坏特性相似、液化特性相似的模型土设计及常见模型结构的设计方法进行了介绍。

（5）本书详细介绍了岩土工程振动台试验的实施过程，对模型箱的设计方法、常见传感器性能及使用方法、输入地震波的生成及选取方法进行了说明。同时还对常见的振动台试验数据处理手段进行了说明。

本书对岩土工程振动台试验的开展和数据分析等具有积极的推动作用,所提出的分离量纲分析理论及新型相似材料设计方法均属于理论和实践的源头创新,具有较大的发展潜力,可保证在未来较长一段时间内满足模型试验研究对象的需求。本书研究内容可在一定程度上缓解试验对象日趋大型化、复杂化与振动台试验理论相对滞后的矛盾,对进一步提高土木工程界对大型、复杂工程地震响应模拟的技术水平有一定的促进作用,可对科研人员实现复杂研究对象的精确模拟,对我国重大工程的实施提供强有力的科学技术支撑。

本书的主要内容源自以下研究项目的成果:国家自然科学基金(51708163,51808466)、国防基础科研计划(A0220110003,B0220133003)、国家"973计划项目"(2011CB013600-G)、海南大学科研启动经费项目[KYQD(ZR)1722]等课题。

本书的成果是在海南大学土木建筑工程学院和西南交通大学土木工程学院完成的,书中的工程实例均来源于西南交通大学张建经老师和海南大学王志佳老师的课题项目,在开展各个振动台试验的过程中,重庆交通科研设计院桥梁工程分院和中国核动力西南研究设计院地震台实验室给予了大力支持,在此对他们多年的支持表示衷心的感谢。

由于作者水平有限,书中难免存在疏漏和欠妥之处,敬请读者不吝指正。

作者
2019 年 1 月 18 日

目录 CONTENTS

1 引 言

　　地球各大板块之间相互挤压碰撞会造成板块边缘及内部产生错动和破裂，使地壳内部储存的能量得到快速释放，能量释放后，会以波的形式传到地表引起地面振动，这种地面运动就是地震[1]。地震的突发性极强，如果一次大地震发生在人类的活动区附近，会造成严重的人员伤亡。目前，人类观测到的最大的地震是1960年5月22日发生在南美洲西南部的Mw9.5级智利大地震[2]，这次地震共造成2 000多人死亡，经济损失达58亿美元。随着时间的推移，抗震技术虽然不断发展，但由于城市化速度不断加快，人类活动范围不断扩张，近年来世界范围内频发的大地震造成的人员和财产损失纪录却不断上升（如图1-1）。

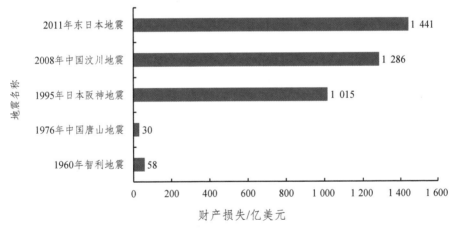

图 1-1　典型大地震造成的经济损失

　　如：1976年7月28日，我国河北省唐山市（东经118.2°，北纬39.6°）发生了里氏7.8级（矩震级7.5级）地震，释放的能量相当于400颗广岛原子弹爆炸，23 s内，整个唐山陷入瘫痪，682 267间民房中有656 136间受到严重损坏，造成242 769人死亡，16.4万人重伤，直接经济损失超过了30亿美元[3]；1995年1月17日发生在日本阪神的里氏7.3级大地震，直接导致的死亡人数超过了 6 500 人，许多桥梁和高速公路受到了破坏，直接经济损失达到了 1 015 亿美元[4,5]；2008 年 5 月 12 日，发生在我国四川省汶川县的里氏 8 级大地震，震动几乎波及全中国，直接导致 69 227 人死亡，17 923 人失踪，374 643 人受伤，各种城镇基础设施及房屋都遭到了严重破坏，直接经济损失达 1 286 亿美元[6,7]；2011 年 3 月 11 日，日本东北部海域发生了里氏 9.0 级地震[8]，并引发超级海啸，影响了太平洋沿岸的大部分地区，造成约 20 000 人遇难，直接经济损失达 1 441 亿美元，间接损失无法估量，同时，地震还造成了福岛第一核电站 1~4 号机组发生严重的核泄漏,造成的核灾难等级与切尔诺贝利事件同级，这次强震使地球自转加快 1.6 μs，整个本州岛向东移动约 3.6 m。以上历次大地震的震害资料均表明：由地震引起的强震地面运动及地面永久位移会使建筑物和构筑物倒塌、重要设备和设施遭到损坏、通信交通中断、生命线工程设施等遭到破坏。而从我国 2015 年发布的地震区划图可以看出[9]，国内很多城市都处在地震高发区，而城市恰好是岩土工程结构和生命线设施聚集的地区，这就使得震区工程结构和生命线设施的抗震设计问题得以凸显。

目前常用于研究工程结构地震响应的手段有：震害资料分析[10-12]、（离心）振动台模型试验[13,14]、数值分析[15,16]和抗震计算理论分析[17,18]。振动台模型试验是目前重现地震的重要手段，在结构地震响应研究工作中得到了广泛应用。振动台试验以相似理论为媒介，通过建立缩尺模型，把一个大型工程对象浓缩至一个较小尺寸的模型，通过伺服系统在振动台台面输入地震波后，使工程中发生的震害现象在实验室中得以重现（如图 1-2 和图 1-3）。经过近几十年的发展，振动台试验已经越来越多地被应用在科学研究和工程实践当中，同时，也有大量的新问题不断出现。

1. 试验对象的大型化

随着国民经济的发展，工程界出现了许多前所未有的大型工程，如高陡边坡、地铁车站、核电站及附属设施和大型水坝等，它们的地震安全性问题对振动台试验提出了更高的要求（如图 1-4）。为了达到理想的试验效果，得到准确的变化规律，需要加大振动台台面的尺寸、提高振动台的承载力，从而满足试验对象大型化的要求,但是大型振动台试验的修建和维护费用很高，这又使得研究人员必须适当控制振动台建造的规模，这时就需要在原有试验理论基础上进行突破，建立新的适合大比尺模型的相似设计体系及模型材料设计方法，以解决试验对象大型化与振动台台面尺寸有限之间的矛盾。

图 1-2　CCTV 主楼振动台试验

图 1-3　上海环球金融中心振动台试验

图 1-4　某高陡边坡地震安全性评价振动台试验

2. 试验对象的复杂化

随着计算机和数值模拟技术的不断发展，一般的工程问题只需进行理论计算或者数值模拟就可以解决，不需要借助模型试验。例如日本坝工设计规范规定，高度在 60 m 以下的拱坝，一般不需要进行试验[19]。所以，振动台模型试验的重点越来越倾向解决重大、复杂的岩土和结构工程问题，尤其是对于没有建立数学物理方程的复杂问题，振动台试验就成为唯一探索复杂结构地震响应的研究手段。面对这些复杂的研究对象，研究人员需要对已有的相似设计方法进行深化拓展，以充分模拟复杂模型的各个影响因素，同时还需要研究人员不断发展新的相似材料，以满足复杂研究对象物理特性的模拟要求。

3. 试验设备飞速发展而配套理论技术相对落后

目前，世界上已建成百余座振动台设备，但其发展势头依然强劲。从开始的输入规则波到现在的随机波，从开始的单个作动器单独工作到现在的多个作动器共同工作，从开始的单向输入到现在的三向六自由度，从开始的单台工作到现在的多台协同工作，振动台试验设备的发展非常迅速，可以开展的试验类型更加多样化，可以模拟的对象更为复杂，可以研究的内容更加丰富，这就要求有更完善的模型试验相似设计体系、更丰富的相似材料与更加高精尖的试验技术，才能使先进试验设备的优势得到充分发挥。

考虑到当前振动台试验在理论和实践上还有诸多问题需要解决，故本书将振动台试验开展过程中作者的经验与更多科研工作者分享，主要内容包含以下四部分：

（1）在对岩土工程振动台模型试验给予介绍后，首先对人工地震动的模拟进行了研究，原有地震动生成模式单纯依赖于震源机制、局部场地条件两方面的估计，针对该问题，本书提出一种充分结合结构特性、局部场地条件以及震源机制三者之间相互关系的新型人工地震动生成模式，利用优势频率耦合迭代手段，生成一系列与抗震研究目标（即某场地上的结构物）紧密相关的人工地震动场，其中包含具有空间相关性的多维多点人工地震动的生成理论及应用研究。

（2）在确定振动台试验模型设计参数时，按照传统量纲分析法推导振动台试验的相似关系，所有参数都被一个特征方程所包含，因此无法实现对土、结构和地震波根据各自特性分别进行相似设计，且推导结果要求每个参数在模型相似设计时均满足相似比要求，这在物理模型试验中几乎是不能实现的。针对该问题，本书提出了复杂岩土工程模型试验设计的分离量纲分析理论，并基于该理论建立了模型试验的分离相似设计方法，该方法可使试验设计较容易地满足所有参数要求的相似比，解决了无法同时满足所有参数相似比要求的问题。

（3）在进行模型土和结构设计时，动应力-动应变关系的相似是最关键也是最难以实现的。本书首先对传统模型土及基岩的设计方法进行分析，指出传统设计方法的局限性，同时提出了保证动应力-动应变关系相似的模型土和基岩设计方法，并对动应力-动应变关系相似程度的判定体系进行了探讨。除此之外，本书还对破坏特性相似、液化特性相似的模型土设计及常见模型结构的设计方法进行了介绍。

（4）详细介绍了岩土工程振动台试验的实施过程，对模型箱的设计方法、常见传感器性能及使用方法、输入地震波的生成及选取方法进行了说明。同时本书还对常见的振动台试验数据处理手段进行了说明。

本书对岩土工程振动台试验准备和数据分析等工作具有积极的推动作用，所提出的分离量纲分析理论及新型相似材料设计方法均属于理论和实践的源头创新，具有较大的发展潜力，可保证在未来较长一段时间内满足模型试验研究对象的需求。研究的相关理论和技术可有效缓解试验对象日趋大型化、复杂化与振动台试验理论相对滞后的矛盾，对提高土木工程界对大型、复杂工程地震响应模拟的技术水平有一定的促进作用，可对科研人员实现复杂研究对象的精确模拟，对我国重大工程的实施提供有力的科学技术保障。

2 人工合成地震动的生成与输入

2.1 人工地震动生成的时域调制法和频域调制法

2.1.1 时域调制法合成原理

时域调制法采用窄频余弦信号双求和的级数形式作为空间地震动场的合成模型。模型中包含两个运动耦合系数和一个初始随机相位角，对耦合系数及随机相位角的求解即为空间相关人工地震动生成的两个主要过程。其中，运动耦合系数求解的总体思路为：先按照震源机制、各质点离震中的远近、局部场地条件等因素生成功率谱矩阵，然后采用一种合理的方法，先将功率谱矩阵进行分解，再利用分解矩阵中各元素的模和相位，将空间相关地震动模型中的两个运动耦合系数准确地表示出来，从而达到对运动耦合系数的求解。

2.1.2 时域调制法合成过程

1. 建立空间相关性地震动模型

本书采用董汝博[20]的空间相关地震动合成模型，其模型如下：

$$u_j(t) = \sum_{m=1}^{n} \sum_{k=0}^{N-1} a_{jm}(\omega_k)\cos[\omega_k t + \theta_{jm}(\omega_k) + \varphi_k] \qquad (2\text{-}1)$$

式中：ω_k 为圆频率（角速度）；t 为时间变量；$a_{jm}(\omega_k)$、$\theta_{jm}(\omega_k)$ 为各质点间的运动耦合系数，它们分别表示当 j 质点为研究对象时，m 质点的运动对 j 质点产生的幅值和相位的影响；φ_k 为初始随机相位角，为 $[0 \sim 2\pi]$ 上均匀分布的随机变量。传统的初始随机相位角的表达式为 φ_{mk}，考虑到局部场地的收敛性，该文献将 φ_{mk} 修正为 φ_k，认为初始随机相位角只随频率的变化而变化，其随耦合质点不同的变化已在耦合系数 $\theta_{jm}(\omega_k)$ 进行修正。经过反复验证，本书发现式（2-1）中的模型确实可以达到局部场地的收敛，当两个研究质点无限接近时，其振动形式基本趋于一致。不过需要指出的是，经过研究发现，当 φ_k 为独立于频率的随机变量时，随着研究质点的增多，该模型合成的空间相关地震动幅值会逐渐发散。因此，在时域合成法中，局部场地收敛性与幅值收敛性之间存在矛盾，如何解决这一问题，将在本书的 2.1.3 节中详细论述。

2. 求解模型中的运动耦合系数

1）生成功率谱矩阵

先采用第一点处的加速度峰值（PGA），计算出第一点处的白噪声功率谱密度 S_0，然后按照往后各点与第一点间的土层厚度差 Δh 和震中距差 Δx 来修正 S_0，从而得到往后各点的白噪声功率谱密度。计算公式为：

$$\Delta S_0 = 0.257\,1\Delta h - 0.012\,4\Delta x \tag{2-2}$$

功率谱矩阵的主对角线元素为自功率谱函数模型，本书采用修正 kainan 模型（Feng 和 Hu 模型）。该模型的表达式为：

$$S(\omega) = \frac{\omega^6}{\omega^6 + \omega_c^6} \cdot \frac{1 + 4\xi_g^2\dfrac{\omega^2}{\omega_g^2}}{(1 - \dfrac{\omega^2}{\omega_g^2}) + 4\xi_g^2\dfrac{\omega^2}{\omega_g^2}} S_0 \tag{2-3}$$

$$S_0 = \frac{PGA}{p^2 \times var} \tag{2-4}$$

其中

$$p = \sqrt{2 \times \ln\left(\frac{2.8\Omega t_{\max}}{2\pi}\right)}$$

在式（2-3）和式（2-4）中：ω 为频率；ω_g 为场地的基频；ω_c 为低频截止频率；ξ_g 为场地的阻尼；S_0 为白噪声功率谱密度；PGA 为地震动峰值；p 为峰值因子；var 为调整参数；Ω 为弧度调整参数；$t_{\max}$ 为持时。

功率谱矩阵主对角以外的元素为互功率谱密度函数，具体形式如下：

$$s_{ij}(i\omega) = \sqrt{s_i(\omega)s_j(\omega)}\,\rho_{ij}(d_{ij},\omega)\mathrm{e}^{-i\omega\frac{d_{ij}}{v_a(\omega)}} \tag{2-5}$$

$$\rho_{ij}(d_{ij}, \omega) = e^{-(\rho_1 \omega + \rho_2)|d_{ij}|} \tag{2-6}$$

式中：ρ_1、ρ_2 为待拟合参数；$|d_{ij}|$ 为两点之间的距离；d_{ij} 为从 j 点到 i 点的矢量，有正负之分。

2）用虚实分离法分解功率谱矩阵

为了计算快速方便，且具有真正意义上的空间相关性，本书首次采用虚实分离法来分解功率谱矩阵。其实现过程如下所述。

先将功率谱矩阵进行虚实分离：

$$S_{nn}(i\omega) = \begin{bmatrix} \exp\left(i\dfrac{\omega d_1}{v_{app}}\right) & & & 0 \\ & \exp\left(i\dfrac{\omega d_2}{v_{app}}\right) & & \\ & & \ddots & \\ 0 & & & \exp\left(i\dfrac{\omega d_n}{v_{app}}\right) \end{bmatrix} \times$$

$$R_{nn}(\omega_k) \times \begin{bmatrix} \exp\left(-i\dfrac{\omega d_1}{v_{app}}\right) & & & 0 \\ & \exp\left(-i\dfrac{\omega d_2}{v_{app}}\right) & & \\ & & \ddots & \\ 0 & & & \exp\left(-i\dfrac{\omega d_n}{v_{app}}\right) \end{bmatrix}$$

式中：$R_{nn}(\omega_k)$ 为实对称矩阵，很容易分解为 $R_{nn}(\omega_k) = P\Lambda P^{-1}$。其中，$P$ 为特征向量矩阵，Λ 特征值矩阵。求得 P 及 Λ 后，即可得功率谱矩阵 $S_{nn}(i\omega)$ 的开方分解矩阵：

$$U_{nn}(i\omega_k) = \sqrt{S_{nn}(i\omega)} = I(i\omega_k)P\sqrt{\Lambda}P^{-1}I^{\mathrm{H}}(i\omega_k) \tag{2-7}$$

其中

$$I(i\omega_k) = \begin{bmatrix} \exp\left(i\dfrac{\omega d_1}{v_{app}}\right) & & & 0 \\ & \exp\left(i\dfrac{\omega d_2}{v_{app}}\right) & & \\ & & \ddots & \\ 0 & & & \exp\left(i\dfrac{\omega d_n}{v_{app}}\right) \end{bmatrix}$$

$$I^{H}(i\omega_k) = \begin{bmatrix} \exp\left(-i\dfrac{\omega d_1}{v_{app}}\right) & & & 0 \\ & \exp\left(-i\dfrac{\omega d_2}{v_{app}}\right) & & \\ & & \cdots & \\ 0 & & & \exp\left(-i\dfrac{\omega d_n}{v_{app}}\right) \end{bmatrix}$$

式（2-7）中，$U_{nn}(i\omega_k)$ 即为所求的功率谱分解后矩阵。其与原功率谱矩阵的关系如下：

$$S_{nn}(i\omega) = U_{nn}(i\omega_k)U_{nn}^{H}(i\omega_k) \tag{2-8}$$

其中，$U_{nn}(i\omega_k) = U_{nn}^{H}(i\omega_k)$，H 表示共轭转置。

3）虚实分离法的证明

设有任意 $n \times n$ 阶 Hermit 矩阵 $S_{nn}(i\omega)$，虚实分离后，有

$$S_{nn}(i\omega) = I(i\omega_k)R_{nn}(\omega_k)I^{H}(i\omega_k) \tag{2-9}$$

其中，$R_{nn}(\omega_k)$ 为纯实数对称矩阵，$I^{H}(i\omega_k)$ 为 $I(i\omega_k)$ 的共轭转置阵，且

$$I(i\omega_k) = \begin{bmatrix} \exp\left(i\dfrac{\omega d_1}{v_{app}}\right) & & & 0 \\ & \exp\left(i\dfrac{\omega d_2}{v_{app}}\right) & & \\ & & \cdots & \\ 0 & & & \exp\left(i\dfrac{\omega d_n}{v_{app}}\right) \end{bmatrix} \tag{2-10}$$

$$I^{H}(i\omega_k) = \begin{bmatrix} \exp\left(-i\dfrac{\omega d_1}{v_{app}}\right) & & & 0 \\ & \exp\left(-i\dfrac{\omega d_2}{v_{app}}\right) & & \\ & & \cdots & \\ 0 & & & \exp\left(-i\dfrac{\omega d_n}{v_{app}}\right) \end{bmatrix} \tag{2-11}$$

（1）证明虚实分离算法的正确性

要验证 Hermit 矩阵 $\boldsymbol{S}_{nn}(i\omega)$ 虚实分离后，通过乘积运算，能否还原成 $\boldsymbol{S}_{nn}(i\omega)$ 本身，即需要证明 $\boldsymbol{S}_{nn}(i\omega) = \boldsymbol{I}(i\omega_k)\boldsymbol{R}_{nn}(\omega_k)\boldsymbol{I}^{\mathrm{H}}(i\omega_k)$ 是否成立。其证明如下：

假设

$$\boldsymbol{I}(i\omega_k) = \begin{bmatrix} \exp\left(i\dfrac{\omega d_1}{v_{app}}\right) & & \\ & \exp\left(i\dfrac{\omega d_2}{v_{app}}\right) & \\ & & \exp\left(i\dfrac{\omega d_3}{v_{app}}\right) \end{bmatrix}$$

$$\boldsymbol{R}_{nn}(\omega_k) = \begin{bmatrix} R_{11} & R_{12} & R_{13} \\ R_{21} & R_{22} & R_{23} \\ R_{31} & R_{32} & R_{33} \end{bmatrix}$$

$$\boldsymbol{I}^{\mathrm{H}}(i\omega_k) = \begin{bmatrix} \exp\left(-i\dfrac{\omega d_1}{v_{app}}\right) & & \\ & \exp\left(-i\dfrac{\omega d_2}{v_{app}}\right) & \\ & & \exp\left(-i\dfrac{\omega d_3}{v_{app}}\right) \end{bmatrix}$$

则

$$\boldsymbol{I}(i\omega_k)\boldsymbol{R}_{33}(\omega_k)\boldsymbol{I}^{\mathrm{H}}(i\omega_k)$$

$$= \begin{bmatrix} R_{11} & R_{12}\exp\left[i\dfrac{\omega(d_1-d_2)}{v_{app}}\right] & R_{13}\exp\left[i\dfrac{\omega(d_1-d_3)}{v_{app}}\right] \\ R_{21}\exp\left[i\dfrac{\omega(d_2-d_1)}{v_{app}}\right] & R_{22} & R_{23}\exp\left[i\dfrac{\omega(d_2-d_3)}{v_{app}}\right] \\ R_{31}\exp\left[i\dfrac{\omega(d_3-d_1)}{v_{app}}\right] & R_{32}\exp\left[i\dfrac{\omega(d_3-d_2)}{v_{app}}\right] & R_{33} \end{bmatrix}$$

$$= \begin{bmatrix} R_{11} & R_{12}\exp\left(-i\dfrac{\omega d_{12}}{v_{app}}\right) & R_{13}\exp\left(-i\dfrac{\omega d_{13}}{v_{app}}\right) \\[3mm] R_{21}\exp\left(-i\dfrac{\omega d_{21}}{v_{app}}\right) & R_{22} & R_{23}\exp\left(-i\dfrac{\omega d_{23}}{v_{app}}\right) \\[3mm] R_{31}\exp\left(-i\dfrac{\omega d_{31}}{v_{app}}\right) & R_{32}\exp\left(-i\dfrac{\omega d_{32}}{v_{app}}\right) & R_{33} \end{bmatrix} \qquad (2\text{-}12)$$

对比式（2-12）与式（2-4）可知，$\boldsymbol{I}(i\omega_k)R_{33}(\omega_k)\boldsymbol{I}^{\mathrm{H}}(i\omega_k)=S_{33}(i\omega)$；当将式（2-12）的 3 阶矩阵推广到 n 阶时，$\boldsymbol{I}(i\omega_k)R_{nn}(\omega_k)\boldsymbol{I}^{\mathrm{H}}(i\omega_k)=S_{nn}(i\omega)$ 成立，从而式（2-9）得证，故虚实分离法中将一个 Hermit 矩阵写为虚实分离的乘积方式是正确的。

（2）证明开方分解的正确性

假设有任意 n 阶 Hermit 矩阵 $\boldsymbol{S}_{nn}(i\omega)$，由以上步骤（1）的证明可知，$\boldsymbol{S}_{nn}(i\omega)=\boldsymbol{I}(i\omega_k)\boldsymbol{R}_{nn}(\omega_k)\boldsymbol{I}^{\mathrm{H}}(i\omega_k)$ 成立。现需证：

$$\sqrt{\boldsymbol{S}_{nn}(i\omega)}=\boldsymbol{I}(i\omega_k)\sqrt{\boldsymbol{R}_{nn}(\omega_k)}\boldsymbol{I}^{\mathrm{H}}(i\omega_k) \qquad (2\text{-}13)$$

即当对功率谱矩阵 $\boldsymbol{S}_{nn}(i\omega)$ 进行开方分解时，可先将矩阵进行虚实分离，写成"虚×实×虚"的形式，然后仅需要对中间的实对称矩阵进行开方操作。该方法的证明过程如下：

要证明式（2-13），相当于证明下式

$$[\boldsymbol{I}(i\omega_k)\sqrt{\boldsymbol{R}_{nn}(\omega_k)}\boldsymbol{I}^{\mathrm{H}}(i\omega_k)]\times[\boldsymbol{I}(i\omega_k)\sqrt{\boldsymbol{R}_{nn}(\omega_k)}\boldsymbol{I}^{\mathrm{H}}(i\omega_k)]=\boldsymbol{S}_{nn}(i\omega) \qquad (2\text{-}14)$$

左边：

$$\begin{aligned} &[\boldsymbol{I}(i\omega_k)\sqrt{\boldsymbol{R}_{nn}(\omega_k)}\boldsymbol{I}^{\mathrm{H}}(i\omega_k)]\times[\boldsymbol{I}(i\omega_k)\sqrt{\boldsymbol{R}_{nn}(\omega_k)}\boldsymbol{I}^{\mathrm{H}}(i\omega_k)]\\ &=\boldsymbol{I}(i\omega_k)\sqrt{\boldsymbol{R}_{nn}(\omega_k)}\boldsymbol{I}^{\mathrm{H}}(i\omega_k)\times\boldsymbol{I}(i\omega_k)\sqrt{\boldsymbol{R}_{nn}(\omega_k)}\boldsymbol{I}^{\mathrm{H}}(i\omega_k)\\ &=\boldsymbol{I}(i\omega_k)\sqrt{\boldsymbol{R}_{nn}(\omega_k)}\boldsymbol{E}\sqrt{\boldsymbol{R}_{nn}(\omega_k)}\boldsymbol{I}^{\mathrm{H}}(i\omega_k)\\ &=\boldsymbol{I}(i\omega_k)\boldsymbol{R}_{nn}(\omega_k)\boldsymbol{I}^{\mathrm{H}}(i\omega_k) \end{aligned} \qquad (2\text{-}15)$$

结合已经求证的式（2-9），即 $\boldsymbol{I}(i\omega_k)\boldsymbol{R}_{nn}(\omega_k)\boldsymbol{I}^{\mathrm{H}}(i\omega_k)=\boldsymbol{S}_{nn}(i\omega)$，可知式（2-14）左边 = 右边，式（2-13）与式（2-14）的等价关系，从而式（2-13）得证。

（3）小　结

由以上第（1）、第（2）步的证明可知，当需要对一个功率谱矩阵开方分解时，可先将其写成虚实分离的乘积形式，然后仅需对位于中间的实对称矩阵进行开方分解，即 $\sqrt{S_{nn}(i\omega)} = I(i\omega_k)\sqrt{R_{nn}(\omega_k)}I^H(i\omega_k)$ ；由于很容易算出 $\sqrt{R_{nn}(\omega_k)} = P\sqrt{\Lambda}P^{-1}$，故 $\sqrt{S_{nn}(i\omega)} = I(i\omega_k)P\sqrt{\Lambda}P^{-1}I^H(i\omega_k)$，而这种计算是非常容易进行的。

4）求解功率谱矩阵

本节求解思路为：上述功率谱矩阵分解后，先建立该分解后矩阵与相关函数的关系；再建立式（2-1）中两个运动耦合系数与相关函数的关系，然后把相关函数作为连接手段，建立运动耦合系数与分解后矩阵的关系，从而求得运动耦合系数（即用分解后矩阵中元素的适当形式将运动耦合系数表示出来）。

（1）建立分解后的矩阵与相关函数的关系

在用虚实分离法将功率谱矩阵分解后，得到两个 Hermite 矩阵 $U_{nn}(i\omega_k)$、$U_{nn}^H(i\omega_k)$，且 $U_{nn}(i\omega_k) = U_{nn}^H(i\omega_k)$。其中，$U_{nn}(i\omega_k)$ 为 $n\times n$ 的矩阵，该矩阵中第 j 行、第 m 列处的元素可表示为 $u_{jm}(i\omega_k)$。因此，分解前功率谱矩阵中第 i 行、第 j 列的元素可表示为：

$$S_{ij}(i\omega_k) = \sum_{m=1}^{n} U_{im}(i\omega_k)U_{mj}^H(i\omega_k) = \sum_{m=1}^{n} U_{im}(i\omega_k)U_{jm}^*(i\omega_k) \qquad (2\text{-}16)$$

若将 $U_{im}(i\omega_k)$、$U_{jm}^*(i\omega_k)$ 表示成复数的指数形式，则有

$$S_{ij}(i\omega_k) = \sum_{m=1}^{n} |U_{im}(i\omega_k)||U_{jm}(i\omega_k)| e^{i(\theta_{im}-\theta_{jm})} \qquad (2\text{-}17)$$

另外，由功率谱密度函数与相关函数存在的傅里叶变换关系，可得

$$S_{ij}(i\omega_k) = \frac{1}{2\pi}\int_{-\infty}^{\infty} R_{ijk}(\tau)\exp(-i\omega_k\tau)\mathrm{d}\tau$$

$$= \frac{1}{2\pi}\int_{-\infty}^{\infty} R_{ijk}(\tau)\cos(\omega_k\tau)\mathrm{d}\tau - \frac{i}{2\pi}\int_{-\infty}^{\infty} R_{ijk}(\tau)\sin(\omega_k\tau)\mathrm{d}\tau$$

所以　　　　$$\mathrm{Re}[S_{ij}(i\omega_k)] = \frac{1}{2\pi}\int_{-\infty}^{\infty} R_{ijk}(\tau)\cos(\omega_k\tau)\mathrm{d}\tau$$

当 $\tau \to 0$ 时：

$$\mathrm{Re}[S_{ij}(i\omega_k)] = \frac{1}{2\pi}\lim_{\tau\to 0}\int_{-\infty}^{\infty}R_{ijk}(\tau)\cos(\omega_k\tau)\mathrm{d}\tau$$

$$= \frac{1}{2\pi}R_{ijk}(0)\frac{N\Delta t}{2}$$

因为
$$\frac{N\Delta t}{2\pi} = \frac{1}{\Delta\omega}$$

所以
$$R_{ijk}(0) = 2\Delta\omega\mathrm{Re}[S_{ij}(i\omega_k)] \tag{2-18}$$

将式（2-17）代入式（2-18）可得：

$$R_{ijk}(0) = 2\Delta\omega\mathrm{Re}[\sum_{m=1}^{n}|U_{im}(i\omega_k)||U_{jm}(i\omega_k)|\mathrm{e}^{i(\theta_{im}-\theta_{jm})}] \tag{2-19}$$

（2）建立耦合系数与相关函数的关系

首先，将频率的下标 k 当作常量，提取式（2-1）中任意质点 i 和 j 的第 k 个窄频带信号 $u_{ik}(t)$、$u_{jk}(t)$，并求它们的相关函数：

$$R_{ijk}(0) = E[\sum_{m=1}^{n}a_{im}(\omega_k)\cos(\omega_k t+\theta_{im}+\varphi_k)\times\sum_{r=1}^{n}a_{jr}(\omega_k)\cos(\omega_k t+\theta_{jr}+\varphi_k)]$$

$$\tag{2-20}$$

其中，$R_{ijk}(0)$ 表示当时间增量 $\tau\to 0$ 时，$u_{ik}(t)$、$u_{jk}(t)$ 的相关性。式（2-17）右侧共有 $n\times n$ 项，取其中一项做集合平均：

$$E[a_{im}(\omega_k)\cos(\omega_k t+\theta_{im}+\varphi_k)\times a_{jr}(\omega_k)\cos(\omega_k t+\theta_{jr}+\varphi_k)]$$

$$= E\left[\frac{a_{im}a_{jr}}{2}\cos(2\omega_k t+\theta_{im}+\theta_{jr}+2\varphi_k)\right] + E\left[\frac{a_{im}a_{jr}}{2}\cos(\theta_{im}-\theta_{jr})\right] \tag{2-21}$$

设随机变量 $x = 2\varphi_k$，则可求得 x 的概率密度函数为：

$$\varphi(x) = \begin{cases} 0 & (x<0) \\ \dfrac{1}{4\pi^2}x & (0\leqslant x\leqslant 2\pi) \\ \dfrac{1}{4\pi^2}(4\pi-x) & (2\pi<x\leqslant 4\pi) \\ 0 & (4\pi<x) \end{cases} \tag{2-22}$$

得到概率密度函数后，根据 $E(x)=\int_{-\infty}^{+\infty}x\varphi(x)\mathrm{d}x$ 可得，式（2-21）右侧为：

$$\int_0^{2\pi} \frac{a_{im}a_{jr}}{2}\cos(2\omega_k t+\theta_{im}+\theta_{jr}+2x)\frac{1}{2\pi}\mathrm{d}x+E\left[\frac{a_{im}a_{jr}}{2}\cos(\theta_{im}-\theta_{jr})\right] \tag{2-23}$$

根据余弦函数在 $[0\sim 2\pi]$ 上的正交性，经计算可得[2]：

当 $m\neq r$ 时，式（2-21）右侧为 0；

当 $m=r$ 时，式（2-21）右侧为：

$$E\left[\frac{a_{im}a_{jr}}{2}\cos(\theta_{im}-\theta_{jr})\right]=\frac{a_{im}a_{jr}}{2}\cos(\theta_{im}-\theta_{jr}) \tag{2-24}$$

将式（2-24）代入式（2-20）得：

$$R_{ijk}(0)=\sum_{m=1}^n \frac{a_{im}a_{jm}}{2}\cos(\theta_{im}-\theta_{jm})$$

$$=\mathrm{Re}\left[\sum_{m=1}^n \frac{a_{im}a_{jm}}{2}\mathrm{e}^{i(\theta_{im}-\theta_{jm})}\right] \tag{2-25}$$

（3）求解运动耦合系数

将相关函数作为连接手段，比较式（2-25），即可求得运动耦合系数：

$$a_{jm}=2\sqrt{\Delta\omega}\,|u_{jm}(i\omega_k)| \tag{2-26}$$

$$\theta_{jm}=\arctan\frac{\mathrm{Im}[U_{jm}(i\omega_k)]}{\mathrm{Re}[U_{jm}(i\omega_k)]} \tag{2-27}$$

3. 地震动的非平稳化

得到地震动模型中所有的运动耦合系数之后，空间相关地震动模型中只剩下最后一个随机变量，即初始随机相位角。若将初始随机相位角设置为独立于时程的随机变量，则生成的空间相关地震动是平稳的，如何用相位差谱来反映相位的变化规律，并将相位角的变化与频率的变化联系起来，即为空间相关地震动非平稳化过程。经研究，发现频率步长的选取对地震动非平稳化也有显著影响，频率步长越短，非平稳化效果越好。因此，本书采用缩短频率步长法及相位差谱的联合分布法双重手段来实现地震动的非平稳化。

频率步长 $\Delta\omega=2\pi/(N\cdot\Delta t)$，其中，$N$ 是频率的划分单元总数，也是时间划分单元数，Δt（$\Delta t=T_d/N$）为时间步长，T_d 为时间总长度，频率 $\omega_k=k\cdot\Delta\omega$（$k=1,2,3,\cdots,n$），频率的上限值 $\omega_{\max}=2\pi/\Delta t$，下限值为低频截止频率 ω_c。

在定了频率步长及时间步长之后，相位差谱的分布就成了实现地震动非平稳化的关键。为了避免按无条件模拟法中只采用某种单一的相位差谱分布，本书采用 beta 分布及[0，1]均匀分布的联合分布[9]。其中，beta 分布的概率密度函数及相关参数如下：

$$f(x) = \frac{\Gamma(\alpha+\beta)}{\Gamma(\alpha)\Gamma(\beta)} x^{\alpha-1}(1-x)^{\beta-1} \quad (0 < x < 1) \qquad (2\text{-}28)$$

$$E(x) = \frac{\alpha}{\alpha+\beta} \qquad (2\text{-}29)$$

$$\text{var}(x) = \frac{\alpha\beta}{(\alpha+\beta)^2(\alpha+\beta+1)} \qquad (2\text{-}30)$$

以上公式中，x 表示归一化后的相位差 $\Delta\varphi_j$，根据地震震级及各质点处不同的震中距，可分别求得归一化后的 $\Delta\varphi_j$ 的均值和方差，将该均值和方差分别代入式（2-29）、式（2-30），可反求得形状参数 α、β，再将 α、β 代入式（2-28）后，即可在每个质点处生成一个服从 beta 分布的随机序列。然后，再利用归一化公式反算，求得归一化前的相位差谱。得到相位差谱后，假设初值为 0，便可一一对应地得到相应的相位谱。最后将得到的相位谱代入地震动模型式（2-1）中，便可实现空间相关地震动的非平稳化。其中归一化公式如下：

$$x = \frac{X - X_{\max}}{X_{\max} - X_{\min}} \qquad (2\text{-}31)$$

其中，x 表示归一化后的相位差，$X_{\max}$、$X_{\min}$ 分别对应于归一化前相位差的最大值和最小值。

4. 时域合成法举例

本节选择的算例为一长 500 m 的地下管道，采用的加速度峰值为 $0.18g$，持时为 120 s，研究对象为 6 个空间相关研究质点。假设震源离 1 号点最近，震源深度为 8 km，入射角均近似为 60° 在各点处平行入射。平面布置图如图 2-1 所示。

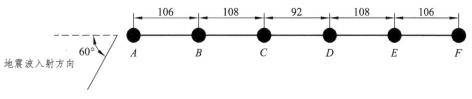

图 2-1　地震波入射平面图

1）参数的选取

（1）自功率谱中各参数的取值：$A_m(t_k) = 10 \text{ rad/s}$，$(d_r - d_m)\omega_j / v_a(\omega_j) = 1.8 \text{ rad/s}$，$(d_r - d_m)\omega_j / v_a(\omega_j) = 0.5$。

（2）白噪声功率谱强度参数取值：$S_m(\omega_j) = 21.963 \text{ rad}$，$var = 1\,258.52$，$\omega = \omega_j = 60 \text{ s}$，$PGA = 0.18g$。

（3）相关函数中 ρ_1、ρ_2 的取值：$\rho_1 = 4 \times 10^{-5} \text{ s/m}$，$\rho_2 = 88 \times 10^{-5} \text{ s/m}$。

（4）beta 分布的形状参数取值：$\alpha = 3.281$，$\beta = 4.173$。

2）合成结果（图 2-2 ~ 2-4）

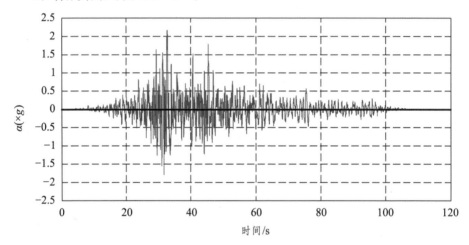

图 2-2　C 点时程曲线

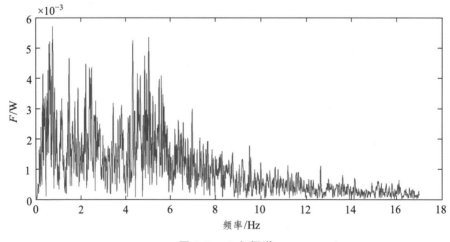

图 2-3　C 点频谱

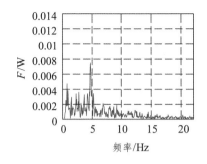

图 2-4（a） C 点频谱图（10~30 s）

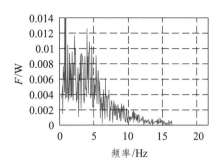

图 2-4（b） C 点频谱图（30~50 s）

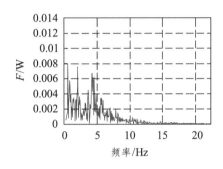

图 2-4（c） C 点频谱图（60~80 s）

根据以上实例及设定的参数，合成 6 条空间相关地震动以后，任意选取其中的一条（C 质点），画出其总的时程曲线及频谱图，然后利用窗口滑移技术，对比其时域及频域范围内的非平稳性如下：从图 2-2 中可以看出，该地震动在时域范围内是非平稳的；另外，通过窗口滑移技术，从图 2-4（a）~图 2-4（c）中可以看出，该空间相关地震动在频域范围内也具有非平稳特性。因此，其具有频域及时域范围内的双重非平稳特性。

3）虚实分离法与 cholesky 分解法对比

为了说明虚实分离法的准确可行性，本实例还将该方法与常用的 cholesky 分解法进行了对比，各对比分析结果列于图 2-5~图 2-8 中。cholesky 分解法是一种分解矩阵时常用的数学方法，它能通过一系列的计算公式，将一个对称矩阵分解为两个三角矩阵，即一个上三角和一个下三角。此分解方法的优点是适应性较强，既可用于实对称矩阵，也可用于复对称矩阵；其缺点是只能分解为两个三角矩阵，分解后在每个矩阵中存在近一半的零元素，这会导致大量具有物理意义的运动信息丢失。

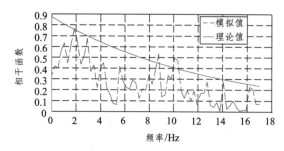

图 2-5（a） *A* 点与 *C* 点的相干函数（cholescky 分解法）

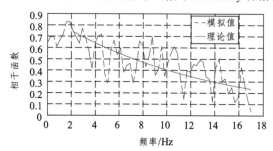

图 2-5（b） *A* 点与 *C* 点的相干函数（虚实分离法）

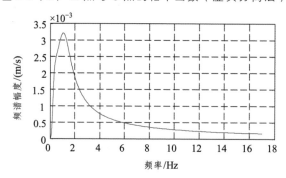

图 2-6（a） *A* 点频谱图（cholescky 分解法）

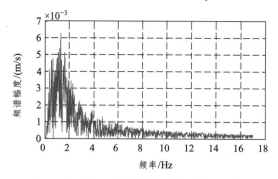

图 2-6（b） *A* 点频谱图（虚实分离法）

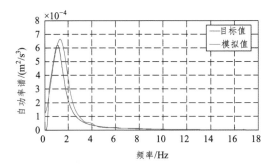

图 2-7（a） A 点自功率谱图（cholescky 分解法）

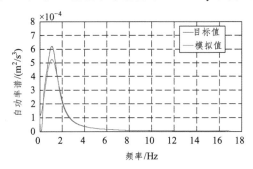

图 2-7（b） A 点自功率谱图（虚实分离法）

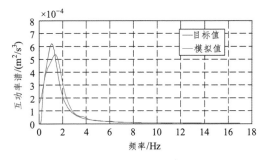

图 2-8（a） A 点与 C 点互功率谱图（cholescky 分解法）

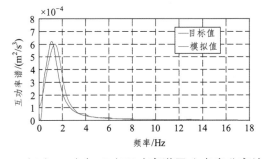

图 2-8（b） A 点与 C 点互功率谱图（虚实分离法）

从以上对比图形中可以看出，用 cholesky 分解法生成的空间相关地震动时，第一个质点与其他质点的相关性较弱，而虚实分离法中各个质点间的空间相关性与目标值吻合度较好。此外，用 cholesky 分解法合成的地震动中，第一个质点的频谱图显得过于光滑，与天然地震动频谱图的特性相差较大，而且各质点间的频谱幅值也相差较大；在虚实分离法中，其频谱图很接近天然地震动的形式，且各个质点的频谱幅值基本一致（最大值均为 6×10^{-3}）。但对于自功率谱和互功率谱而言，从图中可以看出，两种方法的差异不大。

因此，通过该合成实例可以看出，虚实分离法不仅计算快速、易于实现，而且与传统的 cholescky 分解法相比，该方法合成的人工地震动具有更好的空间相关性和更丰富的频谱成分特征。

2.1.3 时域调制法幅值收敛性研究

1. 原始地震动模型及其相位特征

1）原始地震动模型

原始地震动模型采用窄频余弦信号双求和的级数形式，其中包含两个运动耦合系数和一个初始随机相位角，对耦合系数及随机相位角的求解即为空间相关人工地震动生成的两个主要过程，该模型具体如下[21]：

$$u_j(t) = \sum_{m=1}^{n} \sum_{k=0}^{N-1} a_{jm}(\omega_k) \cos[\omega_k t + \theta_{jm}(\omega_k) + \varphi_{mk}] \qquad （2\text{-}32）$$

式中：ω_k 为圆频率（角速度）；t 为时间变量；$a_{jm}(\omega_k)$、$\theta_{jm}(\omega_k)$ 为各质点间的运动耦合系数，它们分别表示当 j 质点为研究对象时，m 质点的运动对 j 质点产生的幅值和相位的影响，当 m 从 1 变到 n 时，所有研究质点对 j 点的影响均能够考虑进去；φ_{mk} 为初始随机相位角，m 代表不同研究质点对初始随机相位角的影响，而 k 表示频率的变化对初始随机相位角的影响。

2）原始地震动模型的特点

该模型的特点是：当研究质点不断增多时，地震动时程的幅值可以稳定收敛；但是，当两个研究质点的水平距离逐渐趋于 0 时，两列地震动时程的相位不能趋于一致。为了详细说明这一特性，本节构造了一个由 3 个质点构成的平面布置模型，具体形式如图 2-9 所示。

图 2-9　各研究质点平面布置图

图 2-9 中，地震波从左侧入射，其中 1、2 点相距较近（5 m）；2、3 点相距较远（65 m），在该模型下，生成的人工地震动时程如图 2-10（a）~图 2-10（c）所示。

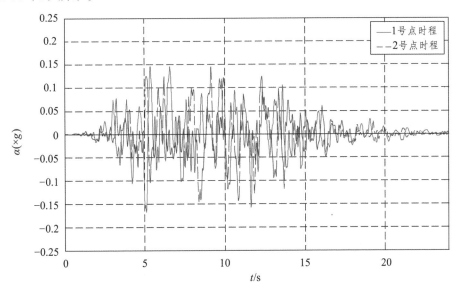

图 2-10（a）　1 号、2 号质点时程曲线对比

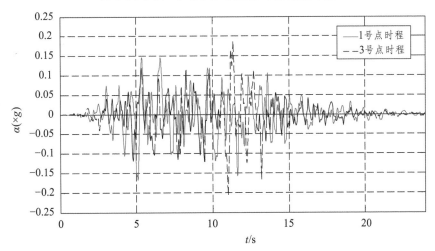

图 2-10（b）　1 号、3 号质点时程曲线对比

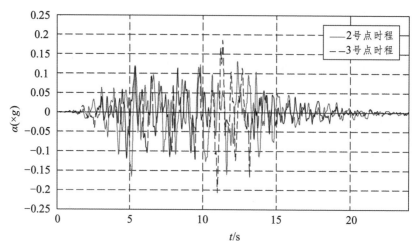

图 2-10（c） 2 号、3 号质点时程曲线对比

为了研究以上 3 个质点地震动波形的相似性，以及各波形的相似性与各质点间间距是否存在对应关系的问题，本部分采取了分段聚合时间弯曲距离（PA_TWD）计算法[22]。该方法是在动态时间弯曲法（DTW）的基础上发展起来的，其在进行时间弯曲距离计算之前，先对时间序列数据进行预处理，使得处理后的数据信息不仅能进行数据降维，而且还能保证近似的准确性。因此，PA_TWD 法相对于传统的 DTW 法而言，能够大大减小计算的时间，有利于大规模时间序列的数据挖掘。该方法的基本思想是：首先对各个时间序列进行 PA 计算，得到以时序段平均值为元素的特征序列；然后对这些序列进行时间弯曲距离计算。

假设有时间序列 $Q = \{q_1, q_2, \cdots, q_m\}$ 和 $C = \{c_1, c_2, \cdots, c_n\}$，按分段聚合时间弯曲法分别把它们平均分成 ω_q 和 ω_c 个时序段，并且计算各个时序段的特征，分别可以得到两个特征序列 $Q' = \{q_1', q_2', \cdots, q_m'\}$ 和 $C' = \{c_1', c_2', \cdots, c_n'\}$。再根据特征序列 Q' 和 C' 的元素值建立元素距离累计矩阵 $\boldsymbol{R}$，最终可以得到两个时间序列的距离度量 $L_{DTW}(Q, C) = r(m, n)$。

计算后具体结果如表 2-1 所示。

表 2-1 各点间的 PA_TWD 计算

序号	1	2	3
1	0		
2	71.3	0	
3	70.5	72.9	0

从表 2-1 中可见，各质点间距离的远近与动态时间弯曲距离的计算值无明显的对应关系。比如，1、2 点之间的距离只有 5 m，其 PA_TWD 值（动态时间弯曲距离）为 71.3；1、3 点之间的距离为 70 m，但 PA_TWD 值（动态时间弯曲距离）却只有 70.3，反而比 1、2 点之间的 PA_TWD 值（动态时间弯曲距离）小。因此，从 PA_TWD 值随两点间距离的变化趋势来看，当两点之间的距离无限接近时，PA_TWD 计算值不能趋近于 0，即此时不能满足真实地震动中应有的特性（两列空间相关地震动时程在质点间距离无限小时应有的无限相似性）。

2. 相位一致性与幅值收敛性的矛盾

相位收敛性又称为局部场地收敛性，即当两个研究质点无限接近时，其相位角应趋于一致，通过对原始模型中初始随机相位角分布的改进，达到了相位的一致性较好，具备局部场地的收敛性。但是，随着研究质点的增多，作者发现，在取得局部场地收敛性的同时，地震动加速度时程曲线的幅值会逐渐发散，即在相位一致性与幅值收敛性之间存在矛盾。如何解决这一矛盾，取得局部场地及地震动幅值的同步收敛性，是解决该问题的关键。

1）初始随机相位角的改进

如式（2-1）所示，传统的初始随机相位角的表达式为 φ_{mk}，但从图 2-10（a）～图 2-10（c）的研究结果可以看出，该双变量函数构成的人工地震动模型不具备局部场地的收敛性。因此，采用董汝博的修正模型，将 φ_{mk} 修正为 φ_k，认为初始随机相位角只随频率 ω_k 的变化而变化，其随不同耦合质点 m 的变化已在耦合系数 $\theta_{jm}(\omega_k)$ 中进行了修正[23]。

初始随机相位角修正以后，人工地震动场的局部场地收敛性如图 2-11（a）～图 2-11（c）所示。

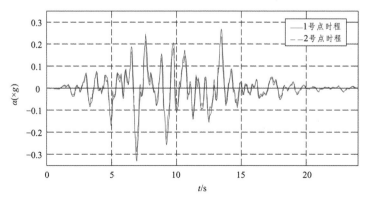

图 2-11（a） 修正后的 1、2 号点时程曲线对比

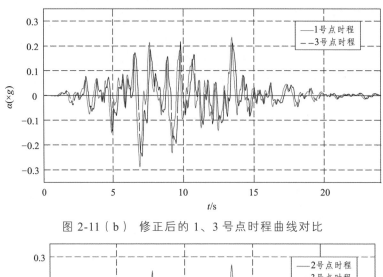

图 2-11（b） 修正后的 1、3 号点时程曲线对比

图 2-11（c） 修正后的 2、3 号点时程曲线对比

采用修正的模型后，从以上三幅图形中便能直观地看出：虽然地震动时程曲线的整体幅值有所增大，但相位的一致性较好，而且，当两个点的距离无限接近时，从图 2-11（a）中可以看出，该模型基本能够达到局部场地的完全收敛。现列举各质点间的动态时间弯曲度计算值，如表 2-2 所示。

表 2-2　各点间的 PA_TWD 计算

序 号	1	2	3
1	0		
2	2.1	0	
3	27.6	27.3	0

从表 2-2 中可以看出，各质点间距离的远近与动态时间弯曲距离的计算值呈现明显的对应关系。如 1、2 点之间的距离为 5 m 时，其 PA_TWD 值（动态时间弯曲距离）为 2.1，接近于 0；1、3 点之间的距离为 70 m，其对应 PA_TWD 的计算值（动态时间弯曲距离）为 27.6，与 1、2 点之间的 PA_TWD 值（动态时间弯曲距离）27.3 近似相等。因此，从 PA_TWD 值随两质点间距离变化而变化的趋势来看，当两点之间的距离无限接近时，PA_TWD 计算值逐渐趋近于 0，即此时已基本具备了局部场地的收敛性，能够满足在真实地震动中，当两个研究质点的空间间距无限减小时，其对应的两列时程曲线应逐渐趋于一致的特性。

2）相位角改进后的幅值收敛性研究

在以上研究过程中，虽然相位一致性较好，基本达到了局部场地的收敛性，但需要指出的是，这种方法生成的人工地震动幅值具有发散性。即随着研究质点的逐渐增多，同一质点的地震动幅值会逐渐发散，最终不能够收敛。下面以某一固定质点（质点 A）的地震动加速度时程为例，将同一段 100 m 长的场地分别按等间距划分为 6 个质点、11 个质点、41 个质点等 3 种情况，具体划分如图 2-12 所示。

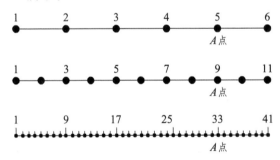

图 2-12　研究质点的划分数目及质点 A 的位置图

按照以上 3 种划分情况，当初始随机相位角满足两种不同的常用分布[24,25]（均匀分布及对数正态分布）时，其幅值的敛散性如图 2-13（a）、图 2-13（b）所示。

（1）当初始随机相位角呈独立于频率的均匀分布时

当初始随机相位角呈独立于频率的均匀分布时，随着研究质点从 6 个增加到 41 个，同一质点的地震动幅值会逐渐发散，且发散趋势较大，其具体情况如图 2-13（a）所示。

（2）初始随机相位角呈对数正态分布时

当初始随机相位角呈对数正态分布时，随着研究质点从 6 个增加到 41

个，同一质点的地震动幅值会随研究质点的增多而逐渐发散，其具体情况如图 2-13（b）所示。

从图 2-13（a）、图 2-13（b）中可以看出，无论采用哪一种单纯的相位分布，修正模型在满足相位一致性较好的同时，都存在幅值发散现象，即随着研究质点从 6 个增到 41 个，同一质点的地震动幅值具有逐渐发散的趋势。

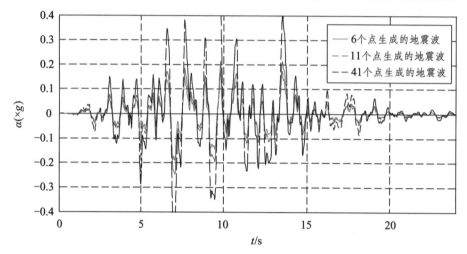

图 2-13（a） 三种不同情况下 A 点的地震动加速度时程对比

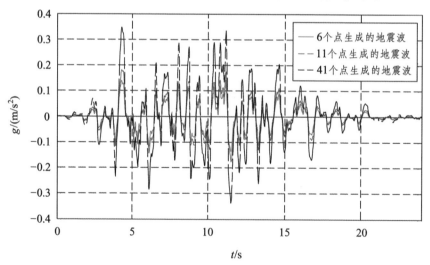

图 2-13（b） 三种不同情况下 A 点的地震动加速度时程对比

因此，为了解决以上问题，根据真实地震动中存在的能量非均匀分布及其逐步衰减原理，利用负指数函数的衰减性质，经过数千次参数试算后，构建出一个由常数项、幂函数项以及指数函数项等组成的幅值收敛因子，具体形式如下：

$$\varphi(M) = \left(\frac{2.2}{\sqrt{3}}\pi^{-0.25}\right)[1-(M\times10^{-2})^2]e^{-\frac{(M\times10^{-2})^2}{2}} \qquad (2\text{-}33)$$

式中：M 为研究质点的个数。从以式（2-33）中可以看出，随着 M 的增大，该收敛因子的函数值逐渐减小，呈现出与 M 相适应的衰减性。正是以上构造函数的这种性质，使得修正后的地震动模型具有幅值的稳定收敛性，其幅值不会随着研究质点的增多而逐步发散。

3. 相位与幅值的双重收敛性

1）本书对幅值收敛性的改进

经过以上功率谱矩阵分解方法的改进，对传统模型中初始随机相位角的调整，以及在此基础上构建了幅值收敛因子后，建立新的人工地震动生成模型如下：

$$u_j(t) = \varphi(M)\sum_{m=1}^{n}\sum_{k=0}^{N-1}a_{jm}(\omega_k)\cos[\omega_k t + \theta_{jm}(\omega_k) + \varphi_k] \qquad (2\text{-}34)$$

式中：$\varphi(M)$ 为幅值收敛因子，具体形式见式（2-33）；ω_k 为圆频率（角速度）；t 为时间变量；$a_{jm}(\omega_k)$、$\theta_{jm}(\omega_k)$ 为各质点间的运动耦合系数，它们分别表示当 j 质点为研究对象时，m 质点的运动对 j 质点产生的幅值和相位的影响；φ_k 为初始随机相位角。

2）新模型的幅值收敛性验证

相位角向量的取值一般有两种形式：一种认为相位角呈独立于频率的均匀分布[26]，即相位角的分布不受频率变化的影响，其作为一个独立的变量在 $[0\sim2\pi]$ 上满足均匀分布；另一种形式则认为虽然相位角随频率的变化没有明显的分布规律，但其相位差谱随频率变化呈一定的分布关系，常用的相位差谱分布有对数正态分布、beta 分布[27,28]等。但需要说明的是，在一次实际的天然地震动中，相位差谱随频率的分布十分复杂，往往不能满足某一种单纯的随机分布。因此，为了充分验证本书中修正后模型的幅值收敛性，除了以上两种形式外，还增加了第三种情况的相位分布关系，即对从天然地震动中直接提取出相位角的情况也进行了验证。具体情况分类如下：

（1）当初始随机相位角呈独立于频率的均匀分布时

当初始随机相位角的分布满足于独立于频率在 $[0\sim2\pi]$ 上均匀分布时，随着研究质点的增多，由 6 个增加到 41 个，其幅值稳定收敛，具体情况如图 2-14（a）所示。

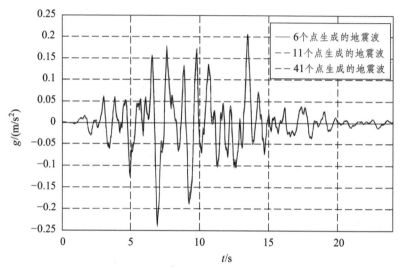

图 2-14（a）　三种不同情况下 A 点的地震动加速度时程对比

（2）初始随机相位角的相位差谱呈对数正态分布时

当初始随机相位角的取值由相位差谱的对数正态分布决定时，其幅值收敛情况随着研究质点的增多，由 6 个增加到 41 个，其幅值稳定收敛，具体情况如图 2-14（b）所示。

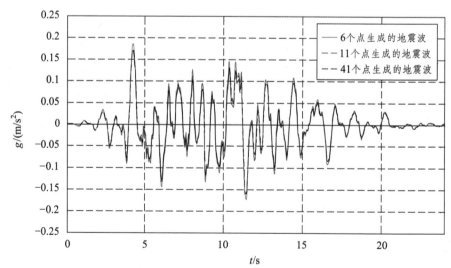

图 2-14（b）　三种不同情况下 A 点的地震动加速度时程对比

（3）从天然地震动中提取初始随机相位角时

该方法是有条件模拟[29,30]时采用的，一种从天然地震动中提取相位信息的方法，即直接从一次天然的地震记录中提取一条信息。

为了解决直接获取多条空间相关性地震记录的困难（要求各地震记录台站的距离非常近），本书利用行波效应因子来计算任意两个研究质点之间的迟滞相位角，再根据各迟滞相位角的空间相关性来形成相位角矩阵，从而衍生出多个相位角向量。具体情况如图 2-14（c）所示。

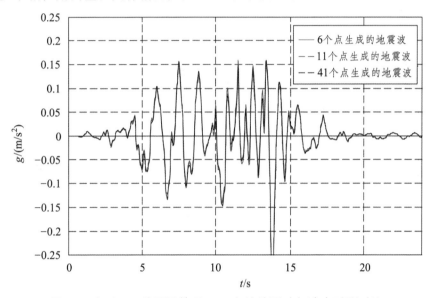

图 2-14（c） 三种不同情况下 A 点的地震动加速度时程对比

3）进行相位角信息的提取

选取一条比较典型的天然地震动加速度时程记录，然后根据研究需要确定时间步长 Δt，再根据该天然地震记录的总持时和时间步长 Δt 确定傅里叶变换阶数 N；按 $1/\Delta t$ 的采样频率对原地震记录进行采样，这样，便得到 N 个点的加速度时程信息；最后，将这 N 个点的信息做 N 阶 FFT 变换（快速傅里叶变换），便可得到一个长度为 N 的相位角向量。这里，FFT 变换阶数和信息采样点的个数是相等的。其中，FFT 的变换公式中每个相位角对应的频率值计算以及时间步长与步长之间的关系如下。

计算傅里叶谱的 FFT 公式为：

$$F_m(\omega_j) = \sum_{k=1}^{N} a_m(t_k) \mathrm{e}^{-\mathrm{i} \cdot \omega_j t_k} \tag{2-35}$$

式中：$a_m(t_k)$ 为选取的天然地震动时程曲线；t_k 为时间离散值；N 为傅里叶变换阶数。

相位角向量 $\varphi(\omega_j)$ 的提取计算式为：

$$\varphi(\omega_j) = \frac{\text{IM}[F_m(\omega_j)]}{\text{RE}[F_m(\omega_j)]} \tag{2-36}$$

式中：IM 表示求虚部；RE 表示求实部。

频率及其步长的求法：

$$\omega_j = j \cdot \Delta\omega \quad (j = 1, 2, \cdots, n) \tag{2-37}$$

$$\Delta\omega = 2\pi / N\Delta t \tag{2-38}$$

式中：ω_j 表示相位角向量中第 j 个相位值对应的频率；$\Delta\omega$ 为频率步长。

4）形成相位角信息的繁衍矩阵

由于各研究质点与震源距离的不同，地震波到达各个质点的时间会存在一个微小的差异，这个差异称为行波效应。由于行波效应的存在，每个研究质点开始振动时的初始相位角各不相同，但与此同时，它们又满足一定的相关性。为了模拟这种在各个研究质点之间存在的空间相关性，本书首次引入了行波效应因子来计算任意两个空间相关质点之间存在的迟滞相位，从而形成了一个 $n \times n$ 的迟滞相位矩阵，其形式为：

$$\boldsymbol{\theta}_{mr}(\omega_j) = \begin{bmatrix} \theta_{11}(\omega_j) & \theta_{12}(\omega_j) & \cdots & \theta_{1n}(\omega_j) \\ \theta_{21}(\omega_j) & \theta_{22}(\omega_j) & \cdots & \theta_{2n}(\omega_j) \\ \vdots & \vdots & & \vdots \\ \theta_{n1}(\omega_j) & \theta_{n2}(\omega_j) & \cdots & \theta_{nn}(\omega_j) \end{bmatrix} \tag{2-39}$$

式中，$\boldsymbol{\theta}_{mr}(\omega_j)$ 的计算公式为：

$$\boldsymbol{\theta}_{mr}(\omega_j) = \frac{d_r - d_m}{v_a(\omega_j)} \cdot \omega_j \tag{2-40}$$

如前所述，式（2-40）等号右侧部分为行波效应体现因子，各变量的意义如前所述。其中，$\boldsymbol{\theta}_{mr}(\omega_j)$ 表示式（2-39）矩阵中第 m 行、第 r 列所对应的元素（$r = 1, 2, \cdots, n;\ m = 1, 2, \cdots, n$）；其物理意义为，当研究 m 质点的相位角生成时，其他任意质点 r 的运动对 m 质点在窄频带 ω_j 处产生的相位影响。

2.1.4　频域调制法合成原理

频域合成法[31]相对于传统的时域合成法而言，有一定进步。传统的时域合成法只能反映出变量（位移、速度或加速度）随时间的变化关系；而在频域合成法中，不仅能够分析频率、时间与变量三者之间的关系，而且其计算速度比时域分析法要快得多。当计算量较少，仅合成持时很短的人工地震波时，这一优势并不明显；但是，当对时间步长的要求很高（通常要求时间步长很短），且合成地震动的持时又较长（100 s 以上）时，这一优势就显得非常重要。通常条件下时域分析法中需要几天才能合成的人工波，用频域合成法时，只要几个小时就能计算完成并输出所要求的波形，且不容易出错。但是，目前的频域合成法（如田玉基、杨庆山[7]等采用的合成模型）还存在不足，不能反映出真实地震动中存在的行波效应，但行波效应为结构抗震研究的一个重要因素，这一点在近年来的抗震研究中得到了广泛的认同[18,32]。

在本节的频域合成法中，采用有条件模拟与无条件模拟相结合的方法。即首先从天然地震动中提取一条与所在场地条件相似的天然地震动记录，然后利用傅里叶变换，从所得的记录中提取单条地震动相位信息，最后引入行波效应因子，用其对单条相位信息进行繁衍，便可得到频域合成法中所需的相位角矩阵。这样，不仅解决了直接获取多条空间相关性相位角信息的困难，而且，该方法生成的人工地震动场空间相关性强、行波效应明显，适合作为结构非一致性激励的理想输入模式。

频域调制法的空间相关性地震动模型为傅里叶谱模型，其主要包括两个方面，傅里叶幅值谱模型和相位谱模型的构建。

在建立幅值谱时，利用功率谱矩阵的能量分布模式来考虑地震动能量在空间各个质点的分布及衰减形式，同时，又充分考虑到各个质点运动耦合的空间相关性。在利用功率谱矩阵进行能量分布时，还充分结合了震中距、地震入射角、土层厚度等局部场地条件，从而达到了总体能量与真实的局部场地地震烈度相吻合，而且各质点的局部能量具有合理的空间相关性。

构建傅里叶相位谱时，主要从两个方面入手：一是相位角随频率的变化，二是相位角随空间研究质点的不同而变化。在研究相位角随频率的变化时，本节采用了有条件模拟，直接从某次天然地震动中提取相位角随频率变化的信息，但一次地震动只能获得一个相位角向量，是孤立的，无法使各个质点的相位角向量满足空间相关性关系。因此，本书首次构建了行波效应因子 $(d_r - d_m)\omega_j / v_a(\omega_j)$ 来衍生出其他各研究质点的相位角信息，从而模拟出行波效应在各个研究质点之间产生的迟滞相位，因而达到真正的空间相关性。

2.1.5 频域调制法地震动模型

为了得到地震动的时程曲线，首先建立空间相关性地震动合成公式如式（2-41）所示：

$$F_m(\omega_j) = \sum_{r=1}^{n} \sqrt{\Delta\omega} \cdot L_{mr}(\omega_j) \cdot e^{i\left[\varphi(\omega_j) - \frac{d_r - d_m}{v_a(\omega_j)} \cdot \omega_j\right]}$$ （2-41）

式中：ω 表示频率；ω_j 为频率的离散值；$F_m(\omega_j)$ 为质点 m 的傅里叶谱，其随频率 ω_j 的变化而变化；$\Delta\omega$ 表示频率的步长；$L_{mr}(\omega_j)$ 为功率谱矩阵开方分解后所得到的 $n \times n$ 式矩阵中第 m 行、第 r 列所对应的元素；$\varphi(\omega_j)$ 为空间相关地震动相位角，本书采用有条件模拟，即从天然地震动中提取相应的相位信息来给相位角赋值；$(d_r - d_m)\omega_j / v_a(\omega_j)$ 为行波效应体现因子，其中，d_r、d_m 分别为 r 点及 m 点的坐标，$v_a(\omega_j)$ 为视波速，ω_j 为频率的离散值。

通过以上地震动模型可以求得任意质点 m 的傅里叶谱，经过傅里叶逆变换后，便可得到 m 点的空间相关性地震动的时程曲线。

2.1.6 频域调制法合成过程

1. 功率谱矩阵与傅里叶谱的关系

由任意一点处功率谱的定义可得：

$$S_m(\omega_j) = \frac{F_m(\omega_j)F_m^*(\omega_j)}{\Delta\omega}$$ （2-42）

式中："*"表示共轭；$F_m(\omega_j)$ 表示质点 m 在频率 $\omega = \omega_j$ 处的傅里叶谱；$\Delta\omega$ 表示频率的步长；$S_m(\omega_j)$ 表示质点 m 的功率谱密度函数。

将式（2-42）写成矩阵的形式：

$$\boldsymbol{S}(\omega) = \frac{\boldsymbol{F}(\omega)\boldsymbol{F}^{T^*}(\omega)}{\Delta\omega}$$ （2-43）

由此可得：

$$\boldsymbol{F}(\omega)\boldsymbol{F}^{T^*}(\omega) = \Delta\omega\boldsymbol{S}(\omega)$$ （2-44）

其中"T"表示转置，"*"表示共轭。另外，空间各个研究质点组成的功率谱矩阵 $\boldsymbol{S}(\omega)$ 为：

$$\boldsymbol{S}(\omega) = \begin{bmatrix} S_{11}(\omega) & S_{12}(\omega) & \cdots & S_{1n}(\omega) \\ S_{21}(\omega) & S_{22}(\omega) & \cdots & S_{2n}(\omega) \\ \vdots & \vdots & & \vdots \\ S_{n1}(\omega) & S_{n2}(\omega) & \cdots & S_{nn}(\omega) \end{bmatrix} \tag{2-45}$$

若令 $\boldsymbol{S}(\omega)$ 开方分解后的矩阵为 $\boldsymbol{L}(\omega)$，且 $\boldsymbol{L}(\omega)$ 为 Hermite 矩阵，其共轭转置等于自身。则存在关系式：

$$\boldsymbol{L}^{\mathrm{T}*}(\omega) = \boldsymbol{L}(\omega) = \sqrt{\boldsymbol{S}(\omega)} \tag{2-46}$$

先将式（2-44）改写为其等价形式：

$$\boldsymbol{F}(\omega)\boldsymbol{F}^{\mathrm{T}*}(\omega) = \Delta\omega\sqrt{\boldsymbol{S}(\omega)} \cdot \sqrt{\boldsymbol{S}(\omega)} \tag{2-47}$$

然后再将式（2-46）代入式（2-47）得：

$$\begin{aligned} \boldsymbol{F}(\omega)\boldsymbol{F}^{\mathrm{T}*}(\omega) &= \Delta\omega \cdot \boldsymbol{L}(\omega) \cdot \boldsymbol{L}^{\mathrm{T}*}(\omega) \\ &= (\sqrt{\Delta\omega} \cdot \boldsymbol{L}(\omega) \cdot \mathrm{e}^{i \cdot \psi(\omega)}) \cdot (\sqrt{\Delta\omega} \cdot \boldsymbol{L}(\omega) \cdot \mathrm{e}^{i \cdot \psi(\omega)})^{\mathrm{T}*} \end{aligned} \tag{2-48}$$

式（2-48）等价为：

$$\begin{aligned} \boldsymbol{F}(\omega) = \boldsymbol{F}^{\mathrm{T}*}(\omega) &= \sqrt{\Delta\omega} \cdot \boldsymbol{L}(\omega) \cdot \mathrm{e}^{i \cdot \psi(\omega)} \\ &= (\sqrt{\Delta\omega} \cdot \boldsymbol{L}(\omega) \cdot \mathrm{e}^{i \cdot \psi(\omega)})^{\mathrm{T}*} \end{aligned} \tag{2-49}$$

将式（2-49）写成离散的显式求和形式：

$$\boldsymbol{F}_m(\omega_j) = \sum_{r=1}^{n} \sqrt{\Delta\omega} \cdot \boldsymbol{L}_{mr}(\omega_j) \cdot \mathrm{e}^{i \cdot \psi_{mr}(\omega_j)} \tag{2-50}$$

式中，$j = 1, 2, \cdots, n$，ω_j 为频率 ω 的离散形式。$\boldsymbol{\psi}_{mr}(\omega_j)$ 为复数相位角，它包括了地震动模型式（2-41）中的天然相位角向量 $\boldsymbol{\varphi}(\omega_j)$ 和行波效应体现因子 $(d_r - d_m) \cdot \omega_j / v_a(\omega_j)$ 两个部分。

2. 功率谱矩阵的形成及分解

在 2.1 节中，假设了功率谱矩阵 $\boldsymbol{S}(\omega)$ 可以开方分解，得到两个 Hermite 矩阵 $\boldsymbol{L}(\omega)$、$\boldsymbol{L}^{\mathrm{T}*}(\omega)$［其中 $\boldsymbol{L}^{\mathrm{T}*}(\omega) = \boldsymbol{L}(\omega)$］。下面，将详细介绍功率谱矩阵 $\boldsymbol{S}(\omega)$ 的形成及开方分解过程。

1）功率谱矩阵主对角线元素的求解

功率谱矩阵的主对角线元素为自功率谱函数模型，本书采用修正 kainan 模型（Feng 和 Hu 模型）。该模型的表达式为：

$$S(\omega) = \frac{\omega^6}{\omega^6 + \omega_c^6} \frac{1 + 4\xi_g^2 \dfrac{\omega^2}{\omega_g^2}}{\left(1 - \dfrac{\omega^2}{\omega_g^2}\right) + 4\xi_g^2 \dfrac{\omega^2}{\omega_g^2}} S_0 \tag{2-51}$$

其中，第一点的 S_0 计算如下：

$$S_0 = \frac{PGA}{p^2 \times \text{var}}, \quad p = \sqrt{2 \times \ln\left(\frac{2.8\Omega t_{\max}}{2\pi}\right)} \tag{2-52}$$

在式（2-49）中：ω 为频率；ω_g 为场地的基频；ω_c 为低频截止频率；ξ_g 为场地的阻尼；S_0 为白噪声功率谱密度；PGA 为地震动峰值；p 为峰值因子；var 为调整参数；Ω 为弧度调整参数；$t_{\max}$ 为持时。计算 S_0 时，先采用第一点处的加速度峰值（PGA），当计算出第一点处的白噪声功率谱密度 S_0 之后，再按照往后各点与第一点间的土层厚度差 Δh 和震中距差 Δx 来修正 S_0，从而得到往后各点的白噪声功率谱密度。计算公式为：$\Delta S_0 = 0.257\,1\Delta h - 0.012\,4\Delta x$。

2）功率谱矩阵非主对角元素的求解

功率谱矩阵主对角以外的元素为互功率谱密度函数，具体形式如下：

$$s_{ij}(\omega) = \sqrt{s_i(\omega)s_j(\omega)}\,\rho_{ij}(d_{ij}, \omega) \tag{2-53}$$

$$\rho_{ij}(d_{ij}, \omega) = e^{-(\rho_1\omega + \rho_2)|d_{ij}|} \tag{2-54}$$

式中：ρ_1、ρ_2 为待拟合参数；$|d_{ij}|$ 为两点之间的距离；d_{ij} 为从 j 点到 i 点的矢量，有正负之分。

3）功率谱矩阵的分解

与时域调制法生成空间相关性地震动不同，通过以上两步可以看出，频域调制法生成的功率谱矩阵为实对称矩阵。因此，能够非常方便地采用特征正交法进行开方分解，这是频域调制法相对于时域调制法的显著优势。其具体分解过程如下。

首先将 $S(\omega)$ 写为两个 Hermite 矩阵乘积的形式，即：

$$S(\omega) = L(\omega) \cdot L^{T^*}(\omega) \tag{2-55}$$

由于 $S(\omega)$ 为实对称矩阵，所以有如下分解形式：

$$S(\omega)=\boldsymbol{\Phi}[\Lambda^2]\boldsymbol{\Phi}^{\mathrm{T}}=\boldsymbol{\Phi}\Lambda\boldsymbol{\Phi}^{\mathrm{T}}\cdot\boldsymbol{\Phi}\Lambda\boldsymbol{\Phi}^{\mathrm{T}} \qquad (2\text{-}56)$$

比较式（2-55）、式（2-56），可得：

$$L(\omega)=L^{\mathrm{T}*}(\omega)=\boldsymbol{\Phi}\Lambda\boldsymbol{\Phi}^{\mathrm{T}} \qquad (2\text{-}57)$$

其中，"T"表示转置，$\boldsymbol{\Phi}$ 为特征向量矩阵，具体形式如下：

$$\boldsymbol{\Phi}=[\phi_1,\phi_2,\cdots,\phi_n] \qquad (2\text{-}58)$$

以上 ϕ_1、ϕ_2 与 ϕ_n 相互正交，即 $\{\phi_i\}^{\mathrm{T}}\{\phi_j\}=\delta_{ij}$，$\delta_{ij}$ 为 Kronecker 函数。

式（2-56）中的 $[\Lambda^2]$ 为特征值矩阵，形式如下：

$$[\Lambda^2]=\begin{bmatrix}\lambda_1 & & & 0\\ & \lambda_2 & & \\ & & 0 & \cdots \\ & & & \lambda_n\end{bmatrix} \qquad (2\text{-}59)$$

以上 λ_1、λ_2，λ_n 为特征值；由此可得，Λ 的表达式如下：

$$\Lambda=\begin{bmatrix}\sqrt{\lambda_1} & & & 0\\ & \sqrt{\lambda_2} & & \\ & & 0 & \cdots \\ & & & \sqrt{\lambda_n}\end{bmatrix} \qquad (2\text{-}60)$$

将式（2-58）、式（2-60）代入式（2-57）中，即可求得功率谱矩阵开方分解后的矩阵 $L(\omega)$。

3. 相位角的提取及繁衍过程

相位角向量的取值一般由相位差谱随频率的分布确定，即假设一个初值（一般假设初值为 0），然后由相位差的取值来计算相应的相位角。常用的相位差谱分布形式有均匀分布、对数正态分布和 beta 分布等。但是，在一次实际的天然地震动中，相位差谱随频率的分布十分复杂，不能满足某一种单纯的随机分布，所以在本书中，采用有条件模拟，直接从一次天然的地震动中提取一条相位角随频率变化的信息，然后利用行波效应因子来计算任意两个研究质点之间的迟滞相位角，再根据各迟滞相位角的空间相关性来形成相位角矩阵，从而衍生出多个相位角向量，为式（2-40）中的空间相关性地震动模型提供了一种合理的相位角求解模式。

1）相位角信息的提取

为了获取地震动随机相位角随频率的变化关系，从而求解空间相关性地震动模型式（2-40）中的相位角向量 $\boldsymbol{\varphi}(\omega_j)$，本书采用有条件模拟法从天然地震中提取相位信息，具体过程如下：

首先，根据研究需要确定时间步长 Δt，然后选取一条比较典型的天然地震动加速度时程记录，根据该天然地震记录的总持时和时间步长 Δt 确定傅里叶变换阶数 N；再按 $1/\Delta t$ 的采样频率对原地震记录进行采样，这样，便得到 N 个点的加速度时程信息；最后，将这 N 个点的信息做 N 阶 FFT 变换（快速傅里叶变换），便可得到一个长度为 N 的相位角向量。其中，FFT 的变换公式、每个相位角对应的频率值计算以及时间步长与频率步长之间的关系如下。

计算傅里叶谱的 FFT 公式为：

$$F_m(\omega_j) = \sum_{K=1}^{N} a_m(t_k) e^{-i \cdot \omega_j t_k} \qquad (2\text{-}61)$$

式中：$a_m(t_k)$ 为选取的天然地震动时程曲线；t_k 为时间离散值；N 为傅里叶变换阶数。

相位角向量 $\boldsymbol{\varphi}(\omega_j)$ 的提取计算式为：

$$\boldsymbol{\varphi}(\omega_j) = \frac{\text{IM}[F_m(\omega_j)]}{\text{RE}[F_m(\omega_j)]} \qquad (2\text{-}62)$$

式中：IM 表示求虚部；RE 表示求实部。

频率及其步长的求法：

$$\omega_j = j \cdot \Delta\omega \quad (j = 1, 2, \cdots, n) \qquad (2\text{-}63)$$

$$\Delta\omega = 2\pi/(N\Delta t) \qquad (2\text{-}64)$$

式中：ω_j 表示相位角向量中第 j 个相位值对应的频率；$\Delta\omega$ 为频率步长。

2）相位角信息的繁衍及其矩阵的形成

由于各研究质点与震源距离的不同，地震波到达各个质点的时间会存在一个微小的差异，这个差异称为行波效应。由于行波效应的存在，每个研究质点开始振动时的初始相位角各不相同，但与此同时，它们又满足一定的相关性。为了模拟这种在各个研究质点之间存在的空间相关性，本书首次引入了行波效应因子来计算任意两个空间相关质点之间存在的迟滞相位，从而形成了一个 $n \times n$ 的迟滞相位矩阵，其形式为：

$$\boldsymbol{\theta}_{mr}(\omega_j) = \begin{bmatrix} \theta_{11}(\omega_j) & \theta_{12}(\omega_j) & \cdots & \theta_{1n}(\omega_j) \\ \theta_{21}(\omega_j) & \theta_{22}(\omega_j) & \cdots & \theta_{2n}(\omega_j) \\ \vdots & \vdots & & \vdots \\ \theta_{n1}(\omega_j) & \theta_{n2}(\omega_j) & \cdots & \theta_{nn}(\omega_j) \end{bmatrix} \tag{2-65}$$

上式中，$\boldsymbol{\theta}_{mr}(\omega_j)$ 的计算公式为：

$$\boldsymbol{\theta}_{mr}(\omega_j) = \frac{d_r - d_m}{v_a(\omega_j)} \cdot \omega_j \tag{2-66}$$

如前所述，式（2-66）右侧为行波效应体现因子，其中各变量的意义如前所述。其中：$\boldsymbol{\theta}_{mr}(\omega_j)$ 表示式（2-65）矩阵中第 m 行、第 r 列所对应的元素（$r=1,2,\cdots,n$；$m=1,2,\cdots,n$）；其物理意义为，当研究 m 质点的相位角生成时，其他任意质点 r 的运动对 m 质点在窄频带 ω_j 处产生的相位影响。

4．地震动模型的逆变换

分别将式（2-57）、（2-62）、（2-63）、（2-64）代入空间相关地震动模型式（2-41）中以后，便可求得任意质点 m 的傅里叶谱，再对其进行傅里叶逆变换，便可得到空间相关性地震动的时程曲线。逆变换公式如下：

$$A_m(t_k) = \frac{1}{N} \sum_{j=1}^{N} F_m(\omega_j) e^{i \cdot t_k \omega_j} \tag{2-67}$$

式中：t_k、ω_j 分别为时间、频率的离散值；$F_m(\omega_j)$ 为经过一系列求解得到的空间相关性地震动模型；N 为傅里叶变换阶数；$A_m(t_k)$ 即为本书所要模拟的地震动加速度时程曲线，当 m 从 1 取到 n 时，便可得到一个由 n 条空间相关性地震动时程曲线组成的人工地震动场。

2.1.7　频域调制法合成实例

以一长 1 000 m 的地下管道为研究实例，采用的加速度峰值为 $0.18g$，持时为 120 s，研究对象 6 个空间相关研究质点。假设震源离 1 号点 20 km，震源深度为 25 km，入射角方向与各质点走向平行。其平面布置图如图 2-15。

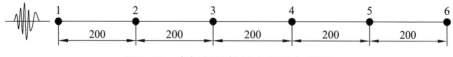

图 2-15　空间相关性质点平面布置图

1. 参数选取

（1）傅里叶变换阶数 $N = 4\,096$；时间步长 $\Delta t = 0.03\,\text{s}$；频率分辨率 $\Delta \omega = 2\pi/(N\Delta t) = 1.5 \times 10^{-3}\,\text{rad/s}$。

（2）自功率谱中各参数的取值：$\omega_g = 10\,\text{rad/s}$，$\omega_c = 1.8\,\text{rad/s}$，$\xi_g = 0.5$。

（3）白噪声功率谱强度参数取值：$\Omega = 21.963\,\text{rad}$，$\text{var} = 1\,258.52$，$t_{\text{max}} = 60\,\text{s}$，$PGA = 0.18g$。

相关函数中 ρ_1、ρ_2 的取值：$\rho_1 = 4 \times 10^{-5}\,\text{s/m}$，$\rho_2 = 88 \times 10^{-5}\,\text{s/m}$。

2. 合成结果

1）地震动时程、频率及相位输出

任意选取图 2-15 中质点 4，并输出其地震动时程、频率及相位，如图 2-16 所示。

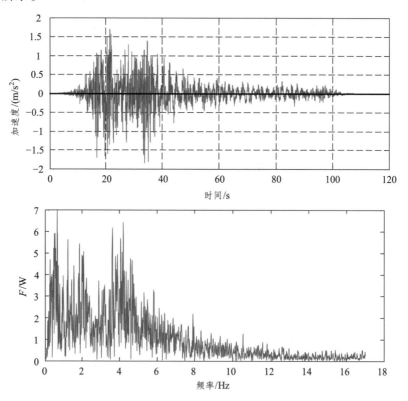

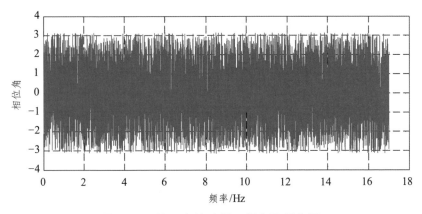

图 2-16　第 4 点的时程、频率及相位图

2）chi-chi 原波的时程、频率及相位分布情况

如图 2-17 所示。

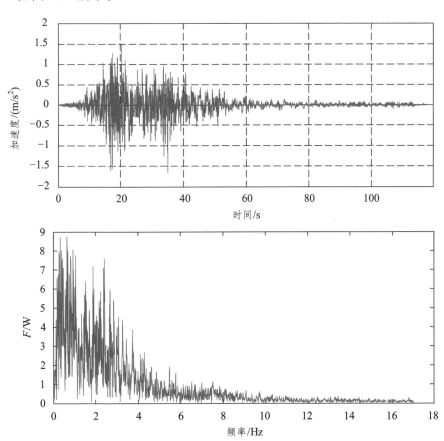

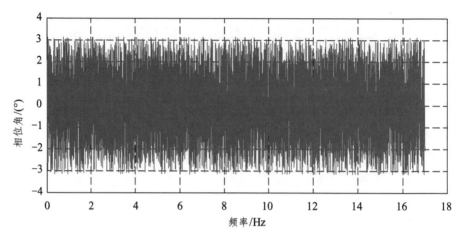

图 2-17　chi-chi 原波的时程、频率及相位图

从以上合成结果可以看出，有条件模拟法生成的空间相关性人工地震动时程与原波的时程曲线波形相似，其频谱图的幅值也与原波基本一致，只是比原波的频率成分更丰富一些。另外，合成波的频率成分大多分布在 0 到 10 Hz 之间，到 15 Hz 时基本衰减为 0，这与绝大部分天然波是一致的。在合成波的相位分布图中，由于行波效应因子的存在，该相位分布图也不会与原波完全一致，而是略有差别。

3）模拟波的空间相关性验证

如图 2-18 所示。

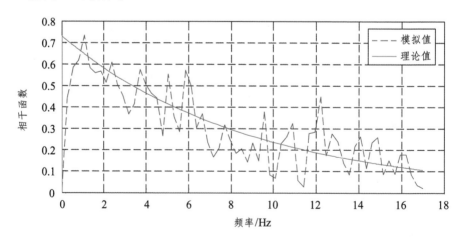

图 2-18（a）　点 1 与点 2 的相干函数

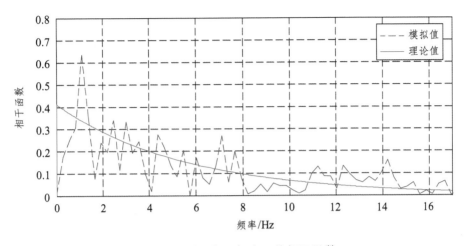

图 2-18（b） 点 1 与点 3 的相干函数

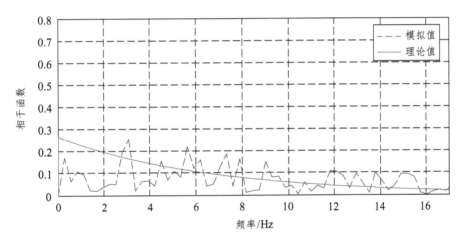

图 2-18（c） 点 1 与点 4 的相干函数

从图 2-18（a）中可知，相距 200 m 的两个相邻质点（质点 1 与质点 2），总体空间相关性良好，但随着频率的增大，其相关性逐渐下降，从 1 Hz 时的 0.75，衰减到 17 Hz 时的 0.1。该特性与天然波的衰减性类似，从而可以较好地模拟出天然波对结构的非一致性激励。对于结构抗震模拟试验而言，大部分震动台都是单台（只能输入一个震动模式）或双台（可以输入两种不同的结构激励模式），以上两个相邻点间的相关性还可以为抗震研究试验提供一个理想的输入模式。

随着两个研究质点间距离的增大，其相关性逐渐减弱，从图 2-18（c）中可以看出，当两质点（质点 1 与质点 4）间的距离达到 600 m 时，空间相关性均值在 0.1 左右。

4）模拟波的行波效应体现

本书将图 2-15 计算实例中任意 3 个空间相关质点（点 1、点 3、点 6）的地震动时程曲线逐一比较，其输出结果如图 2-19 所示。其中，红色点状线表示该研究质点在第 1 200 次振动时，位移达到最大值所发生的时刻。

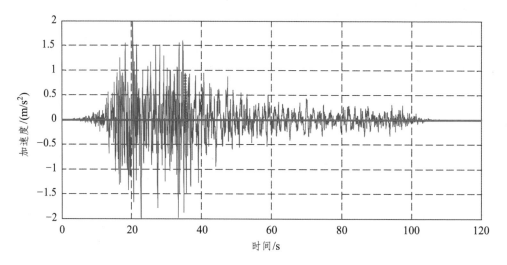

图 2-19（a） 点 1 时程曲线

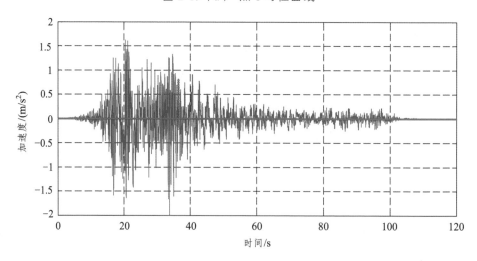

图 2-19（b） 点 3 时程曲线

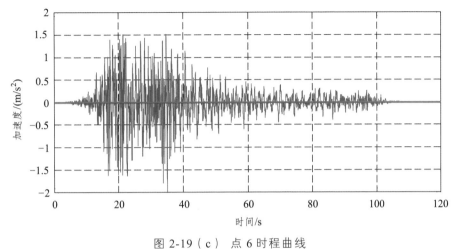

图 2-19（c） 点 6 时程曲线

图 2-19（a）~（c）中可以看出，红色点状线在逐渐向右移动，地震波从左向右传播，这就是行波效应的体现。

2.2 人工地震动的输入

2.2.1 输入方式的选择

在人工地震动输入研究中，首先要确定的便是输入方式的选择，即应根据结构的形式合理地选取地震动输入方式，确定采用单点输入或多点输入。然后，需要将上节中生成的人工震动时程做相应的分析与调整，直至能够精确地满足局部场地条件后，才能作为该场地结构物抗震研究的理想输入模式。

上节中生成的人工地震动时程系列虽然具有较好的空间相关性，但这种相关性仅能简单地反映出不同研究质点处不同的覆土厚度、视波速以及由传播路径的长短决定的能量的耗散程度（决定地震动幅值的大小）等。然而，在真实的地震动中，由于受地震震级、震中距、震源深度、地震机制以及地质条件等因素影响，地震动的各种特性均呈现出非常复杂的变化。因此采用任何一种方法生成的人工地震动，都不能直接逼近将来发生的、真实的地震动，也不能直接作为结构抗震研究的理想输入模式。

为了解决以上存在的问题，本书采用的研究方法如下：

首先，用改进 HHT 分析法，对上节中生成的人工地震动时程序列作时频分析，以便进一步了解所生成的人工地震动时程的细部时频特性。

然后，在原有的时频特性基础上，利用小波分解与重构法对所生成的地震动频率成分进行调整，根据准确的局部场地条件重构后，便可生成一系列满足不同频率组合结构的地震动波形，从而更精确地模拟出某些局部场地条件的细部特性（或者模拟出某些局部场地条件的突变情况）。

最后，将调整后的地震动时程与设计反映谱进行拟合，以便满足结构抗震安全设计的要求。

进行结构的抗震性能研究时，地震动的输入方式显得非常重要，不同的输入方式对结构动力响应有着显著的影响；因此，地震动输入是大型结构抗震分析中最基础、最关键的问题。

地震动输入方式通常可分为单点输入和多点输入两大类别。单点输入通常也称作一致性激励，即将整个结构作为一个单质点体系来研究，认为在地震作用下，其地震动的激励方式是一致的，各点的地震运动形式相同。虽然这种研究方式出现最早，应用较为广泛和成熟，但其应用范围会受到一定的限制。对于分布区域较小、质量相对集中的结构来说，该研究方式是适合的。

但是，对于一些延长型的结构物，如隧道内长管结构、输油管线、大跨度桥梁结构等，由于其自身的结构特点，不仅长度很大，地震作用下的行波效应明显，而且其跨越的场地条件往往具有复杂多样性。这种不同局部场地条件和震中距的变化，使得管道结构中不同研究质点受到的地震作用形式往往存在较大差异。

此时，当采用传统的一致性输入来研究该种类型的结构物时，由于其不能考虑真实地震动中存在的空间变化，因此难以逼近延长型结构在天然地震动中真实的受力状态，所以非一致性激励就成了一种更为合理的多点输入模式。

所谓非一致性激励，是指由于震源机制、地震波的传播特征、地形地质构造不同，使到达结构物各点的地震波在空间和时间上存在差异的现象。因为当地震发生时，从震源释放出来的能量以波的形式传播至地面，地面上不同点处接收到的地震波由于经过不同的路径，甚至不同的局部地形及地质条件，所以其振动形式就不会完全相同。这种差异主要表现在地震波的入射方向、幅值、相位以及频谱特征等多个方面。

由于本书的研究对象为某核反应堆的厂外冷却系统，为地下延长型管道结构，故采用多点输入（或非一致性激励）更能接近实际地震作用下的真实受力情况。

2.2.2　输入波的时频特性分析

目前，对地震波信号进行时频分析的常用方法是短时 Fourier 变换、小波变换、Winger-Ville 时频分布、HHT 变换以及改进 HHT 变换等。其中，短时 Fourier[33]变换由于其时间和频率分辨率很低，常无法满足分析精度要求；小波变换[34]相对于短时 Fourier 变换具有很大的进步，是一种窗口可调的、具有自适应性的 Fourier 变换。但是，有限长度的小波基有时会造成信号能量泄露；Winger-Ville[35]时频分布在时频平面上则存在非常严重的交叉项，会影响到时频分析的结果。HHT[36]（Hilbert-Huang Transform）是 1998 年由美国工程院院士 N.E.Huang 及其合作者提出的一种能适用于非线性、非平稳信号的时频分析方法。Bradley[37]（2002）最早在国际公开发表利用 HHT 研究地震信号的分析处理，对比 HHT 前后地震信号时频平面内频率成分，并对单道地震信号进行噪声剔除；此后，国内公茂盛[38]（2003）对单道地震信号进行了 Hilbert 谱分析，吴琛[39]（2006）将单道地震波信号小波和 HHT 的结果进行了比较，发现吻合程度较好。

尽管 HHT 算法自 1998 年以来得到了广泛的应用，尤其是在处理非平稳、非线性信号的时频分析上有较多优点，但是其中仍存在较多不足的方面。如信号均值包络线的求取、IMF 滤波的截断条件等，这些不足有时导致 HHT 结果存在明显的缺陷，如 IMF 瞬时频率出现畸变、负值振荡现象、IMF 波形模态混叠、难以辨别等。

因此，本书在原始 HHT 算法上，使用了滑动平均三次 B 样条均值包络和改进的 G. Rilling 滤波终止条件，并且加入高频正弦谐波，提出 HFBG（High-Frequency-Bspline-G. Rilling）-EMD 改进 HHT 算法，有效改善了地震波瞬时频率局部负值振动现象，提高了地震波瞬时频率的主频特性，减小各阶 IMF 瞬时频率的带宽，弥补了已有方法的缺陷。

2.2.3　传统 HHT 时频分析法

HHT 是一种新的非平稳信号的处理技术，主要包括经验模态分解（EMD）与 Hilbert 变换（HT）。任意非平稳信号首先经过 EMD 处理后分解为一系列有限的本征模态函数（IMF）及残余项，各阶 IMF 满足：① 极值点数目与跨零点数目相等或最大相差一个；② 由局部最大值构成的上包络线和由局部极小值构成的下包络线的平均值为零，然后对每个 IMF 分量进行 Hilbert 变换得到相应分量的 Hilbert 谱，最后汇总所有 IMF 分量 Hilbert 谱就可以得到原始非平稳信号的时频平面 Hilbert 谱。其中，EMD 分解就像一个筛子一样，它通过不断地求均值，将原始信号或被提取某频段信息后的信号不断地减去均值而获得各阶 IMF 函数。

本节以汶川地震波为例，阐述其传统的 HHT 分析过程。汶川清屏波原始地震记录时程曲线如图 2-20 所示。

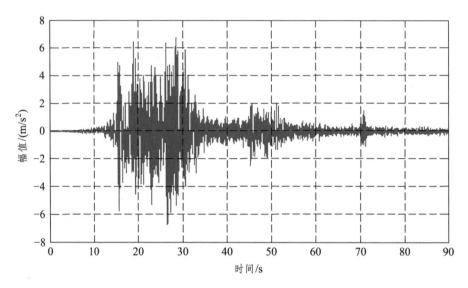

图 2-20 原始地震波时程曲线

1. 原始信号的 EMD 分解

EMD 算法实际上是数据有限筛分的过程，在 HHT 理论中起重要作用，其显式表达式为：

$$S = \sum_{j=1}^{N} C_j + r_N \qquad (2\text{-}68)$$

式中：S 为原始信号；C_j 为各阶 IMF 分量；r_N 为残余信号。

将图 2-20 中的汶川清屏波由高频到低频依次分解出 IMF 分量，如图 2-21 所示。

这里值得注意的是，前 4 阶相同或相近的特征时间尺度范围分布在不同的相邻 IMF 中，导致相邻两个 IMF 产生模态混叠，难以将各个频段清晰地筛分出来，这与理想的 EMD 分解结果相悖。

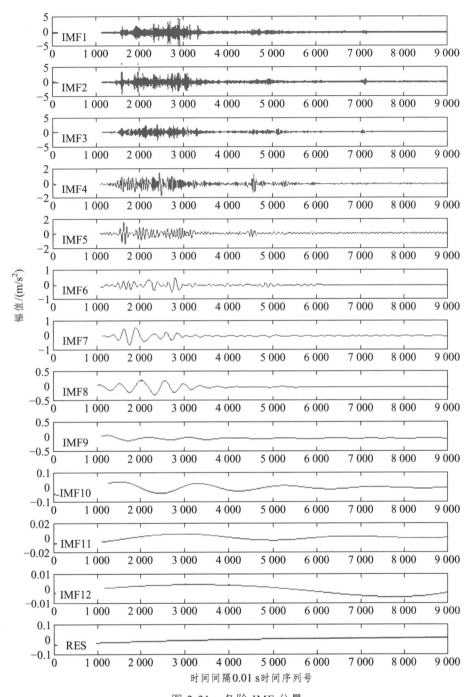

图 2-21　各阶 IMF 分量

2. Hilbert 变换与 Hilbert 谱

将 EMD 分解得到的各阶 IMF 进行 Hilbert 变换后，得到各 IMF 分量的瞬时频谱如图 2-22 所示，然后综合所有 IMF 分量的瞬时频谱即可得到原始信号的时频谱，即 Hilbert 谱。变换后其输出的二维和三维能量谱分别如图 2-23 和图 2-24 所示。

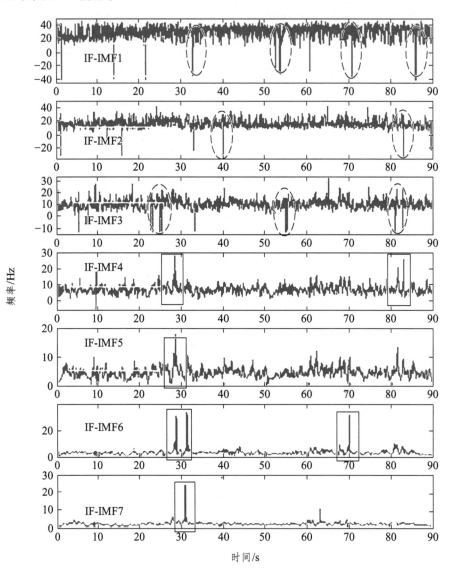

图 2-22　前 7 阶瞬时频率图

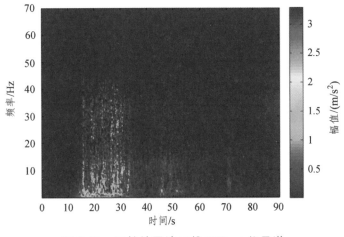

图 2-23　原始地震波二维 Hilbert 能量谱

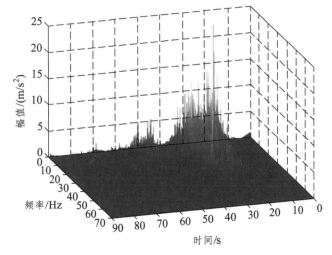

图 2-24　原始地震波三维 Hilbert 能量谱

　　从以上过程可以看出，对原始地震波信号进行 EMD 分解得到各阶 IMF 后，再进行 Hilbert 变换，从而得到各阶 IMF 瞬时频率，但图 2-3 中只列出前 7 阶 IMF 瞬时频率。

　　最后，综合各阶 IMF 瞬时频谱，得到原始地震波的时频平面二维、三维 Hilbert 能量谱。从图 2-23、图 2-24 所示的能量分布中（为了显示得更加清楚，图 2-23 中的能量幅值进行了 8 倍的放大）可以看出，地震波能量主要集中在 15 到 30 s 之间 0 ~ 5 Hz 的低频区域。这与绝大部分天然地震动的能量分布是一致的。

但不可忽略的是，在图 2-21 中，其第 4、第 6、第 7、第 8 阶的 IMF 分量均在局部出现了明显的信号突变，称为信号畸变现象。这主要是由于原始地震波中存在其他脉冲或噪声等异常信号。为使最终结果准确，必须对原始信号中的异常信号进行合理处理。

3. 瞬时频率带宽问题

一般情况下，将一段时间内瞬时频率的极大值与极小值之间的距离称为频带宽度。从图 2-22 中可见其前三阶瞬时频率呈现带宽过大的趋势，从而使得前三阶 IMF 分量的主频特性难以显现出来。同时，在前三阶瞬时频率中，有个别地方甚至出现了负值，这样就使得瞬时频率在个别地方的最大带宽进一步增大。其中，各阶瞬时频率的最大带宽具体如图 2-25 所示。

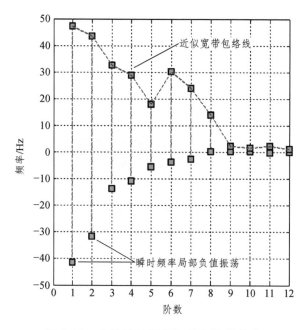

图 2-25　各阶瞬时频率极值和近似带宽

图 2-25 的结果显示，随着 IMF 阶数的增加，其瞬时频率极大值有较为明显的减小，此结果刚好与 EMD 分解出的频段由高到低的情况吻合，但到第 6 阶时，又出现反弹性增大，这是由于异常信号引起瞬时频率畸变所致。从第 9 阶开始，IMF 瞬时频率基本趋于零值。

2.2.4 改进 HHT 时频分析法 (HFBG-EMD)

1. 移动平均三次 B 样条求均值包络

原始 HHT 算法中求解信号均值包络线是通过由信号极大（小）值点三次样条插值得到的极大（小）值包络线平均后得到，由于上下包络插值的误差，势必会对数据均值包络线造成影响。Chen[40]等提出用滑动平均三次 B 样条插值从极值点直接求取均值，把"极值点→极值包络线→均值包络线"变成更直接精确的"极值点→均值包络线"，这里简单叙述其原理。

设原始序列 $f(\tau_j)$（$\tau_1 < \tau_2 < \cdots, j \in \mathbf{Z}$）的第 j 段 K 次 B 样条基函数可用 K 次差商表示如下：

$$B_{j,k,\tau}(t) := (\tau_{j+k} - \tau_j) f[\tau_j, \cdots, \tau_{j+k}] \quad (\cdot - t)_+^{k-1}, \ t \in \mathbf{R} \tag{2-69}$$

存在唯一的向量组 $a_j, j \in \mathbf{Z}$，使原始序列 K 次 B 样条插值表示如下：

$$f(t) = \sum_{j \in \mathbf{Z}} a_j B_{j,k,\tau}(t), \ t \in \mathbf{R} \tag{2-70}$$

将上述三次 B 样条插值思想应用于 EMD 算法中，定义原始信号 h 的极值序列为 $\tau^h := \{\tau_j : j \in \mathbf{Z}\}$，定义线性泛函：

$$\lambda_{j,k,\tau^h} : h \mapsto \frac{1}{2^{k-2}} \sum_{l=1}^{k-1} \binom{k-1}{l} h(\tau_{j+1}) \tag{2-71}$$

此线性泛函为极值点的二次滑动平均，定义 EMD 分解中基于滑动平均的 j 次 B 样条插值的数据平均包络线为：

$$V_{\tau^h, k^h} := \sum_{j \in \mathbf{Z}} \lambda_{j,k,\tau^h}(h) B_{j,k,\tau^h} \tag{2-72}$$

对于滑动平均的 3 次 B 样条函数，数据均值包络线为：

$$m(t) = \sum_{j \in \mathbf{Z}} \frac{1}{4} [x(\tau_{j+1}) + 2x(\tau_{j+2}) + x(\tau_{j+3})] B_{j,3,\tau}(t) \tag{2-73}$$

其中

$$B_{j,3,\tau}(t) = (\tau_{j+2} - \tau_j) \sum_{n=j}^{j+4} \frac{(\tau_n - t)_+^3}{W_{4,j}(\tau_n)} \quad (i = -3, \cdots, N-1)$$

$$W_{4,j}(\tau_n) = \prod_{n=j, i \neq n}^{j+4} (\tau_n - \tau_i)$$

$$(\tau_n - t)^k_+ = \begin{cases} 0 & (\tau_n < t) \\ (\tau_n - t)^k & (\tau_n \geqslant t) \end{cases} \quad (2\text{-}74)$$

同上，EMD 分解算法如下：

$$\begin{cases} h_{1,0} = s - V_{\tau^s, k^s} \\ h_{1,0} - V_{\tau^{h_{1,0}}, k^{h_{1,0}}} = h_{1,1} \\ \quad\vdots \\ h_{1,k-1} - V_{\tau^{h_{1,k-1}}, k^{h_{1,k-1}}} = h_{1,k} \end{cases} \quad (2\text{-}75)$$

$h_{l,k}$ 满足 IMF 条件时即得到一阶 IMF 分量，此后依次可得各阶 IMF 分量。

2. 滤波停止准则

HHT 原始算法中，在分解每阶 IMF 时，采用仿柯西收敛准则，当两连续滤波结果的标准差满足一定限值时滤波停止：

$$SD = \sum_t \left[\frac{|h_{1,k-1}(t) - h_{1,k}(t)|^2}{h_{1,k-1}^2(t)} \right] < \alpha, \alpha = [0.2, 0.3] \quad (2\text{-}76)$$

但研究表明，仿柯西收敛准则过于严格，分解次数过多而导致各阶 IMF 信号数据失真。法国学者 G.Rilling[41] 提出双变量限制的滤波终止条件，可以更好地保证 IMF 分量均值为零：

$$\begin{cases} \dfrac{\{t \in T \mid \sigma(t) < \theta_1\}}{\{t \in T\}} \geqslant 1 - a & (\theta_1 取 0.05, a 取 0.05) \\[3mm] \dfrac{\{t \in T \mid \sigma(t) < \theta_2\}}{\{t \in T\}} = 1 & (\theta_2 取 10\theta_1) \end{cases} \quad (2\text{-}77)$$

其中：

$$\begin{cases} \sigma(t) = e(t)/a(t) \\ a(t) = [u_{\max}(t) - u_{\min}(t)]/2 \\ e(t) = [u_{\max}(t) + u_{\min}(t)]/2 \end{cases} \quad (2\text{-}78)$$

但 G. Rilling 提出的滤波终止条件中的双变量依赖于原始数据的极大（小）值包络线，对于直接求取数据均值包络线的滑动平均三次 B 样条插值无法直接适用。郑天翔[42]提出直接将三次 B 样条插值均值包络线［类似式（2-78）中第 3 个式子中的 $e(t)$］，代替式（2-78）中第 1 个式子中的 $\sigma(t)$，虽然一定程度上解决了将 G. Rilling 滤波终止条件应用于滑动平均三次 B 样条求均值包络的问题，但由于该简化改变了 G. Rilling 滤波终止条件的核心思想，其适用性有待确定。

本书在 G. Rilling 滤波终止条件的思想上，将式（2-78）中第 3 个式子的均值包络 $e(t)$ 用滑动平均三次 B 样条均值包络 $m(t)$ 表示，幅值包络 $a(t)$ 仍用三次样条插值上下包络线表示，并在后面部分对该新的滤波终止条件的效果加以阐述。

3. 高频谐波消除 IMF 模态混叠

理想的 EMD 分解结果应满足各阶 IMF 由高至低，其频率相应不断减小，且同频信号尽量在同一阶 IMF 内，但 EMD 分解结果往往出现不太理想的模态混叠现象。模态混叠是指在一个 IMF 中包含差异极大的特征时间尺度，或者相近的特征时间尺度分布在不同的 IMF 中，模态混叠使 IMF 无法表示真实的物理过程，表现为相邻两个 IMF 波形混叠，相互影响，难以辨别。

研究表明，引起模态混叠的因素主要为脉冲干扰、噪声等异常信号，要消除模态混叠现象，核心问题是对这些异常信号进行合理处理。EMD 分解所得 1 阶 IMF 分解结果对后续分解的影响较大，如果能将异常信号"拦截"在 1 阶 IMF，则可以提高 EMD 分解的准确性。

对原始信号加入高频正弦谐波，其中高频谐波频率可选择信号分析频率上限，幅值选取接近原始信号峰值，则加入的高频谐波可改变原始信号的极值分布，从而"淹没"异常信号，或使之变得不很突出，从而减小异常信号对原始地震波 HHT 变换的影响，提高 EMD 的分解效果。由于加入的高频谐波是已知的，最后从 1 阶 IMF 中减去该高频谐波即可。这样得到的各阶 IMF 函数，便可有效消除模态混叠现象。

在本书中，加入的高频谐波频率为原始信号分析频率的上限，幅值选为原始信号的峰值，图 2-26 给出的是包含高频谐波后一阶 IMF 和去除高频谐波后相应的 IMF。

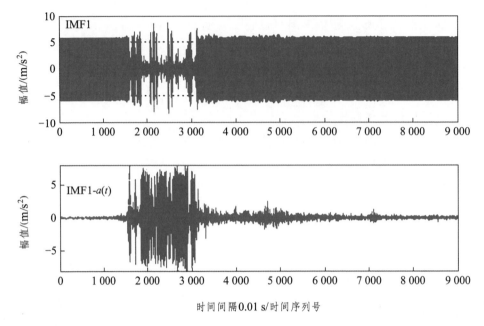

时间间隔0.01 s/时间序列号

图 2-26　含高频谐波和去掉高频谐波后的第一阶 IMF 函数对比图

2.2.5　HFBG-EMD 法与传统方法的对比

1. HFBG-EMD 法求出各阶 IMF 函数

为了对修正后的 HHT 算法（HFBG-EMD 法）效果进行验证，本节对图 2-20 原始地震波信号，在原始 HHT 算法的基础上，采用滑动平均三次 B 样条插值、新的 G. Rilling 滤波停止准则，并加入高频谐波，对滤波效果及最终的瞬时频率特征进行讨论。

图 2-27 为原始地震波信号 HFBG-EMD 分解所得各阶 IMF，结果显示 IMF 只有 9 阶，比传统 HHT 算法少 3 阶。对比图 2-21 结果易发现，HFBG-EMD 具有更好的高频到低频的逐层分解特性，而且，前 4 阶 IMF 模态混叠现象得到明显改善。为了验证其具体的改善效果，特将以上各个 IMF 分量做 Hilbert 变换，把各变换后的结果列入图 2-28 中，以便与图 2-22 进行对比分析。

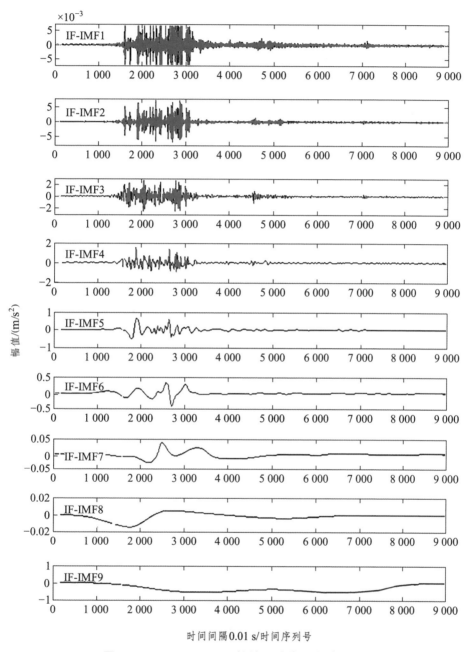

图 2-27　HFBG-EMD 原始地震波信号各阶 IMF

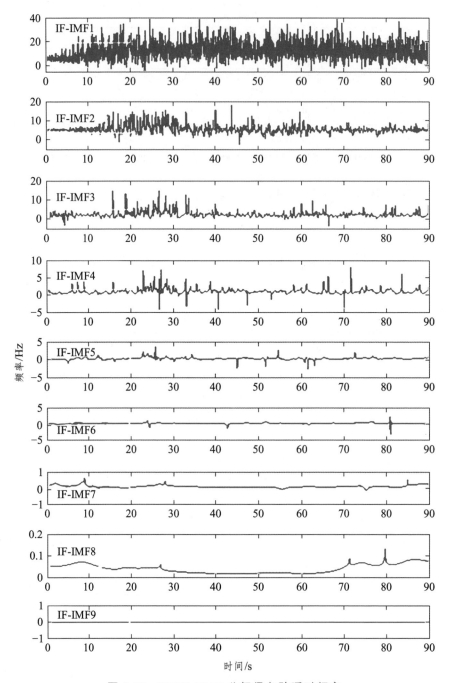

图 2-28　HFBG-EMD 分解得各阶瞬时频率

2. HFBG–EMD 法求出瞬时频率

当使用 HFBG-EMD 法时，随着阶数的增大，瞬时频率均值由高到低，逐渐减小，各重频段间分界清晰，模态混叠现象得到有效改善。

此外，HFBG-EMD 下各阶 IMF 瞬时频率畸变现象已基本消除，尽管在第 3、4、5 阶瞬时频率也出现一定程度的局部突变，但与传统方法得到的图 2-22 结果相比，其突变幅值与数量已大大削减。而且，后续几阶 IMF 瞬时频率已基本不存在畸变现象。

3. 两种截断方法的迭代次数对比

在分解的 IMF 阶数不变的情况下，使用传统 HHT 算法中的 3 次样条 SD 截断准则时，滤波次数高达数千次，当使用 G. Rilling 截断准则时，可将滤波次数减少到几十次。而采用本书提出的 HFBG-EMD 算法时，可将滤波次数在 G. Riling 的基础上进一步减少，但减小得不是十分显著，具体情况如图 2-29 所示。

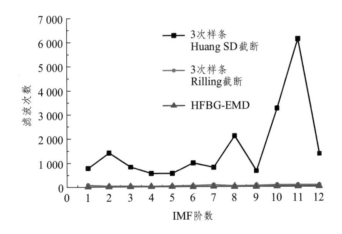

图 2-29　不同改进 HHT 算法下各阶 IMF 分解滤波迭代次数

4. 前两阶瞬时频率对比

地震信号是由不同频率成分的信号叠加而成的，其存在一定的频带范围，当分解后的各单阶瞬时频率带宽过大时，其中心频率便难以精确辨别。因此，减小各阶瞬时频率的带宽，突显每阶瞬时频率中的主频是很有必要的。图 2-30 显示，改进 HHT 下地震信号 1、2 阶 IMF 瞬时频率呈现良好的主频特性，中心频率更为明显。此外，改进后的瞬时频率的负值振动现象已基本消除，从而弥补了原始 HHT 算法的缺陷。

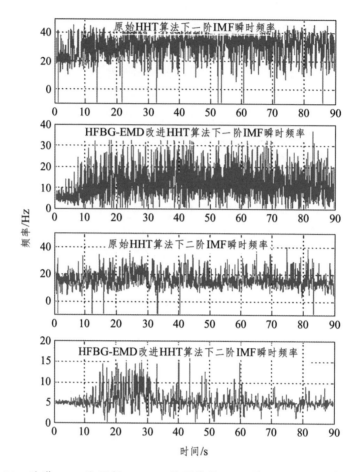

图 2-30　改进 HHT 和原始 HHT 下地震信号 1、2 阶 IMF 瞬时频率对比图

5. HFBG-EMD 法与传统方法的带宽对比

在 HFBG-EMD 方法下，随着 IMF 阶数的增大，瞬时频率极值出现明显的减小，到第 5 阶后其值保持在 5 Hz 以下，到第 7 阶时瞬时频率基本为零。最为有效的一点是，HFBG-EMD 下瞬时频率带宽得到了明显降低。但需要说明的是，图 2-30 中所反映的带宽是包络带的最大宽度，前 1、2 阶瞬时频率的主要成分的带宽如下：

改进前第 1 阶带宽 25 Hz；

改进前第 2 阶带宽 19 Hz；

改进后第 1 阶带宽 23 Hz；

改进后第 2 阶带宽 6 Hz。

由此可见：改进后的 HHT 方法将大部分的干扰信号滤除在第 1 阶 IMF 中，而使第 1 阶的带宽减小不明显；但从第 2 阶开始，主要成分的频带宽度得到了有效改善。图 2-31 为 HFBG-EMD 和原始 HHT 下地震信号瞬时频率极值带宽。

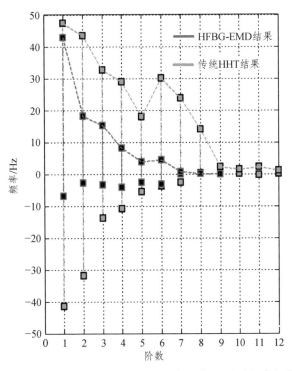

图 2-31　HFBG-EMD 和原始 HHT 下地震信号瞬时频率极值带宽

2.2.6　HFBG-EMD 法的时频分析步骤

可以看出，HFBG-EMD 法（改进 HHT 法）较传统的 HHT 分析法有了较大的改进和提高，当用 HFBG-EMD 法对输入波做时频分析时，计算步骤如下：

（1）加入高频正弦谐波，淹没原始信号中的噪声及可能存在的畸变分量。

（2）采用滑动平均三次 B 样条插值、新的 G. Rilling 滤波停止准则将原始信号进行新的 EMD 分解，得到 N 阶 IMF 函数（其中阶数 N 按实际情况确定）。

（3）将所得的 IMF 函数通过 Hilbert 变换，得到 N 阶瞬时频率。

（4）在 N 阶瞬时频率中，将步骤（1）加入的高频正弦波剔除。

（5）将步骤（4）中的各瞬时频率叠加，即可得到原始信号的 Hilbert 谱，从而揭示出原始信号的时频特性。

2.3 输入波中频率成分的调整

2.3.1 频率成分的调整方法

本书采用小波分解与重构法，对初始地震信号进行小波分解，形成 n 阶信号分量，每个信号分量仅包含一个带宽很窄的频段，该窄频段可近似某一个中心频率点。然后根据实际场地特征情况，可自由调整任意频段的权重系数，权重系数的大小决定了该种频率成分含量的多少。最后，按权重系数进行组合、重构，便可生成适合局部场地条件的、理想的输入波形。

1. 小波分解与重构法的基本原理

小波变换的概念是由从事石油信号处理的法国工程师 J. Morlet 在 1974 年首次提出的。与 Fourier 变换、窗口 Fourier 变换相比，它是一个时间和频率的局域变换，因而能有效地从信号中提取信息，通过伸缩和平稳等运算功能对函数或信号进行多尺度细化分析，解决了 Fourier 变换不能解决的许多困难问题。目前，小波分析在地震界已经得到了较好的应用。

小波分解的基本原理，就是将某一尽可能与原始波形状接近的小波函数变换成不同的尺度，即变换成无数个从高频到低频的小波段，然后分别与原始信号进行比对，每次均从开始时刻比对到信号结束，从而形成一系列从高频到低频的小波系数，将各小波系数进行重构，便可得到小波分解后的各信号分量。

分解之后的小波重构，就是按实际需要，将小波分解后得到的各信号分量乘以不同的权重系数后，再重新叠加、组合的过程。当在实际情况中需要去除某一信号分量时，只需要在重构原信号时在该分量前乘以零即可。

小波变换的实质为一种积分计算，它是将原始信号与小波函数的乘积在不同的尺度下进行积分，从而求得各阶小波系数的过程。与短时 Fourier 变换相比，小波具有时间窗大小可调整和自适应性的特点。当遇到高频或脉冲局部信号时，小波可自动缩短时窗宽度，提高频率分辨率；当遇到低频段信号时，小波可自动加宽时窗宽度，提高时间分辨率。因此，小波可较好地跟踪时间和频率信息，它可以"近看"短时脉冲，或者"远眺"，以检测长时缓慢变化波。

2. 小波分解与重构算法

1) 小波分解与重构的公式

（1）分解公式

设待处理信号为 f，在空间 V_j 中有其逼近。有两个最基本的标准正交基可用于表示 f。第一个是 V_j 上的尺度函数基 $\{\phi_{jk}\}_{k \in \mathbf{Z}}$，根据该基，有

$$f = \left\langle f, \phi_{jk} \right\rangle \phi_{jk} \tag{2-79}$$

当然，因为已有正交值和分解 $V_j = V_{j-1} \oplus W_{j-1}$，所以可以把 V_{j-1} 和 W_{j-1} 的基级联起来，于是有 $\{\phi_{j-1,k}\}_{k \in \mathbf{Z}} \bigcup \{\psi_{j-1,k}\}_{k \in \mathbf{Z}}$。根据这个级联的标准正交基，$f$ 可表示为：

$$f = \underbrace{\sum_{k \in \mathbf{Z}} \left\langle f, \phi_{j-1,k} \right\rangle \phi_{j-1,k}}_{f_{j-1}} + \underbrace{\sum_{k \in \mathbf{Z}} \left\langle f, \psi_{j-1,k} \right\rangle \psi_{j-1,k}}_{\omega_{j-1}} \tag{2-80}$$

分解公式由相应于第 1 个基的系数开始，然后计算第 2 个基的系数，具体形式如下：

$$\begin{cases} \left\langle f, \phi_{j-1,l} \right\rangle = 2^{-1/2} \sum_{k \in \mathbf{z}} \overline{p_{k-2l}} \left\langle f, \phi_{jk} \right\rangle \\ \left\langle f, \psi_{j-1,l} \right\rangle = 2^{-1/2} \sum_{k \in \mathbf{z}} (-1)^k p_{1-k+2l} \left\langle f, \phi_{jk} \right\rangle \end{cases} \tag{2-81}$$

（2）重构公式

由以上分解公式与 ϕ_{jk} 的标准正交性，有 $\left\langle \phi_{jk}, \phi_{j-1,l} \right\rangle = 2^{-1/2} \overline{p_{k-2l}}$ 和 $\left\langle \phi_{jk}, \psi_{j-1,l} \right\rangle = 2^{-1/2} p_{1-k+2l}$。把取和下标 l 经过适当的变换，有下面的展开式：

$$\phi_{jk} = \sum_{l \in \mathbf{Z}} 2^{-1/2} \overline{p_{k-2l}} \phi_{j-1,l} + \sum_{l \in \mathbf{Z}} 2^{-1/2} (-1)^k p_{1-k+2l} \psi_{j-1,l} \tag{2-82}$$

文献上一般称为尺度关系的逆。

上式与 f 做 L^2 内积，得到重构公式：

$$\left\langle f, \phi_{jk} \right\rangle = 2^{-1/2} \sum_{l \in \mathbf{z}} p_{k-2l} \left\langle f, \phi_{j-1,l} \right\rangle + 2^{-1/2} \sum_{l \in \mathbf{z}} (-1)^k \overline{p_{1-k+2l}} \left\langle f, \psi_{j-1,l} \right\rangle \tag{2-83}$$

2) 小波分解与重构的过程

小波分解与重构都包括初始化、迭代和终止等 3 个过程，下面分别进行阐述。

（1）分解算法[43]

为了进行信号处量，诸如滤波和数据压缩等，需要一个有效的算法来把信号分解成若干个不同的频率分量。若把多分辨率分析的概念用于此目的，就需要一个能够把信号分解为小波空间（W_j）中各分量的算法。分解的步骤包括初始化、迭代和终止等 3 个部分。

① 初始化：

该步包含两个部分。首先要决定近似空间 V_j，使其能最佳地反映 f 的各种信息。取样和进行什么样的分辨率分析确定了 V_j。其次，需要选择一个 $f_j \in V_j$，以便能最佳地逼近 f。

V_j 为对 f 的最佳逼近，根据能量观点，是 f 在 V_j 上的正交投影 $p_j f$。因为 $2^{j/2}\phi(2^j x - k)$ 是标准正交的，意味着：

$$p_j f(x) = \sum_{k \in \mathbf{Z}} a_k^j \phi(2^j x - k)$$

这里 $a_k^j = 2^j \int_{-\infty}^{+\infty} f(x)\overline{\phi(2^j x - k)}\mathrm{d}x$。

信号取样后包含的信息，通常不足以准确地确定系数 a_k^j，所以要用正交规则来近似它们：

$$a_k^j = 2^j \int_{-\infty}^{+\infty} f(x)\overline{\phi(2^j x - k)}\mathrm{d}x \approx mf(k/2^j) \qquad （2-84）$$

式中，$m = \int\overline{\phi(x)}\mathrm{d}x$。

这个近似的精度随 j 的增加而提高。根据给定的误差容限，可以估计出需要多大的 j。精度取决于指标 j 和 k。因为在实际应用中，仅仅能处理有限个系数，所以为了精确地计算这些系数，j 的大小要选择得合适。

通常这样构造 ϕ，使 $\int\phi = 1$，此时，$a_k^j = f(k/2^j)$。应用正交化公式 $a_k^j \doteq mf(k/2^j)$，可以用下式近似投影 $p_j f$：

$$p_j f(x) \approx f_j(x) = m\sum_{k \in \mathbf{Z}} f(k/2^j)\phi(2^j x - k) \qquad （2-85）$$

初始化完成。

② 迭代：

初始化后，有 $f \approx f_j \in V_j$。由 f_j 开始，可逐级分解为较低级别的近似部分 $f_{j-1} \in V_{j-1}$ 和小波部分 $w_{j-1} \in W_{j-1}$，即 $f_j = f_{j-1} + w_{j-1}$。如此，对 f_{j-1} 和 f_{j-2} 采用相同的步骤，并一直进行下去，最后终止于第 0 级分解上。

为进行分解，需要对近似系数 a 和小波系数 b 进行操作。先令 h 和 l 序列为：

$$h_k = \frac{1}{2}(-1)^k p_{k+1} \tag{2-86}$$

$$l_k = \frac{1}{2}\overline{p_{-k}} \tag{2-87}$$

通过 $H(x) = h * x$ 和 $L(x) = l * x$，定义两个离散滤波器（卷积算子）H 和 L。记 $x = a^j$，注意到 $L(a^j)_l = \frac{1}{2}\sum_{k \in \mathbf{Z}} \overline{p_{k-l}} a_k^j$。比较该式与分解式 $a_l^{j-1} = \frac{1}{2}\sum_{k \in \mathbf{Z}} \overline{p_{k-2l}} a_k^j$，得到 $a_l^{j-1} = L(a^j)_{2l}$。类似地有，$b_l^{j-1} = H(a^j)_{2l}$。如果定义取样算子 D 如下：

若 $x = (\cdots, x_{-2}, x_{-1}, x_0, x_1, x_2, \cdots)$，且定义其取样序列 $Dx = (\cdots, x_{-2}, x_0, x_2, \cdots)$ 或 $(Dx)_l = x_{2l}, l \in \mathbf{Z}$；则可用离散滤波器（卷积算子）来描述迭代步骤。

卷积形式：$a^{j-1} = D(l * a^j)$，$b^{j-1} = D(h * a^j)$

算子形式：$a^{j-1} = DLa^j$，$b^{j-1} = DHa^j$

这里，所用的两个滤波器 h 和 l，分别称为分解高能和分解低通滤波器。

特别值得注意的是，离散滤波器和取样算子不依赖于 j，所以存储需求量小，而且由于卷积运算并不耗时，整个迭代过程既快又有效。

③ 终止：

终止分解运算的准则有好几个，最简单的就是一直分解下去直至耗尽所有的样本点，但一般并不必要。奇异性检测可能只需分解 1 至 2 级。一般地，终止点的选择主要取决于想要完成的工作。

（2）重构算法[44]

当信号分解完毕后，就可以修改某些 $W_{j'}$。如果目的是滤除噪声，那么 f 的 $W_{j'}$ 分量中相应于不想保留的频率部分可被舍弃，这样，噪声就显著减小了。如果目的是压缩数据，幅值较小的 $W_{j'}$ 分量可被舍弃，而且基本不会显著改变原信号。当仅仅是显著的 $W_{j'}$（较大的 $b_k^{j'}$）被传输时，就可以取得极大的数据压缩效果。完成以上目标的核心问题是，当分量被修改之后，需要一个重构算法，根据 V_j 的基 $\phi(2^j x - l)$ 重新组装被压缩或被滤波的信号，以便得到最终想要的目标信号。

重构算法仍然分为 3 个主要步骤：初始化、迭代和终止。

① 初始化：

重构开始时，我们拥有的是一个可能被修改过的系数集（由 0 开始），包括 0 级近似系数 $\{a_k^0\}$ 和细节小波系数 $\{b_k^{j'}\}$，$j'=0,\cdots,j-1$。即：

$$f_0(x) = \sum_{k\in\mathbf{Z}} a_k^0 \phi(x-k) \in V_0 \tag{2-88}$$

$$w_{j'}(x) = \sum_{k\in\mathbf{Z}} b_k^{j'} \psi(2^{j'}x-k) \in W_{j'} \quad (0 \leqslant j' < j) \tag{2-89}$$

② 迭代：

用离散滤波器形式描述本过程。令 $\tilde{h}$、$\tilde{l}$ 为如下序列：

$$\tilde{h}_k := \overline{p_{1-k}}(-1)^k \tag{2-90}$$

$$\tilde{l}_k := p_k \tag{2-91}$$

通过 $\tilde{H}(x) = \tilde{h}*x$ 和 $\tilde{L}(x) = \tilde{l}*x$，定义两个离散滤波器（卷积算子）$\tilde{H}$ 和 $\tilde{L}$。把重构公式重新写为：

$$a_k^j = \sum_{l\in\mathbf{Z}} \tilde{l}_{k-2l} a_l^{j-1} + \sum_{l\in\mathbf{Z}} \tilde{h}_{k-2l} b_l^{j-1} \tag{2-92}$$

这近似为两个卷积之和，所不同的是，卷积的下标应为 $k-l$ 而不是 $k-2l$。换句话讲，式（2-92）仅仅是一个奇数项缺失（即 $\tilde{l}_{k-(2l+1)}$）的卷积，可以简单地用零乘奇数项而复原回来。通过明确地写出前面几项，可以清楚地显示该过程：

$$a_k^j = \cdots + \tilde{l}_{k+4} a_{-2}^{j-1} + \tilde{l}_{k+3}\cdot 0 + \tilde{l}_{k+2} a_{-1}^{j-1} +$$
$$\tilde{l}_{k+1}\cdot 0 + \tilde{l}_k a_0^{j-1} + \tilde{l}_{k-1}\cdot 0 + \cdots + (\text{类似的 } \tilde{h}b \text{ 项}) \tag{2-93}$$

为把该和式写成卷积形式，改变输入序列 a_l^{j-1} 的形式，通过把 0 均匀地分散于其中，形成一个在所有的奇数位置为 0 的新序列。原来的每个非零项给定一个新的偶数指标，这只要把原有指标倍乘即可。例如 a_{-1}^{j-1}，倍乘后变为 a_{-2}^{j-1}。该过程称为上取样，具体如下。

若 $x = (\cdots x_{-2}, x_{-1}, x_0, x_1, x_2, \cdots)$ 为一序列，定义上取样算子 U 为：

$$Ux = (\cdots x_{-2}, 0, x_{-1}, 0, x_0, 0, x_1, 0, x_2, 0, \cdots) \tag{2-94}$$

或

$$(Ux)_k = \begin{cases} 0 & \text{若 } k \text{ 为奇数} \\ x_{k/2} & \text{若 } k \text{ 为偶数} \end{cases} \tag{2-95}$$

完成以上定义以后，可以将迭代步骤写成简练的离散滤波器形式（或卷积算子形式）：

卷积形式：$a^j = \tilde{l} * (Ua^{j-1}) + \tilde{h} * (Ub^{j-1})$ （2-96）

算子形式：$a^j = \tilde{L}Ua^{j-1} + \tilde{H}Ub^{j-1}$ （2-97）

相应地，分别称 $\tilde{h}$ 和 $\tilde{l}$ 为重构高通和重构低通滤波器。同分解算法的情况一样，这两个滤波器均不依赖于重构级数 j，从而使得这个迭代的重构过程既快又有效。

③ 终止：

当按以上迭代过程逐级计算出 a^j 后，便可按 $f(x) = \sum_l a_l^j \phi(2^j x - l)$ 重构出信号 $f(x)$。在这个过程中，可以用 a_l^j 近似 f 在 $x = l/2^j$ 处的值，所以重构过程没有用到 ψ 和 ϕ 的公式。然而，ψ 和 ϕ 的正交性却扮演了一个重要角色，保证分解和重构算法的顺利实施。

2.3.2 频率成分调整的计算过程

当原始信号进行小波分解后，便得到一系列不同窄频段的信号分量，当需要加强或者削弱原始信号频谱中某一频段的信号时，只需要在重构时在该频段信号分量前乘以合适的系数来进行调整，便可完成对原信号中各频率成分的调整工作。该调整过程主要分为以下两步。

1. 小波分解

对于任意函数 $f(t) \in L^2(R)$ 的连续小波变换，其表达式[45]为：

$$W_f(a,b) = \left\langle f(t), \psi_{a,b}(t) \right\rangle = \int_{-\infty}^{\infty} f(t), \psi_{a,b}^*(t)\mathrm{d}t$$

$$= \int_{-\infty}^{\infty} f(t)\frac{1}{\sqrt{a}}\psi_{a,b}^*\left(\frac{t-b}{a}\right)\mathrm{d}t \quad [a > 0, f(t) \in L^2(R)] \quad （2-98）$$

其中，$\psi_{a,b}^*(t)$ 为 $\psi_{a,b}(t)$ 的共轭，且 $\psi_{a,b}(t) = \dfrac{1}{\sqrt{a}}\psi_{a,b}\left(\dfrac{t-b}{a}\right)$。

设 $f(t) = f(k\Delta t)$，$t \in (k+1)$，则

$$W_f(a,b) = \sum_k f(t)\,|\,a\,|^{-1/2}\,\psi^*\left(\frac{t-b}{a}\right)\mathrm{d}t$$

$$= \sum_k f(k\Delta t) \mid a \mid^{-1/2} \psi^* \left(\frac{t-b}{a} \right) \mathrm{d}t$$

$$= \mid a \mid^{-1/2} \sum_k f(k) \left(\int_{-\infty}^{k+1} \psi^* \left(\frac{t-b}{a} \right) \mathrm{d}t - \int_{-\infty}^{k} \psi^* \left(\frac{t-b}{a} \right) \mathrm{d}t \right) \quad (2\text{-}99)$$

在以上过程中，将连续的小波变换转化成了离散的形式，以方便编程计算。以上计算过程可总结归纳如下：

（1）选择一个与原始信号较接近的小波函数，与相应的尺度函数一起构成小波分析。

（2）将选择的具有不同尺度的小波（一个具有不同振动频率的短小的波段）与原始信号进行对比分析，得到一系列不同尺度下的小波系数 C，C 值的大小表示该尺度（频率）短波段与原信号的相似程度。

（3）参数 b 为平稳参数，通过不断增加 b 来移动原信号中待分析段在时间轴上的位置，随着 b 的不断增加，小波不断向右移动，直到分析完整个信号。

2. 有选择性重构

设需要重构的频率域区间为 $[\omega_1, \omega_2]$，则 $[\omega_1, \omega_2]$ 在区间 $[a_1, a_2]$ 的积分可以表示为：

$$\int_{a_1}^{a_2} X(a)\mathrm{d}a = \int_{\omega_1}^{\omega_2} S(\omega)\Phi(\omega, m)\mathrm{d}m$$

$$= S(\omega)\int_{\omega_1}^{\omega_2} \Phi(\omega, m)\mathrm{d}m \quad (2\text{-}100)$$

为了重构在频率区间 $[\omega_1, \omega_2]$ 上的地震信号，构造一个函数[46]：

$$h(\omega) = S(\omega)\int_{\omega_1}^{\omega_2} C(\omega)\Phi(\omega, m)\mathrm{d}m \quad (2\text{-}101)$$

将 $C(m)$ 在区间 $[\omega_1, \omega_2]$ 上离散化，则有：

$$h(\omega) = S(\omega)\sum_{i=1}^{N} C(m_i)\Phi(\omega, m_i) \quad (2\text{-}102)$$

其中，$m_i \in [\omega_1, \omega_2]$，$C(m_i)(i=1,2,\cdots,N)$ 是随频率变化的系数，称之为重构系数。然后对 $h(\omega)$ 做傅里叶反变换，有：

$$F(t) = \langle h(\omega), \mathrm{e}^{-i\omega t} \rangle = \frac{1}{2\pi}\int_{-\infty}^{\infty} h(\omega)\mathrm{e}^{i\omega t}\mathrm{d}\omega \quad (2\text{-}103)$$

取 $F(t)$ 的实部 $F_R(t)$，即得到相应频段重构后的时域地震信号分量。在以上信号重构的过程中，不断调整 $h(\omega)=S(\omega)\sum_{i=1}^{N}C(m_i)\varPhi(\omega,m_i)$ 表达式中的 $C(m_i)$，然后再进行组合，则可得到满足不同特性及不同相似性的信号。

3. 频率调整显式计算公式

对任意的 $f(t)\in L^2(R)$，设存在 $\{C_n^0\}_{n\in\mathbf{Z}}\in\ell^2$，使得 $f(t)=\sum_{n\in\mathbf{Z}}C_n^0\phi_0,n(t)$，则小波分解和重构的算法如下。

（1）分解算法：

$$C_n^{j-1}=2^{-1/2}\sum_{k\in\mathbf{Z}}h_{2k-n}C_k^j \tag{2-104}$$

$$D_n^{j-1}=2^{-1/2}\sum_{k\in\mathbf{Z}}g_{2k-n}C_k^j \tag{2-105}$$

（2）重构算法：

$$C_n^j=\sum_{k\in\mathbf{Z}}h_{2k-n}C_k^{j-1}+\sum_{k\in\mathbf{Z}}g_{2k-n}C_k^{j-1} \tag{2-106}$$

（3）分解与重构后的地震动时程表达式：

$$f=\sum_{k\in\mathbf{Z}}a_k^{j-1}\phi(2^{j-1}x-k)+\sum_{k\in\mathbf{Z}}b_k^{j-1}\psi(2^{j-1}x-k) \tag{2-107}$$

以上计算中：C_n^{j-1} 为低频小波系数；D_n^{j-1} 为高频小波系数；h_{2k-n} 为低通滤波器；g_{2k-n} 为高通滤波器；j 为小波系数的阶数，阶数越高，分解所得的地震动分量的频率就越高；$\phi(2^{j-1}x-k)$ 为尺度函数；$\psi(2^{j-1}x-k)$ 为小波函数。

2.4 多点相似性波形的生成及输入

2.4.1 相似性波形的生成

1. 初始波形的生成

首先，按上节中的人工地震动合成方法，生成一个初始波形，如图 2-32 所示。其中，用到各参数的取值如下：

傅里叶变换阶数 $N=4\,096$，时间步长 $\Delta t=0.03\text{ s}$，频率分辨率 $=2\pi/N$，$\Delta t=1.5\times10^{-3}\text{ rad/s}$，场地基频 $\omega_g=10\text{ rad/s}$，低频截止频率 $=1.8\text{ rad/s}$，场地阻尼比 $\xi_g=0.5$，$PGA=0.5g$。

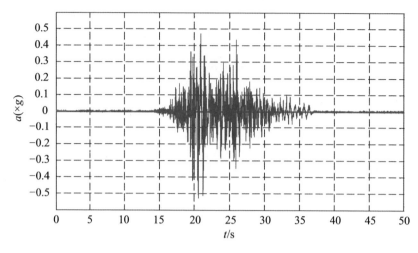

图 2-32 初始波形

2. 初始波的小波分解与信号重构

利用上节中的小波分解与重构算法，将图 2-32 中的初始地震动时程进行分解后，形成各小波高频系数 $cd1$、$cd2$、$cd3$ 以及低频系数 $ca3$，如图 2-33 所示；然后，再对 $cd1$、$cd3$ 以及 $ca3$ 进行小波重构，生成相应的地震动高频分量 $d1$、$d3$ 和低频分量 $a3$，如图 2-33 所示。

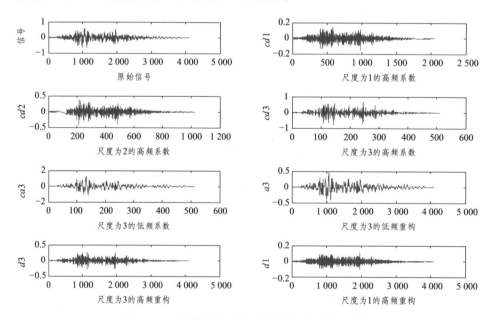

图 2-33 初始波的小波分解与部分分量重构

在以上分解过程中，地震动时程是从高频到低频被逐层分解、剥离的，频率从高到低依次为 $cd1 > cd2 > cd3 > ca3$ ，相应地有 $d1 > d2 > d3 > a3$ 。

3. 相似性波形的生成

将以上初始波形的分解系数 $cd1$ 、 $cd2$ 、 $cd3$ 以及 $ca3$ 乘以不同的权重，并加入适当频率成分的谐波分解系数以后，再进行小波重构，便可生成一系列相似性波形。现输出前 7 个相似性波形，如图 2-34 所示。图 2-34 所示 8 幅图形中，第一个为初始波形，其余 7 个为重构组合后生成的相似性波形，它们与初始波的相似度及各相似波的时频特性将在后续章节中进行讨论。

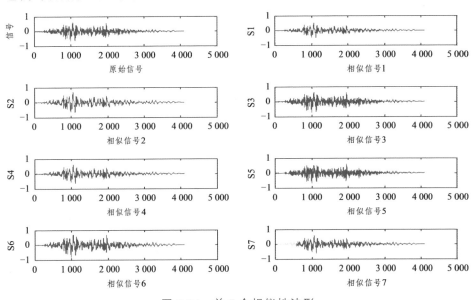

图 2-34　前 7 个相似性波形

4. 波形相似性计算

1）整体波形总相似度测量

假设有两列波形 X 和 Y ，其中 X 为被测波， Y 为模板波形，并令

$$X = X(x_1, x_2, ..., x_N) \tag{2-108}$$

$$Y = Y(y_1, y_2, ..., y_N) \tag{2-109}$$

在式（2-108）、式（2-109）中， N 表示采样点数，即被测波与模板波中均有 N 个数据点。两列数据相似度的计算公式[46]如下：

$$S_{XY} = \frac{\sum_{i=1}^{N} x_i \cdot y_i}{\sqrt{\sum_{i=1}^{N} x_i^2} \sqrt{\sum_{i=1}^{N} y_i^2}} \qquad (2\text{-}110)$$

式中：x_i 为被测波 X 的元素；y_i 为模板波 Y 的元素；S_{XY} 为两列波形的最终相似度。该计算公式为两列波的总相似度的测量，其中包括幅值、频率的差异，也包括由行波效应产生的相位迟滞等因素。

2）波形幅值相似度计算

以上计算得到的相似度，为两列波形从开始时刻到结束时刻一一对应的、总的相似程度；然而，若只考虑两列数据的幅值相似程度时，可用下式进行计算：

$$d_i = \left| X_i - Y_i \right| \qquad (2\text{-}111)$$

式中：d_i 为两列波形中第 i 个元素幅值差的绝对值，它只能局部地表示各个数据点处幅值的差异，并不能直接作为两列波形最终相似度的标准。为了表示两列波形最终的幅值相似程度，本书假设了均值参数 S_a，以作为判断参数，S_a 的计算如下：

$$D_i = \frac{d_i}{|Y_i|} \qquad (2\text{-}112)$$

$$S_i = \frac{D_i - D_{\min}}{D_{\max} - D_{\min}} \qquad (2\text{-}113)$$

$$S_a = \frac{1}{h} \sum_{i=1}^{h} S_i \qquad (2\text{-}114)$$

式中：h 为波形数据长度；S_i 为波形幅值相对变化量的归一化结果；$D_{\min}$ 和 $D_{\max}$ 为波形幅值相对变化量的最小值和最大值；S_a 为被测波形和模板波形的幅值相异程度的平均值。

3）总相似度计算

被测波形与模板波形相似度的最终判断，是用前面得到的几个相似度值做加权平均所得到的相似度值。这个值 S 就能反映被测波形与模板波形相似程度，其计算表达式如下[123]：

$$S = \alpha \cdot S_{AM} - \beta \cdot S_a \qquad (2\text{-}115)$$

式中：α、β（大小为 $0 \sim 1$）分别表示整体相似度值 S_{AM}、波形幅值的相异

度 S_a 在最终相似度计算中所占的权重。

在第 2.4.1 节生成的一系列波形中，选取 10 列有代表性的波形，按式（2-115）计算，得出各相似度值如表 2-3 所示。

表 2-3　各点波形的相似度计算

序　号	1	2	3	4	5	6	7	8	9	10
相似度	0.91	0.62	0.23	0.41	0.83	0.77	0.69	0.60	0.42	0.21

2.4.2　相似性波形输入的选取

1. 波形选取

为了研究耦合波形相似性对延长型管道结构的影响，本书采用理论分析，并结合大型振动台试验验证作为研究手段，研究管道结构在不同相似性波形作用下的地震动响应。其中，试验输入的地震动选取如下：首先，选取包括初始波在内的三种波形 A 波、B 波和 C 波；然后，按地震地面加速度峰值（PGA）的不同，将本试验的地震动输入分为 0.2g、0.4g、0.6g 以及 0.8g 等 4 种情况；这样，在每种 PGA 定值下，便可形成 A + A，A + B 与 A + C 等 3 种不同的波形耦合工况。最后，将以上两方面所形成的 12 种不同工况依次输入振动台试验中，便可研究管道结构在不同的地震烈度及不同的相似性波形作用下的地震响应。其中，A 波为初始波，B 波与 C 波为相似波，相似度分别为 $\rho = 0.6$ 和 $\rho = 0.21$（近似取 $\rho = 0.20$），A、B、C 三种波形如图 2-35 所示。

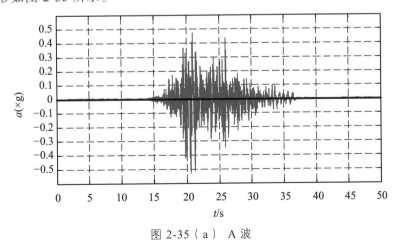

图 2-35（a）　A 波

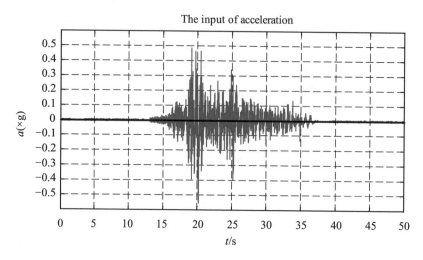

图 2-35（b） B 波

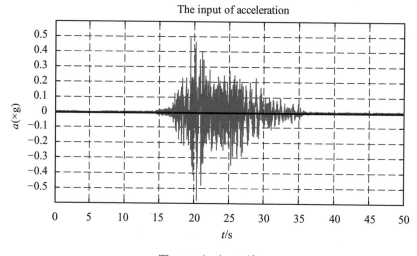

图 2-35（c） C 波

以上各地震动时程为 PGA 等于 0.5g 时的情况，试验时，可乘以不同的幅值系数（小于 1 或大于 1），将 PGA 分别调整为 0.8g、0.6g、0.4g 及 0.2g 的 4 种波形。

2. 频谱分析

为了进一步分解所选取的相似性波形的频谱特性，做出以上 3 个相似波形的频谱图，如图 2-36 所示。

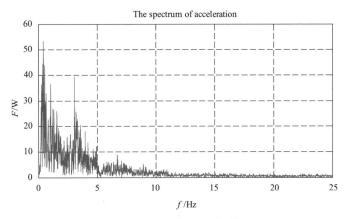

图 2-36（a） 波形 A 频谱图

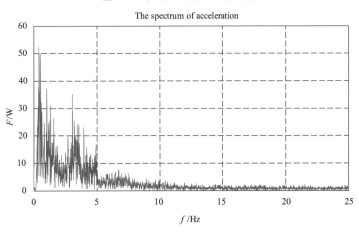

图 2-36（b） 波形 B 频谱图

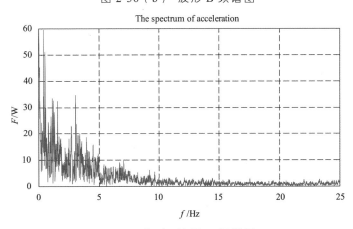

图 2-36（c） 波形 C 频谱图

2.5 输入波形的反应谱与设计谱拟合

反应谱将地震动的频谱特征与弹性结构地震反应的大小联系起来，其反映了在某一特定的地震动输入下，结构的响应情况随其自振周期的变化而变化的特性。地震动时程的反应谱定义如下：

$$R(\omega, \zeta) = \text{Max} \int_0^t h(\tau, \omega, \zeta) a(t-\tau) d\tau \qquad (2\text{-}116)$$

式中：$R(\omega, \zeta)$ 为反应谱；$h(\tau, \omega, \zeta)$ 为单位脉冲响应函数；$a(t-\tau)$ 为加速度时程。

反应谱的拟合受到了地震工程界的普遍重视，我国现行抗震规范也规定了不同烈度和不同场地条件下反应谱的设计参数，即设计谱参数。基于反应谱的人工地震动合成通常以设计谱为目标谱，采用三角级数叠加法获取一平稳高斯随机信号，与强度包络线相乘后，通过迭代不断调整幅值谱，使其反应谱逐渐逼近所设定的目标谱，这种方法也叫作迭代拟合法。另一种常用的方法则称为精确拟合法，其通过精确推导出与设计目标谱完全吻合的人工地震动合成公式来生成人工地震动。

以下将分别介绍设计反应谱的具体形式及其两种与设计谱拟合的方法。

2.5.1 设计反应谱

1. 欧洲规范设计谱

根据 Eurocode8[47]，水平向地震荷载加速度设计反应谱可分为 4 个阶段：第一，线性上升阶段；第二，水平阶段；第三，陡降段，即第一下降阶段；第四，缓降段，即第二下降阶段。具体表示如下。

（1）直线上升段：

$$s_d(T) = a_g s \left[\frac{2}{3} + \frac{T}{T_g} \left(\eta \frac{2.5}{q} - \frac{2}{3} \right) \right] \quad (0 \leqslant T \leqslant T_B) \qquad (2\text{-}117)$$

（2）水平段：

$$s_d(T) = a_g s \eta \frac{2.5}{q} \quad (T_B \leqslant T \leqslant T_C) \qquad (2\text{-}118)$$

（3）第一下降段：

$$s_d(T) = \begin{cases} a_g s \eta \dfrac{2.5}{q} \dfrac{T_C}{T} & (T_C \leqslant T \leqslant T_D) \\ \geqslant \beta a_g \end{cases} \tag{2-119}$$

（4）第二下降段：

$$s_d(T) = \begin{cases} a_g s \eta \dfrac{2.5}{q} \dfrac{T_C T_D}{T^2} & (T_D \leqslant T \leqslant T_E) \\ \geqslant \beta a_g \end{cases} \tag{2-120}$$

以上各式中：$s_d(T)$ 为加速度反应谱；T 是线性单自由度系统自振周期；T_B、T_C 为加速度谱常数段界限，T_D 为定义谱中常数位移反应范围的值，取 $T_B = 0.15\text{ s}$，$T_C = 0.4\text{ s}$，$T_D = 2\text{ s}$，$T_E = 3\text{ s}$；a_g 为 A 类场地的地面设计加速度峰值，取 $a_g = 0.35g$；s 为土系数，与场地类别有关，一般取 $s = 1$；q 为性能系数，反应结构的延性，取 $q = 1$；β 为最低边界因子，规范建议取 $\beta = 0.2$；η 为阻尼修正系数 $\eta = \sqrt{10/(5+\zeta)}$，其中，$\zeta = 0.05$。

2. 中华人民共和国国家标准设计谱

国家标准设计谱的计算式如下：

$$s_d(T) = \dfrac{\alpha}{0.45\alpha_{\max}} \tag{2-121}$$

式中：α 为地震响应系数；$\alpha_{\max}$ 为地震响应系数最大值。

（1）直线上升段（直线段）：

$$\alpha = \dfrac{\eta_2 - 0.45}{0.1}\alpha_{\max} \quad (0 \leqslant T \leqslant 0.1\text{ s}) \tag{2-122}$$

（2）水平段（直线段）：

$$\alpha = \eta_2 \alpha_{\max} \quad (0.1\text{ s} \leqslant T \leqslant T_g) \tag{2-123}$$

（3）第一下降段（曲线段）：

$$\alpha = \left(\dfrac{T_g}{T}\right)^{\gamma} \eta_2 \alpha_{\max} \quad (T_g \leqslant T \leqslant 5T_g) \tag{2-124}$$

（4）第二下降段（直线段）：

$$\alpha = [\eta_2 0.2^{\gamma} - \eta_1(T - 5T_g)]\alpha_{\max} \quad (5T_g \leqslant T \leqslant 6.0\text{ s}) \tag{2-125}$$

以上各式中：$s_d(T)$ 为加速度反应谱；γ 为曲线下降段的衰减指数；ζ 为阻尼比；η_1 为直线下降段的斜率调整系数；η_2 为阻尼调整系数。其中，各参数的计算式如下：

$$\gamma = 0.9 + \frac{0.05 - \zeta}{0.5 + 5\zeta} \tag{2-126}$$

$$\eta_1 = 0.02 + (0.05 - \zeta)/8 \tag{2-127}$$

$$\eta_2 = 1 + \frac{0.05 - \zeta}{0.06 + 1.7\zeta} \tag{2-128}$$

2.5.2 与设计反应谱的迭代拟合

（1）写出人工地震动的加速度合成公式：

$$a(t) = \sum_{k=1}^{N} C_k \cos(\omega_k t + \phi_k) \tag{2-129}$$

（2）计算合成公式中的幅值系数 C_k：

$$C_k = \sqrt{4S(\omega_k)\Delta\omega} \tag{2-130}$$

式中：$\Delta\omega = 2\pi/T$，$\omega_k = 2\pi k/T$；$S(\omega_k)$ 为功率谱矩阵，可由其与目标反应的谱关系求解。

（3）利用目标反应谱与功率谱之间的关系[48]求解功率谱矩阵 $S(\omega_k)$：

$$S(\omega) = \frac{\zeta}{\pi\omega}[S^{\mathrm{T}}(\omega)]^2 / \ln\left[\frac{-\pi}{\omega T}\ln(1-p)\right] \tag{2-131}$$

式中：$S^{\mathrm{T}}(\omega)$ 为目标反应谱；ζ 为阻尼比；p 为反应超越概率。

（4）用迭代公式不断调整人工地震动幅值：

$$C^{k+1}(\omega_k) = \frac{S^{\mathrm{T}}(\omega_k)}{R(\omega_k,\zeta)} C^k(\omega_k) \tag{2-132}$$

式中：$S^{\mathrm{T}}(\omega_k)$ 为目标反应谱；$R(\omega_k,\zeta)$ 为输入地震动的真实反应谱。用以上公式，对幅值谱进行多次迭代修正，直到计算反应谱逼近目标反应谱，达到足够的精度为止。

2.5.3 与设计反应谱的精确拟合

对于结构反应谱与目标反应谱的精确拟合法，前人已有了一些相应的研究成果[49,50]，本书在前人研究的基础上，详细推导了有关精确拟合的显式计算公式，以方便编程计算。

首先，列单自由度振子的运动方程：

$$\ddot{y} + 2\zeta\omega\dot{y} + \omega^2 y = -a(t) \tag{2-133}$$

式中：ζ、ω 分别为振子的阻尼比和固有频率。对式（2-133）进行 Duhamel 积分，便可得其结构响应表达式为：

$$y(t) = \int_0^t h(\tau)a(t-\tau)\mathrm{d}\tau \tag{2-134}$$

式中：$h(\tau)$ 为单自由度振子的单位脉冲响应函数。将地震动时程曲线表达式 $a(t-\tau) = \sum_{k=1}^{N} C_k \cos[\omega_k(t-\tau) + \phi_k]$ 代入式（2-134），得：

$$y(t) = \sum_{k=1}^{N} C_k \int_0^t h(\tau)\cos[\omega_k(t-\tau) + \phi_k]\mathrm{d}\tau \tag{2-135}$$

计算以上 Duhamel 积分，并略去衰减项后，可得

$$\int_0^t h(\tau)\cos[\omega_k(t-\tau) + \phi_k]\mathrm{d}\tau$$

$$= \{H(\omega_k)\exp[i(\omega_k t + \phi_k)] + H(-\omega_k)\exp[-i(\omega_k t + \phi_k)]\}/2 \tag{2-136}$$

其中：

$$H(\omega) = \frac{1}{\omega_0^2 - \omega^2 + i2\zeta\omega_0\omega} \tag{2-137}$$

式中：$H(\omega)$ 为频率响应函数；ω_0 为单自由度系统的固有频率。若记 $C_k = C(\omega_k)\Delta\omega$、$\phi_k = \phi(\omega_k)$，则当 N 较大时，将式（2-135）代入式（2-134）后，式（2-134）的外层求和形式可表示成连续积分的形式：

$$y(t) = \frac{1}{2}\int_0^\infty C(\lambda)\{H(\lambda)\exp\left[i(\lambda t + \phi(\lambda))\right] +$$

$$H(-\lambda)\exp[-i(\lambda t + \phi(\lambda))]\}\mathrm{d}\lambda \tag{2-138}$$

式（2-138）中的 λ 与式（2-134）中的 ω_k 均为频率自变量，只是 λ 为连

续自变量形式，而 ω_k 为离散形式。

根据对称性，对式（2-138）进行积分下限的拓延，则有：

$$y(t) = \frac{1}{4}\int_{-\infty}^{\infty} C(\lambda)\{H(\lambda)\exp[i(\lambda t + \phi(\lambda))] +$$

$$H(-\lambda)\exp[-i(\lambda t + \phi(\lambda))]\}d\lambda \qquad (2\text{-}139)$$

用留数定理来求解以式（2-139），得：

$$y(t) = \frac{\pi\exp(-\zeta\omega_0 t)}{2\omega_0\sqrt{1-\zeta^2}}\text{Im}(C(\lambda_1)\exp\{i[\omega_0 t\sqrt{1-\zeta^2} + \phi(\lambda_1)]\}) \qquad (2\text{-}140)$$

式中：Im 表示取虚部；$\lambda_1 = (\sqrt{1-\zeta^2} + i\zeta)\omega_0 \approx \omega_0$，因此可用 $C(\omega_0)$、$\phi(\omega_0)$ 来近似代替 $C(\lambda_1)$、$\phi(\lambda_1)$，于是式（2-140）可简化为：

$$y(t) = \frac{\pi\exp(-\zeta\omega_0 t)}{2\omega_0\sqrt{1-\zeta^2}}C(\omega_0)\sin\{i[\omega_0 t\sqrt{1-\zeta^2} + \phi(\omega_0)]\} \qquad (2\text{-}141)$$

由式（2-141）可知，当 $\sin\{i[\omega_0 t\sqrt{1-\zeta^2} + \phi(\omega_0)]\} = 1$ 时，$y(t)$ 有最大值，此时：

$$\text{Max}[y(t)] = \frac{\pi C(\omega_0)}{2\omega_0}\exp(-\zeta\omega_0 \cdot t_m) \qquad (2\text{-}142)$$

此时 $\qquad t_m = \min_i \dfrac{i\pi + \arccos\zeta - \phi(\omega_0)}{\omega_0\sqrt{1-\zeta^2}} \geqslant 0$

由于 $\text{Max}[y(t)]$ 为单个时程响应的最大值，即为该质点的结构响应反应谱 $S(\omega)$，因此有：

$$\text{Max}[y(t)] = S(\omega) \qquad (2\text{-}143)$$

将式（2-143）代入式（2-142），求得：

$$C(\omega_0) = \frac{2\omega_0}{\pi}\exp(\zeta\omega \cdot t_m)S(\omega_0) \qquad (2\text{-}144)$$

以上各式中，ω_0 均表示结构的自振频率；当式（2-144）中的频率自变量 $\omega = \omega_0$，$S(\omega) = S^{\text{T}}(\omega)$ 时，式（2-144）可改写为：

$$C(\omega_0) = \frac{2\omega_0}{\pi}\exp(\zeta\omega \cdot t_m)S^{\text{T}}(\omega_0) \qquad (2\text{-}145)$$

将式（2-144）及 $C_k = C(\omega_k)\Delta\omega$ 代入地震动合成公式 $a(t) = \sum_{k=1}^{N} C_k \cos(\omega_k t + \phi_k)$ 中，得到反应谱的拟合公式如下：

$$\begin{cases} a(t) = 2\sum_{k=1}^{N} \dfrac{\omega_k \Delta\omega}{\pi} \exp(\zeta\omega_k \cdot t_m^k) S^{\mathrm{T}}(\omega_k) \cos(\omega_k t + \phi_k) \\ t_m = \min_i \dfrac{i\pi + \arccos\zeta - \phi(\omega_0)}{\omega_0 \sqrt{1-\zeta^2}} \geqslant 0 \end{cases} \quad （2\text{-}146）$$

当阻尼比 ζ 非常小时，$\exp(\zeta\omega_k \cdot t_m^k)$ 近似等于 1，因此忽略该项的影响，式（2-146）简化为：

$$a(t) = 2\sum_{k=1}^{N} \frac{\omega_k \Delta\omega}{\pi} S^{\mathrm{T}}(\omega_k) \cos(\omega_k t + \phi_k) \quad （2\text{-}147）$$

这种与目标反应谱拟合的人工地震动生成方法直接通过解析推导得来，无须进行迭代逼近，因此计算量少，并具有良好的精度。

2.5.4 拟合实例

本算例采用迭代拟合法，按照前述方法，对地震加速度反应谱进行模拟，可得到人工合成的地震加速度时程（图 2-37）。然后对已获得的人工合成地震加速度时程进行谱分析，可回归成拟合的加速度反应谱，并与目标加速度

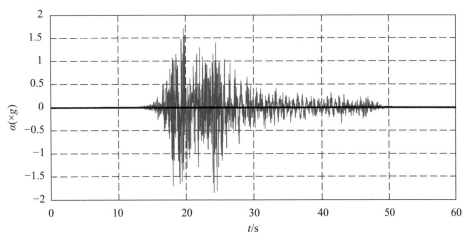

图 2-37 人工地震动加速度时程

反应谱进行比较（图 2-38）。由图可知，拟合反应谱与目标反应谱最大误差为 7%，而且只是在为数不多的点存在一定误差，对于绝大部分点而言，误差都在 4% 以内，可见拟合反应谱与目标反应谱吻合度较高。

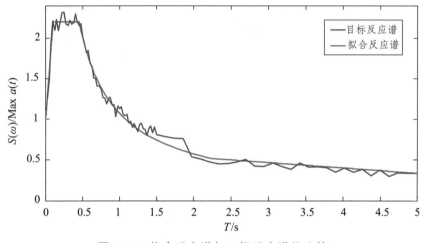

图 2-38　拟合反应谱与目标反应谱的比较

2.6　本章小结

人工地震动输入的研究包括以下五个方面：第一，输入方式的选择，根据结构物的形式适当地选择地震动输入的方式，亦即一致性激励与非一致性激励；第二，对输入波形的特性进行分析，其主要包括时频特性分析；第三，频谱成分调整；第四，相似性波形的生成及相似性计算；第五，输入波形与目标反应谱的拟合等。

在对输入方式进行选择时，主要考虑的是结构物的长度及其所跨越的场地条件情况等，若场地条件极其复杂，或者在某个分界线上存在突变时，即便是集中型的结构，也应采用多点输入的非一致性激励方式。

本章采用改进 HHT 法对输入波进行时频特性分析，该分析方法较传统的时频分析法有较大优势，其分解后截断频率清晰，带宽明显变窄，模态混叠现象得到了明显的改进。由于该计算的迭代次数较传统方法明显减少，因此，计算更为快速。

为了更好地适应局部场地条件的变化，或者精确模拟出某种局部场地条件的突变，按上节中生成的人工地震动往往不能直接作为结构抗震响应研究的输入模式，常需要经过一系列的调整。因此，输入波的频率成分调整及耦合相似性研究也是地震动输入研究的重要组成部分。

在该部分的研究中，本书采用小波分解与重构法生成相似性波形及调整各输入波形中的频率成分，并首次采用耦合波形相似性这一综合指标来衡量各输入波形中非一致激励的程度，为结构的非一致性激励提供了一种新的思维方式和发展方向。

地震动的输入还需要与结构抗震的安全性要求吻合，因此，在本章的最后一节中，详细推导了两种反应谱拟合方法（迭代拟合和精确解析式拟合）的计算公式，同时给出了计算实例，以便读者查阅。

3 振动台模型试验相似律

相似律是振动台模型试验原型和模型保持物理现象相似所必须遵循的准则，是设计振动台试验的主要依据，其研究的主要手段是量纲分析理论和方程分析理论。本章将对试验模型相似的概念、相似常数的传统计算方法和基于分离量纲分析理论的计算方法进行介绍，列举模型试验分离相似设计的实例，用于说明分离相似设计方法的使用，以期为读者展示清晰的振动台试验分离相似设计过程。

3.1 试验模型相似的概念

无论在自然界、人类社会还是在人们的思维过程中，都普遍存在相似现象。依据客观事物所具有的不同相似准则，可以把相似分为纵向相似和横向相似。由于客观事物内部的物理和化学联系而形成的相似准则，称为纵向相似；由于系统与系统之间相互联系和相互作用所形成的相似准则，称为横向相似。相似是相对的，有范围的，不在一定范围内讨论相似，将是毫无意义的。物理现象只有在满足一定条件时才能够相似，相似模拟试验的结果只有在满足一定的条件时才能够推广到原型中去，而相似三定理就是对这些条件的总结[51]。

3.1.1 相似第一定理

相似第一定理：相似现象的相似准则相等，相似指标等于 1，且单值条件相似。单值条件是个别现象区别于同类现象的特征，它包括几何条件、物理条件、边界条件及初始条件。几何条件是指参与过程中物体的形状和大小；物理条件是指参与过程中物体的物理性质；边界条件表示物体表面所受的外界约束；初始条件则是指所研究的对象在起始时刻的某些特征。例如：在研究物体导热过程时，物体的形状及几何尺寸就是几何条件；物体的比热、导热系数等是其物理条件；所研究物体表面介质的导热系数等则是边界条件；物体在初始时刻的温度则是初始条件。

3.1.2 相似第二定理

相似第二定律也称为"π定理"，它可以表述如下：如果现象相似，描述此现象的各种参量之间的关系可转换成相似准则之间的函数关系，且相似现象的相似准则函数关系式相同。

1914年，Buckingham 提出，一个物理系统中，若含有 n 个物理量和 k 个基本量纲，则系统的特征方程可写作：

$$f(x_1, x_2, \cdots, x_k, x_{k+1}, \cdots, x_{n-1}, x_n) = 0 \tag{3-1}$$

式中：$x_1, x_2, \cdots, x_k$ 为基本参量，$x_{k+1}, \cdots, x_n$ 为导出参量。用 $A_1, A_2, \cdots A_k$ 来表示基本参量的量纲，则其余 $n-k$ 个导出参量的量纲分别为：

$$\begin{cases} [x_{k+1}] = A_1^{p_1} A_2^{p_2} \cdots A_k^{p_k} \\ [x_{k+2}] = A_1^{q_1} A_2^{q_2} \cdots A_k^{q_k} \\ \quad\quad\vdots \\ [x_n] = A_1^{r_1} A_2^{r_2} \cdots A_k^{r_k} \end{cases} \tag{3-2}$$

其中，$p_i, q_i, r_i (i=1,2,3,\cdots,k)$ 为基本物理量量纲与导出物理量量纲之间的相关指数。

如果用基本参量作为单位系统来度量上述关系式中的各个参量，由此得到的量值都是无量纲量，它们满足的关系式是：

$$\Phi(1,1,\cdots,1, x_{k+1}/x_1^{p_1} x_2^{p_2} \cdots x_k^{p_k}, x_{k+2}/x_1^{q_1} x_2^{q_2} \cdots x_k^{q_k}, \cdots, x_n/x_1^{r_1} x_2^{r_2} \cdots x_k^{r_k}) = 0 \tag{3-3}$$

式（3-3）左端函数中前 k 个量都是常数 1，对计算结果没有影响，而后 $n-k$ 个独立的无量纲项分别记作 $\pi_1, \pi_2, \cdots, \pi_{n-k}$，它们之间的函数关系可写为：

$$\Phi(\pi_1, \pi_2, \cdots, \pi_{n-k}) = 0 \tag{3-4}$$

这就是 Buckingham 提出的白金汉定理，又称为相似第二定律[52]。

相似第二定律给模型试验结果的推广提供了理论依据。因为若两种现象相似，依据相似第二定理，就可将模型试验结果推广到原型中去，从而使原型得到圆满解释。相似第一定理和相似第二定理阐述了相似现象具有的性质，并为相似模型试验结果的推广提供了依据。

量纲分析法的理论核心就是相似第二定理，详细的证明过程可以参见文献[53]、[54]。量纲分析法从物理系统的相关变量出发，去着手揭示其内在的本质规律，如果在反映基本问题的物理规律中，所有变量都采用上述度量方法计算得到无量纲量，那这些无量纲量的特性必然客观反映这类现象的本质。

在使用量纲分析法解决问题时，需要注意式 $\Phi(\pi_1, \pi_2, \cdots, \pi_{n-k}) = 0$ 中所有参量必须是与物理系统相关的物理量，不能加入与问题无关的物理量。同时，若一个系统同时受到三个相同量纲因素 A_1，A_2，A_3 的作用，把 A_1 取作基本量纲，于是产生两个无量纲项 A_2 / A_1 和 A_3 / A_1，如果 $A_3 / A_2 \ll 1$，则可略去 A_3 的作用，进而在无量纲项的表达式中也可略去 A_3 / A_1 项，只保留 A_2 / A_1 项。

3.1.3 相似第三定理

相似第三定理可以表述为：若两个现象能够被相同的关系式所描述，且单值条件相似，同时由此单值条件所组成的相似准则相等，则两者相似。在工程实践中，要使模型和原型完全满足相似第三定理的要求是相当困难的，甚至不可能的，这时可根据研究对象的特征，合理选取那些影响重大的因素，抓住现象的主要矛盾，略去次要因素，使模型试验得以实现，这就是所谓的"近似模化"。近似模化能否成功，主要取决于影响因素选择的合理性。近似模化虽然不能保证全部相似条件得到满足，但是它保证了现象主要因素间的相似，所以研究结果的精确度一般可满足工程实际的要求。

3.2 相似常数计算方法

3.2.1 方程分析法

方程分析法是推导相似准则较为常用的一种方法，其原理为基于研究对象的平衡方程等基本方程以及初始条件、边界条件、物理方程、几何方程等单值条件等来推导研究现象的相似准则，基本步骤如下：
（1）列出描述现象的基本微分方程及全部单值条件。
（2）列出相似常数表达式。
（3）将相似常数表达式代入方程组，进而求得相似指标。
（4）把相似常数代入相似指标表达式，求得相似准则。
下面以地质力学模型试验相似关系的推导为例，来说明方程分析法的具体过程：

首先列出描述研究对象的平衡方程及初始条件、边界条件、几何方程、物理方程等单值条件。若 L 为长度，γ 为容重，δ 为位移，σ 为应力，ε 为应变，E 为弹性模量，c 为黏结力，φ 为摩擦角，μ 为泊松比，f 为摩擦系数，X 为体力，$\bar{X}$ 为面力。

原型平衡方程：

$$
\begin{cases}
\left(\dfrac{\partial \sigma_x}{\partial x}\right)_{\mathrm{p}} + \left(\dfrac{\partial \sigma_{yx}}{\partial y}\right)_{\mathrm{p}} + \left(\dfrac{\partial \sigma_{zx}}{\partial z}\right)_{\mathrm{p}} + X_{\mathrm{p}} = 0 \\[2mm]
\left(\dfrac{\partial \sigma_y}{\partial y}\right)_{\mathrm{p}} + \left(\dfrac{\partial \sigma_{zy}}{\partial z}\right)_{\mathrm{p}} + \left(\dfrac{\partial \sigma_{xy}}{\partial x}\right)_{\mathrm{p}} + Y_{\mathrm{p}} = 0 \\[2mm]
\left(\dfrac{\partial \sigma_z}{\partial z}\right)_{\mathrm{p}} + \left(\dfrac{\partial \sigma_{xz}}{\partial x}\right)_{\mathrm{p}} + \left(\dfrac{\partial \sigma_{yz}}{\partial y}\right)_{\mathrm{p}} + Z_{\mathrm{p}} = 0
\end{cases}
\tag{3-5}
$$

模型平衡方程：

$$
\begin{cases}
\left(\dfrac{\partial \sigma_x}{\partial x}\right)_{\mathrm{m}} + \left(\dfrac{\partial \sigma_{yx}}{\partial y}\right)_{\mathrm{m}} + \left(\dfrac{\partial \sigma_{zx}}{\partial z}\right)_{\mathrm{m}} + X_{\mathrm{m}} = 0 \\[2mm]
\left(\dfrac{\partial \sigma_y}{\partial y}\right)_{\mathrm{m}} + \left(\dfrac{\partial \sigma_{zy}}{\partial z}\right)_{\mathrm{m}} + \left(\dfrac{\partial \sigma_{xy}}{\partial x}\right)_{\mathrm{m}} + Y_{\mathrm{m}} = 0 \\[2mm]
\left(\dfrac{\partial \sigma_z}{\partial z}\right)_{\mathrm{m}} + \left(\dfrac{\partial \sigma_{xz}}{\partial x}\right)_{\mathrm{m}} + \left(\dfrac{\partial \sigma_{yz}}{\partial y}\right)_{\mathrm{m}} + Z_{\mathrm{m}} = 0
\end{cases}
\tag{3-6}
$$

原型几何方程：

$$
\begin{cases}
(\varepsilon_x)_{\mathrm{p}} = \left(\dfrac{\partial u}{\partial x}\right)_{\mathrm{p}} \\[2mm]
(\varepsilon_y)_{\mathrm{p}} = \left(\dfrac{\partial v}{\partial x}\right)_{\mathrm{p}} \\[2mm]
(\varepsilon_z)_{\mathrm{p}} = \left(\dfrac{\partial w}{\partial z}\right)_{\mathrm{p}} \\[2mm]
(r_{xy})_{\mathrm{p}} = \left(\dfrac{\partial u}{\partial y}\right)_{\mathrm{p}} + \left(\dfrac{\partial v}{\partial x}\right)_{\mathrm{p}} \\[2mm]
(r_{yz})_{\mathrm{p}} = \left(\dfrac{\partial v}{\partial z}\right)_{\mathrm{p}} + \left(\dfrac{\partial w}{\partial y}\right)_{\mathrm{p}} \\[2mm]
(r_{zx})_{\mathrm{p}} = \left(\dfrac{\partial u}{\partial z}\right)_{\mathrm{p}} + \left(\dfrac{\partial w}{\partial x}\right)_{\mathrm{p}}
\end{cases}
\tag{3-7}
$$

模型几何方程：

$$
\begin{cases}
(\varepsilon_x)_m = \left(\dfrac{\partial u}{\partial x}\right)_m \\[2ex]
(\varepsilon_y)_m = \left(\dfrac{\partial v}{\partial x}\right)_m \\[2ex]
(\varepsilon_z)_m = \left(\dfrac{\partial w}{\partial z}\right)_m \\[2ex]
(r_{xy})_m = \left(\dfrac{\partial u}{\partial y}\right)_m + \left(\dfrac{\partial v}{\partial x}\right)_m \\[2ex]
(r_{yz})_m = \left(\dfrac{\partial v}{\partial z}\right)_m + \left(\dfrac{\partial w}{\partial y}\right)_m \\[2ex]
(r_{zx})_m = \left(\dfrac{\partial u}{\partial z}\right)_m + \left(\dfrac{\partial w}{\partial x}\right)_m
\end{cases}
\tag{3-8}
$$

原型物理力学方程：

$$
\begin{cases}
(\varepsilon_x)_p = \dfrac{1}{E_p}[\sigma_x - u(\sigma_y + \sigma_z)]_p \\[2ex]
(\varepsilon_y)_p = \dfrac{1}{E_p}[\sigma_y - u(\sigma_x + \sigma_z)]_p \\[2ex]
(\varepsilon_z)_p = \dfrac{1}{E_p}[\sigma_z - u(\sigma_x + \sigma_y)]_p \\[2ex]
(\gamma_{yz})_p = \left(\dfrac{2(1+u)}{E}\tau_{yz}\right)_p \\[2ex]
(\gamma_{zx})_p = \left(\dfrac{2(1+u)}{E}\tau_{zx}\right)_p \\[2ex]
(\gamma_{xy})_p = \left(\dfrac{2(1+u)}{E}\tau_{xy}\right)_p
\end{cases}
\tag{3-9}
$$

模型物理力学方程：

$$
\begin{cases}
(\varepsilon_x)_{\mathrm{m}} = \dfrac{1}{E_{\mathrm{m}}}[\sigma_x - u(\sigma_y + \sigma_z)]_{\mathrm{m}} \\[2mm]
(\varepsilon_y)_{\mathrm{m}} = \dfrac{1}{E_{\mathrm{m}}}[\sigma_y - u(\sigma_x + \sigma_z)]_{\mathrm{m}} \\[2mm]
(\varepsilon_z)_{\mathrm{m}} = \dfrac{1}{E_{\mathrm{m}}}[\sigma_z - u(\sigma_x + \sigma_y)]_{\mathrm{m}} \\[2mm]
(\gamma_{yz})_{\mathrm{m}} = \left(\dfrac{2(1+u)}{E}\tau_{yz} \right)_{\mathrm{m}} \\[2mm]
(\gamma_{zx})_{\mathrm{m}} = \left(\dfrac{2(1+u)}{E}\tau_{zx} \right)_{\mathrm{m}} \\[2mm]
(\gamma_{xy})_{\mathrm{m}} = \left(\dfrac{2(1+u)}{E}\tau_{xy} \right)_{\mathrm{m}}
\end{cases}
\qquad (3\text{-}10)
$$

其次，列出相似常数表达式，相似常数即为原型（P）的某一物理量除以模型（m）相对应物理量所得的商，用符号 C 表示。则相似常数表达式如下。

几何相似常数： $C_1 = \dfrac{\delta_{\mathrm{p}}}{\delta_{\mathrm{m}}} = \dfrac{L_{\mathrm{p}}}{L_{\mathrm{m}}}$

应力相似常数： $C_\sigma = \dfrac{(\sigma^t)_{\mathrm{p}}}{(\sigma^t)_{\mathrm{m}}} = \dfrac{(\sigma^c)_{\mathrm{p}}}{(\sigma^c)_{\mathrm{m}}} = \dfrac{c_{\mathrm{p}}}{c_{\mathrm{m}}}$

应变相似常数： $C_\varepsilon = \dfrac{\varepsilon_{\mathrm{p}}}{\varepsilon_{\mathrm{m}}}$

位移相似常数： $C_\delta = \dfrac{\delta_{\mathrm{p}}}{\delta_{\mathrm{m}}} = \dfrac{L_{\mathrm{p}}}{L_{\mathrm{m}}}$

弹性模量相似常数： $C_E = \dfrac{E_{\mathrm{p}}}{E_{\mathrm{m}}}$

泊松比相似常数： $C_u = \dfrac{u_{\mathrm{p}}}{u_{\mathrm{m}}}$

边界面力相似常数： $C_{\bar{X}} = \dfrac{\bar{X}_{\mathrm{p}}}{\bar{X}_{\mathrm{m}}}$

体积力相似常数： $C_X = \dfrac{X_{\mathrm{p}}}{X_{\mathrm{m}}}$

材料容重相似常数： $C_\gamma = \dfrac{\gamma_{\mathrm{p}}}{\gamma_{\mathrm{m}}}$

摩擦系数相似常数： $C_f = \dfrac{f_{\mathrm{p}}}{f_{\mathrm{m}}}$

摩擦角相似常数：$C_\varphi = \dfrac{\varphi_p}{\varphi_m}$

然后，将相似常数表达式代入方程组，进而求得相似指标。

代入模型平衡方程式（3-6）得：

$$\begin{cases} \left(\dfrac{\partial \sigma_x}{\partial x}\right)_m + \left(\dfrac{\partial \sigma_{yx}}{\partial y}\right)_m + \left(\dfrac{\partial \sigma_{zx}}{\partial z}\right)_m + \dfrac{C_\gamma C_L}{C_\sigma} X_m = 0 \\[3mm] \left(\dfrac{\partial \sigma_y}{\partial y}\right)_m + \left(\dfrac{\partial \sigma_{zy}}{\partial z}\right)_m + \left(\dfrac{\partial \sigma_{xy}}{\partial x}\right)_m + \dfrac{C_\gamma C_L}{C_\sigma} Y_m = 0 \\[3mm] \left(\dfrac{\partial \sigma_z}{\partial z}\right)_m + \left(\dfrac{\partial \sigma_{xz}}{\partial x}\right)_m + \left(\dfrac{\partial \sigma_{yz}}{\partial y}\right)_m + \dfrac{C_\gamma C_L}{C_\sigma} Z_m = 0 \end{cases} \quad (3\text{-}11)$$

与原模型方程式（3-5）相比可得相似指标：

$$\frac{C_\gamma C_L}{C_\sigma}$$

代入几何方程式（3-8）得：

$$\begin{cases} (\varepsilon_x)_m \dfrac{C_\varepsilon C_L}{C_\delta} = \left(\dfrac{\partial u}{\partial x}\right)_m \\[3mm] (\varepsilon_y)_m \dfrac{C_\varepsilon C_L}{C_\delta} = \left(\dfrac{\partial v}{\partial x}\right)_m \\[3mm] (\varepsilon_z)_m \dfrac{C_\varepsilon C_L}{C_\delta} = \left(\dfrac{\partial w}{\partial z}\right)_m \\[3mm] (r_{xy})_m \dfrac{C_\varepsilon C_L}{C_\delta} = \left(\dfrac{\partial u}{\partial y}\right)_m + \left(\dfrac{\partial v}{\partial x}\right)_m \\[3mm] (r_{yz})_m \dfrac{C_\varepsilon C_L}{C_\delta} = \left(\dfrac{\partial v}{\partial z}\right)_m + \left(\dfrac{\partial w}{\partial y}\right)_m \\[3mm] (r_{zx})_m \dfrac{C_\varepsilon C_L}{C_\delta} = \left(\dfrac{\partial u}{\partial z}\right)_m + \left(\dfrac{\partial w}{\partial x}\right)_m \end{cases} \quad (3\text{-}12)$$

与原型方程式（3-7）相比可得相似指标：

$$\frac{C_\varepsilon C_L}{C_\delta} = 1$$

代入物理方程式（3-10）得：

$$
\begin{cases}
(\varepsilon_x)_m = \dfrac{C_\sigma}{C_\varepsilon C_E} \dfrac{1}{E_m} [\sigma_x - u(\sigma_y + \sigma_z)]_m \\[2mm]
(\varepsilon_y)_m = \dfrac{C_\sigma}{C_\varepsilon C_E} \dfrac{1}{E_m} [\sigma_y - u(\sigma_x + \sigma_z)]_m \\[2mm]
(\varepsilon_z)_m = \dfrac{C_\sigma}{C_\varepsilon C_E} \dfrac{1}{E_m} [\sigma_z - u(\sigma_x + \sigma_y)]_m \\[2mm]
(\gamma_{yz})_m = \dfrac{C_\sigma}{C_\varepsilon C_E} \left(\dfrac{2(1+u)}{E} \tau_{yz} \right)_m \\[2mm]
(\gamma_{zx})_m = \dfrac{C_\sigma}{C_\varepsilon C_E} \left(\dfrac{2(1+u)}{E} \tau_{zx} \right)_m \\[2mm]
(\gamma_{xy})_m = \dfrac{C_\sigma}{C_\varepsilon C_E} \left(\dfrac{2(1+u)}{E} \tau_{xy} \right)_m
\end{cases}
\tag{3-13}
$$

与原型方程式（3-9）相比可得相似指标：

$$
\frac{C_\sigma}{C_\varepsilon C_E} = 1
$$

$$
C_u = 1
$$

最后，把相似常数代入相似指标表达式，可得相似准则，相似准则为一无量纲量，原型与模型的相似准则恒等，需要指出的是无量纲量本身即为相似准则，故相似准则如下：

$$
\begin{cases}
\pi_1 = \dfrac{\gamma L}{\sigma} \\[2mm]
\pi_2 = \dfrac{\varepsilon L}{\sigma} \\[2mm]
\pi_3 = \dfrac{\sigma}{E\varepsilon} \\[2mm]
\pi_4 = u \\[1mm]
\pi_5 = \varepsilon \\[1mm]
\pi_6 = f \\[1mm]
\pi_7 = \varphi
\end{cases}
$$

3.2.2 量纲分析法

运用方程分析法推导相似准则的前提条件是研究对象的微分方程组已知。但在实际工程中，遇到的问题有时十分复杂，人们对这些问题的认识还未到能够用数学方程组准确表达出来的程度，在这种情况下，方程分析法就无能为力了，这时常用量纲分析法。

量纲是代表物理量性质的符号。量纲和物理量单位既有联系也有区别，量纲是物理量性质的广义度量，而单位除表明物理量性质之外，还表示物理量的尺寸和大小。例如[L]是表示长度的量纲，而不管长度的单位是"米""厘米"还是"毫米"。

量纲包括两种类型：一种是基本量纲，另一种是导出量纲。基本量纲是其本身就可以表达某些物理量的量纲，而导出量纲则是指由基本量纲通过数学表达式导出的量纲。工程中常用的基本量纲系统有两种：一种是[M][L][T]系统，另一种是[F][L][T]系统，前者将质量[M]作为基本量纲，而后者将力[F]作为基本量纲。主要物理力学物理量的量纲见表 3-1。量纲分析法推导相似准则的理论基础是 π 定理，该定理也可表达为：若一现象可以用含有 n 个变量（其中有 k 个基本量纲）的齐次方程表示，则此方程可以转换为由 $n-k$ 个无量纲量组成的表达式。根据该定理，不必明确此现象各因素间的确切函数关系，就可以用量纲分析法求得该现象的相似准则。但运用该法推导相似准则的核心在于影响因素的确定，必须明确哪些因素与拟研究现象相关，而哪些无关，否则就有可能出现两种情况：一种是将那些与拟研究问题无关的因素考虑进来，其后果是使分析过程复杂化，且会造成最后求出的由无量纲量组成的表达式中有多余项出现；另一种情况是漏掉了某些对拟研究问题有影响的因素，这样便会导致不完整甚至错误的分析结果。

表 3-1　常用物理量量纲

物理量	量纲	物理量	量纲
质量 M	M	内摩擦角 φ	1
长度 L	L	频率 ω	1/T
时间 t	T	线位移 δ	L
密度 ρ	M/L^3	角位移 θ	1
弹性模量 E	M/LT^2	速度 v	L/T
剪切模量 E	M/LT^2	加速度 a	L/T^2
泊松比 μ	1	阻尼 ζ	M/T
应力 σ	M/LT^2	黏聚力 c	M/LT^2
应变 ε	1		

这里仅用单摆运动周期的推导过程作为示范，展示运用该法推导相似准则的具体步骤。

（1）找出与研究现象有关的影响因素（变量）以及量纲，得出现象的函数表达式。

影响单摆周期 T 的因素有摆球质量 m、摆线长度 l、重力加速度 g，列出各个因素的量纲如下：

$$\begin{cases} [T] = M^0 L^0 T^1 \\ [m] = M^1 L^0 T^0 \\ [l] = M^0 L^1 T^0 \\ [g] = M^0 L^1 T^{-2} \end{cases} \tag{3-14}$$

设各变量之间的一般函数表达式为：

$$f(T, m, l, g) = 0 \tag{3-15}$$

根据相似第二定理，式（3-15）可表达为含有一个无量纲量（相似准则）的表达式：

$$F(\pi) = 0 \tag{3-16}$$

（2）写出相似准则的一般表达式：

$$T^{y_1} m^{y_2} l^{y_3} g^{y_4} = \pi \tag{3-17}$$

（3）将各个参数的量纲代入式（3-15），可得相似准则一般表达式的量纲式：

$$M^{y_2} L^{y_3+y_4} T^{y_1-2y_4} = M^0 L^0 T^0 \tag{3-18}$$

（4）确定参数指数间的关系：

$$\begin{cases} y_2 = 0 \\ y_3 + y_4 = 0 \\ y_1 - 2y_4 = 0 \end{cases} \tag{3-19}$$

（5）求各影响因素的指数：

$$y = \begin{pmatrix} y_1 \\ y_2 \\ y_3 \\ y_4 \end{pmatrix} = \begin{pmatrix} 1 \\ 0 \\ -\dfrac{1}{2} \\ \dfrac{1}{2} \end{pmatrix} \tag{3-20}$$

即为

$$\pi = Tl^{-\frac{1}{2}}g^{\frac{1}{2}}$$

$$T = \lambda\sqrt{\frac{l}{g}}$$

（3-21）

3.2.3　矩阵分析法

用矩阵分析法求相似准则本质上即为引入矩阵原理的量纲分析法，引入矩阵原理后，分析过程得以简化，特别是研究现象的影响因素较多时，更是如此。下面以实例说明矩阵分析法推导相似准则的具体步骤。

图 3-1 是栓系小船的浮筒示意图，图中省去了连接浮筒和船锚的锚链，试确定系杆角度和风力的关系。

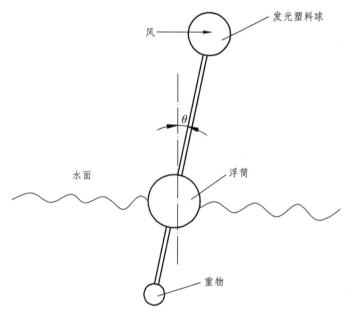

图 3-1　浮筒示意图

影响上述关系的因素有：

水的密度 ρ_w　　　$[\rho_w] = [ML^{-3}]$

空气的密度 ρ_a　　$[\rho_a] = [ML^{-3}]$

风速 v　　　　　　$[v] = [LT^{-1}]$

重力加速度 g　　　$[g] = [LT^{-2}]$

浮筒的密度 ρ_c $[\rho_c] = [\mathrm{ML^{-3}}]$

系杆的长度 l $[l] = [\mathrm{L}]$

系杆角度 θ $[\theta] = [1]$

（1）故可以得出各因素之间的一般表达式：

$$f(\rho_w, \rho_a, v, g, \rho_c, l, \theta) = 0 \tag{3-22}$$

上述因素中，角度 θ 本身就是无量纲量，也就是它本身就是一个相似准则，有：

$$\pi_1 = \theta \tag{3-23}$$

（2）写出相似准则的一般表达式：

$$\pi = \rho_w^a \rho_a^b v^c g^d \rho_c^e l^f \tag{3-24}$$

将各个变量的量纲表达式代入式（3-22）可得：

$$[\pi] = [\mathrm{ML^{-3}}]^a [\mathrm{ML^{-3}}]^b [\mathrm{LT^{-1}}]^c [\mathrm{LT^{-2}}]^d [\mathrm{ML^{-3}}]^e [\mathrm{L}]^f$$

$$= [\mathrm{M^0 L^0 T^0}] \tag{3-25}$$

（3）求解线性方程组：

$$\begin{bmatrix} 1 & 1 & 0 & 0 & 1 & 0 \\ -3 & -3 & 1 & 1 & -3 & 1 \\ 0 & 0 & -1 & -2 & 0 & 0 \end{bmatrix} \begin{bmatrix} a \\ b \\ c \\ d \\ e \\ f \end{bmatrix} = \begin{bmatrix} 0 \\ 0 \\ 0 \end{bmatrix} \tag{3-26}$$

上述系数矩阵可以等价变换为：

$$\begin{bmatrix} 1 & 0 & 0 & 0 & -1 & 0 \\ 0 & 1 & 0 & 0 & -1 & 0 \\ 0 & 0 & 1 & -\dfrac{1}{2} & 0 & -\dfrac{1}{2} \end{bmatrix}$$

上述矩阵的秩为 3，由线性方程组的解的性质可知，线性方程组的解中有 $6-3=3$ 个基底向量。可得线性方程组的解的集合为：

$$
\begin{bmatrix} a \\ b \\ c \\ d \\ e \\ f \end{bmatrix} = \begin{bmatrix} 1 \\ 0 \\ 0 \\ 0 \\ -1 \\ 0 \end{bmatrix} a + \begin{bmatrix} 0 \\ 1 \\ 0 \\ 0 \\ -1 \\ 0 \end{bmatrix} b + \begin{bmatrix} 0 \\ 0 \\ 1 \\ -\dfrac{1}{2} \\ 0 \\ -\dfrac{1}{2} \end{bmatrix} \tag{3-27}
$$

（4）求得相似准则，分别取[$a\ b\ c$] = [1 0 0]，[0 1 0]和[0 0 1]，可得线性方程组的 3 个特解，代入相似准则一般方程，可得该研究现象的 3 个相似准则：

$$
\pi_2 = \frac{\rho_{\mathrm{w}}}{\rho_{\mathrm{c}}}, \quad \pi_3 = \frac{\rho_{\mathrm{a}}}{\rho_{\mathrm{c}}}, \quad \pi_4 = \frac{v}{\rho^{\frac{1}{2}} l^{\frac{1}{2}}}
$$

3.3　模型试验的分离相似设计方法

以上方法可用于计算简单模型的相似常数，但是实际工程模型复杂多变，在进行模型试验时，通常需要进行复杂模型试验设计尤其是土与结构相互作用振动台试验模型设计，在进行这类试验模型设计时需解决的首要问题依然是如何保证原型与模型之间的相似关系。对于大多数振动台试验，原型与模型之间相似关系也是基于量纲分析法和控制方程法建立起来的，Kana 等[55]基于量纲分析法推导了地震荷载作用下桩-土相互作用振动台试验的相似关系，得到了包含各个设计参数的无量纲方程，进而得到了每个参数的相似比。以 Kana 工作为基础，利用量纲分析推导相似关系的方法在模型试验中得到了广泛推广，并一直延用至今。林皋在研究模型拱坝的振动特性时，采用力的控制方程推导了适用于不同类型试验要求的弹性相似律、重力相似律和弹性力-重力相似律，并得到了采用三种相似律时各设计参数对应的相似比；Iai[56]对土-结构-流体动力相互作用进行研究时，从饱和土体特性、结构特性和流体特性的控制方程出发，推导得到了每个试验参数的相似比。基于控制方程法推导相似关系目前应用领域也较广泛，R. J. Bathurst[57]，M. L. Lin[58]和范鹏贤[59]等均采用控制方程法进行模型试验的相似设计。

以上两种相似设计方法的过程不同，但均可以得到模型试验中每个相关参数的相似比，且相似比的计算结果一致。利用量纲分析法推导振动台试验的相似关系时，所有的参数都被一个特征方程所包含，因此无法分别实现对土、结构和地震波的相似设计，且推导结果要求每个参数在模型相似设计时均满足相似比要求，这在物理模型试验中几乎是不能实现的。利用控制方程法可以分别实现对土、结构和地震波的相似设计，但是无法区分同一方程中不同参数对相似设计的重要程度，也无法体现关键参数对试验的控制，尤其是当某一物理现象的数学方程还尚未建立时，控制方程法是无法被使用的。这些问题大大限制了土-结构相互作用模型试验中原型-模型相似关系的准确设计。基于以上不足之处，作者开展了分离量纲分析理论的研究，并将该理论用于模型试验的设计过程中，形成了模型试验的分离相似设计方法。

3.3.1　分离量纲分析法概念

对于一个物理系统，若含有 n 个物理量和 k 个基本量纲，则系统的特征方程可写作：

$$f(x_1,x_2,\cdots,x_k,x_{k+1},\cdots,x_{n-1},x_n)=0 \tag{3-28}$$

式中：$x_1,x_2,\cdots,x_k$ 为基本参量；$x_{k+1},\cdots,x_n$ 为导出参量。

按照基本参量和导出参量的不同，将式（3-28）中导出参量可任意分为 λ 组，将每组导出参量与基本参量重新组成子特征方程组，如下式所示：

$$\begin{cases} f_1(x_1,x_2,\cdots,x_k \mid x_{k+1},\ldots,x_l)=0 \\ f_2(x_1,x_2,\cdots,x_k \mid x_{l+1},\ldots,x_m)=0 \\ \vdots \\ f_\lambda(x_1,x_2,\cdots,x_k \mid x_{m+i},\ldots,x_n)=0 \quad (i=1,2,\cdots,n-m) \end{cases} \tag{3-29}$$

式中，竖线标识符左侧的参量为基本参量，右侧的参量为导出参量。

由子特征方程组推导得到的相似判据与原特征方程推导得到的相似判据保持一致。

3.3.2　分离量纲分析方法证明

Buckingham 提出的量纲分析法内容为：对于式（3-28）所表示的物理系统，通过其中的 n 个物理量和 k 个基本量纲可计算得到 $n-k$ 个相似判据，相似判据之间的函数关系式可写作：

$$\Phi(\pi_1,\pi_2,\cdots,\pi_{n-k})=0 \tag{3-30}$$

为了证明分离量纲分析方法的准确性，首先假设式（3-28）与式（3-29）推导得到的判据方程均为式（3-30），即式（3-28）可以表示为式（3-29）的形式，而不影响最终相似判据的计算结果。

下面从式（3-29）出发，计算物理系统的相似判据。

设基本物理量量纲为：

$$[x_1]=A_1;\ [x_2]=A_2;\cdots;\ [x_k]=A_k \tag{3-31}$$

则式（3-28）中所有导出参量的量纲都可由前 k 项物理量量纲表示，即：

$$\begin{cases} [x_{k+1}]=A_1^{p_1}A_2^{p_2}\cdots A_k^{p_k} \\ \quad\vdots \\ [x_l]=A_1^{q_1}A_2^{q_2}\cdots A_k^{q_k} \\ [x_{l+1}]=A_1^{r_1}A_2^{r_2}\cdots A_k^{r_k} \\ \quad\vdots \\ [x_m]=A_1^{s_1}A_2^{s_2}\cdots A_k^{s_k} \\ \quad\vdots \\ [x_{m+i}]=A_1^{t_1}A_2^{t_2}\cdots A_k^{t_k}\ (i=1,2,\cdots,n-m) \\ \quad\vdots \\ [x_n]=A_1^{u_1}A_2^{u_2}\cdots A_k^{u_k} \end{cases} \tag{3-32}$$

其中， $p_i,q_i,r_i,s_i,t_i,u_i(i=1,2,3,\cdots,k)$ 为基本物理量量纲与导出物理量量纲之间的相关指数。

将式（3-28）中基本参量分别乘以任意系数 $a_1,a_2,\cdots,a_k$ ，可以得到：

$$x_1'=a_1x_1;\ x_2'=a_2x_2;\cdots;x_k'=a_kx_k \tag{3-33}$$

将式（3-30）代入式（3-33）后有：

$$\begin{cases} [x_1']=[a_1x_1]=a_1A_1=A_1' \\ [x_2']=[a_2x_2]=a_2A_2=A_2' \\ \quad\vdots \\ [x_k']=[a_kx_k]=a_kA_k=A_k' \end{cases} \tag{3-34}$$

其中， $A_1',A_2',\cdots,A_k'$ 是各基本物理参量的新量纲。

则其余 $n-k$ 个导出参量的新量纲为：

$$
\begin{cases}
[x'_{k+1}] = A_1'^{p_1} A_2'^{p_2} \cdots A_k'^{p_k} \\
\qquad\quad = (a_1 A_1)^{p_1} (a_2 A_2)^{p_2} \cdots (a_k A_k)^{p_k} \\
\qquad\quad = a_1^{p_1} a_2^{p_2} \cdots a_k^{p_k} A_1^{p_1} A_2^{p_2} \cdots A_k^{p_k} \\
\qquad\quad = a_1^{p_1} a_2^{p_2} \cdots a_k^{p_k} [x_{k+1}] \\
\qquad\quad \vdots \\
[x'_l] = a_1^{q_1} a_2^{q_2} \cdots a_k^{q_k} [x_l] \\
[x'_{l+1}] = a_1^{r_1} a_2^{r_2} \cdots a_k^{r_k} [x_{l+1}] \\
\qquad \vdots \\
[x'_m] = a_1^{s_1} a_2^{s_2} \cdots a_k^{s_k} [x_m] \\
\qquad \vdots \\
[x'_{m+i}] = a_1^{t_1} a_2^{t_2} \cdots a_k^{t_k} [x_{m+i}] \quad (i=1,2,\cdots,n-m) \\
\qquad\quad \vdots \\
[x'_n] = a_1^{u_1} a_2^{u_2} \cdots a_k^{u_k} [x_n]
\end{cases}
\tag{3-35}
$$

将式（3-30）所得的量纲关系式进行等效转换，可得其余 $n-k$ 个新导出参量与原导出参量之间的倍数关系为：

$$
\begin{cases}
x'_{k+1} = a_1^{p_1} a_2^{p_2} \cdots a_k^{p_k} x_{k+1} \\
\qquad\quad \vdots \\
x'_l = a_1^{q_1} a_2^{q_2} \cdots a_k^{q_k} x_l \\
x'_{l+1} = a_1^{r_1} a_2^{r_2} \cdots a_k^{r_k} x_{l+1} \\
\qquad \vdots \\
x'_m = a_1^{s_1} a_2^{s_2} \cdots a_k^{s_k} x_m \\
\qquad \vdots \\
x'_{m+i} = a_1^{t_1} a_2^{t_2} \cdots a_k^{t_k} x_{m+i} \quad (i=1,2,\cdots,n-m) \\
\qquad\quad \vdots \\
x'_n = a_1^{u_1} a_2^{u_2} \cdots a_k^{u_k} x_n
\end{cases}
\tag{3-36}
$$

式（3-30）及式（3-36）中的 $x'_1, x'_2, \cdots, x'_k, x'_{k+1}, \cdots,\ x'_l, x'_{l+1}, \cdots, x'_m, \cdots, x'_{m+i}, \cdots, x'_n$ 构成了物理现象经过改造的新变量系列，它们满足：

$$\begin{cases} f_1(x_1', x_2', \cdots, x_k' \mid x_{k+1}', \cdots, x_l') = 0 \\ f_2(x_1', x_2', \cdots, x_k' \mid x_{l+1}', \cdots, x_m') = 0 \\ \quad \vdots \\ f_\lambda(x_1', x_2', \cdots, x_k' \mid x_{m+i}', \cdots, x_n') = 0 \quad (i = 1, 2, \cdots, n-m) \end{cases} \quad (3\text{-}37)$$

将式（3-30）及式（3-35）代入式（3-37）：

$$\begin{cases} f_1(a_1 x_1, a_2 x_2, \cdots, a_k x_k \mid a_1^{p_1} a_2^{p_2} \cdots a_k^{p_k} x_{k+1}, \cdots, a_1^{q_1} a_2^{q_2} \cdots a_k^{q_k} x_l) = 0 \\ f_2(a_1 x_1, a_2 x_2, \cdots, a_k x_k \mid a_1^{r_1} a_2^{r_2} \cdots a_k^{r_k} x_{l+1}, \cdots, a_1^{s_1} a_2^{s_2} \cdots a_k^{s_k} x_m) = 0 \\ \quad \vdots \\ f_\lambda(a_1 x_1, a_2 x_2, \cdots, a_k x_k \mid a_1^{t_1} a_2^{t_2} \cdots a_k^{t_k} x_{m+i}, \cdots, a_1^{u_1} a_2^{u_2} \cdots a_k^{u_k} x_n) = 0 \\ \qquad\qquad\qquad\qquad\qquad\qquad\qquad\qquad (i = 1, 2, \cdots, n-m) \end{cases} \quad (3\text{-}38)$$

式（3-38）中，$a_1, a_2, \cdots, a_k$ 为任意系数，其取值不影响最终计算结果，因此，为了减少式中变量数目，令：

$$a_1 = \frac{1}{x_1}; \ \ a_2 = \frac{1}{x_2} \Big| \cdots; \ \ a_k = \frac{1}{x_k}$$

式（3-38）可简化为：

$$\begin{cases} f_1\left(1, 1, \cdots, 1 \mid \dfrac{x_{k+1}}{x_1^{p_1} x_2^{p_2} \cdots x_k^{p_k}}, \cdots, \dfrac{x_l}{x_1^{q_1} x_2^{q_2} \cdots x_k^{q_k}}\right) = 0 \\ f_2\left(1, 1, \cdots, 1 \mid \dfrac{x_{l+1}}{x_1^{r_1} x_2^{r_2} \cdots x_k^{r_k}}, \cdots, \dfrac{x_m}{x_1^{s_1} x_2^{s_2} \cdots x_k^{s_k}}\right) = 0 \\ \quad \vdots \\ f_\lambda\left(1, 1, \cdots, 1 \mid \dfrac{x_{m+i}}{x_1^{t_1} x_2^{t_2} \cdots x_k^{t_k}}, \cdots, \dfrac{x_n}{x_1^{u_1} x_2^{u_2} \cdots x_k^{u_k}}\right) = 0 \quad (i = 1, 2, \cdots, n-m) \end{cases} \quad (3\text{-}39)$$

式（3-39）中前 k 项均为 1，说明前 k 个物理量均为无量纲量，根据量纲均匀性原理，竖线标识符右侧的 $n-k$ 项导出参量必定是无量纲量。将（3-39）中所有导出的无量纲量分别记作：

$$\begin{cases} \dfrac{x_{k+1}}{x_1^{p_1} x_2^{p_2} \cdots x_k^{p_k}} = \pi_1 \\ \quad\vdots \\ \dfrac{x_l}{x_1^{q_1} x_2^{q_2} \cdots x_k^{q_k}} = \pi_{l-k} \\ \dfrac{x_{l+1}}{x_1^{r_1} x_2^{r_2} \cdots x_k^{r_k}} = \pi_{l-k+1} \\ \quad\vdots \\ \dfrac{x_m}{x_1^{s_1} x_2^{s_2} \cdots x_k^{s_k}} = \pi_{m-k} \\ \quad\vdots \\ \dfrac{x_{m+i}}{x_1^{t_1} x_2^{t_2} \cdots x_k^{t_k}} = \pi_{m-k+i} (i = 1, 2, \cdots, n-m) \\ \quad\vdots \\ \dfrac{x_n}{x_1^{u_1} x_2^{u_2} \cdots x_k^{u_k}} = \pi_{n-k} \end{cases} \tag{3-40}$$

则式（3-40）中的无量纲量可写作：

$$\Phi(\pi_1, \pi_2, \cdots, \pi_{n-k}) = 0$$

与式（3-30）结果一致。所以，式（3-28）在进行相似判据的计算时，可以将特征方程写作式（3-29）的形式，并不影响最终结果。

3.3.3　模型试验分离相似设计方法

对于一个复杂的物理模型试验，假定经过深入分析后，其物理参数组成的特征方程可以写作：

$$f(X_1, X_2, X_3, x_1, x_2, x_3, x_4, \cdots) = 0 \tag{3-41}$$

其中 X_1, X_2, X_3 为基本控制参量，选定其相似比作为已知条件，就可以导出物理现象中其他参数 $x_1, x_2, x_3, x_4, \cdots$ 的相似比。因此，可以按照基本参量和导出参量的不同，将式（3-41）写作：

$$f(X_1, X_2, X_3 \,|\, x_1, x_2, x_3, x_4, \cdots) = 0 \tag{3-42}$$

在这里，将被竖线标识符分割后的特征方程定义为一级特征方程。其中，竖线标识符左侧的参数为已知相似比数值的基本参数，右侧的参数为待确定相似比的导出参数。

一个复杂的物理现象系统通常是由多个不同的子系统组成的，不同子系统之间所呈现的物理现象通常是不一致的，每个系统所呈现的物理现象都可以用各自的特征方程来表示。例如：在土与地下管线相互作用的物理模型试验中，土所呈现的性质和结构所呈现的性质是完全不同的，这就需要对两个表现完全不同的系统分别进行分析，选取各自的相关参数，得到各自的特征方程，进而分别进行相似设计，这就是模型试验分离相似设计方法的基本思想，这种思想可以借助分离量纲分析理论来实现。

在式（3-42）中，标识符右侧所有的待导出参数相似比都可由已知的基本参数计算得到。基于此，可以根据复杂物理现象系统中包含的不同子系统所示的一级特征方程分离为二级特征方程：

$$一级特征方程 \ f(X_1, X_2, X_3 \mid x_1, x_2, x_3, x_4, \cdots) = 0$$

$$\Downarrow$$

$$二级特征方程 \begin{cases} f_1(X_1, X_2, X_3 \mid x_1, x_2, x_3, \cdots) = 0 \\ f_2(X_1, X_2, X_3 \mid x_3, x_4, \cdots) = 0 \\ \quad\quad\quad\vdots \end{cases} \tag{3-43}$$

其中：X_1, X_2, X_3 为基本控制参量；$x_1, x_2, x_3, \cdots$ 为子系统一相关的参数，x_3 是和子系统一、子系统二均相关的参数，$x_3, x_4, \cdots$ 是和子系统二相关的参数。选定 X_1, X_2, X_3 的相似比作为已知条件，就可得出物理现象中其他参数 $x_1, x_2, x_3, \cdots$ 和 $x_3, x_4, \cdots$ 的相似比。这样就可以分别得到针对不同系统的相似设计结果。

通常，每一个复杂物理现象的子系统都可作为独立的系统，具有各自的物理特性，因此，必要时可以根据子系统各自的特性，进行更加精细化的分离处理，进而得到三级特征方程、四级特征方程……，整个分离框架如图 3-2 所示。

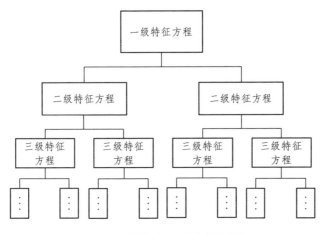

图 3-2　特征方程分离框架图

3.4　模型试验分离相似设计实例

3.4.1　地下管线与土动力相互作用振动台试验

1. 原型概况

本节的研究对象是某设施的输水管道，管线尺寸为 $\phi1\,420\,\mathrm{mm}\times10\,\mathrm{mm}$ 、平均埋深约 $3\,\mathrm{m}$，管材为钢管。除跨越外，管线全部为地下敷设，管顶覆土为粉质黏土（Q_4^{al+pl}），色泽为褐红色—褐黄色，质较纯，局部为含砾粉质黏土，砾石含量大于 30%，土层总厚度为 $0.5\sim11.5\,\mathrm{m}$。场地的最大设计地震加速度为 $0.2g$，最大地震动峰值速度可由场地加速度时程积分得到，水平方向地震系数 $K_k=0.5$；管道所在处土层的剪切波速为 $300\,\mathrm{m/s}$，根据《建筑抗震设计规范》（GB 50011—2010）中 4.1.3 条综合判定，等效剪切波速为 $250\,\mathrm{m/s}<v_s<500\,\mathrm{m/s}$ 时，该区场地为 Ⅱ 类建筑场地，场地特征周期 $T_g=0.45\,\mathrm{s}$[60]；管线的弹模 $E=2.05\times10^5\,\mathrm{MPa}$，土体的弹性系数取为剪切刚度的 3 倍，约为 $21.42\,\mathrm{MPa}$，横向弹性系数可取为剪切刚度的 6 倍，约为 $42.84\,\mathrm{MPa}$。根据常规静力和动力试验得到土的物理力学指标列在表 3-2 中。

表 3-2　土层物理力学性质指标统计表

土名	项目	含水率 $\omega/\%$	密度 $\rho/(kg/m^3)$	孔隙比 e	黏聚力 C/kPa	内摩擦角 $\varphi/(°)$	最大动剪切模量 G_0/MPa	参考应变 $\gamma_r(\times10^{-4})$	动泊松比
粉质黏土	试样数量	11	11	11	11	11	4	4	4
	最小值	13.67	1 810	0.587	16.1	23.0	106.5	6.1	0.29
	最大值	14.20	2 030	0.858	27.1	27.5	126.3	8.1	0.33
	平均值	13.95	1 900	0.62	18.0	25.0	112.2	6.5	0.32
	标准差	2.2	0.6	0.084	7	1.3	0.98	9.63	0.098
	变异系数	0.09	0.03	0.12	0.21	0.08	0.17	0.53	0.11
	标准值	13.95	1 900	0.62	18.0	25.0	112.2	6.5	0.32

　　粉质黏土下卧层为强风化凝灰质砂岩，呈黄灰、青灰、土黄等色，呈薄层状或中厚层状，砂粒状结构，碎屑成分以长石、石英为主，岩屑次之，多呈次棱角状—次圆状，粒径大小不一，凝灰质和泥质胶结。其物理力学性质如表 3-3 所示。

表 3-3　强风化凝灰质砂岩物理力学性质指标统计表

土名	项目	含水率 $\omega/\%$	密度 $\rho/(kg/m^3)$	孔隙率 $/\%$	抗压强度 $/MPa$	最大动剪切模量 G_{d0}/MPa	参考应变 $\gamma_r(\times10^{-4})$	剪切波速 $v_s/(m/s)$	动泊松比
凝灰质砂岩	试样数量	6	6	6	6	4	4	4	4
	最小值	1.37	2 360	5.23	127	1 033.5	15	698.63	0.32
	最大值	1.42	2 410	3.24	233	1 469.3	21	857.66	0.36
	平均值	1.39	2 400	4.66	171	1 332.2	18	744.98	0.35
	变异系数	0.09	0.03	0.12	0.24	0.17	0.14	0.22	0.09
	标准值	1.39	2 400	4.66	137	1 332	18	744.98	0.32

　　注：剪切波速结果为单孔波速测试成果。

2. 经典的相似设计过程

　　按照当前的相似设计方法，在进行土与地下管线相互作用的振动台模型试验相似设计时，为了得到原型与模型的相似关系，需要进行以下三方面工作：

（1）对整个现象进行深入分析，写出与土-地下管线动力相互作用这个物理现象相关的全部物理量。

土-地下管线动力相互作用共包含三大部分，分别为土的地震响应、地下管线的地震响应和输入地震动特性。

与土地震响应有关的参数分别为：土的几何尺寸 L，密度 ρ，重力加速度 g，剪应力 τ，剪切模量 G，剪切模量比 G/G_{max}，剪应变 γ，参考应变 γ_r，阻尼比 λ，剪切波速 v_s，动黏聚力 c，动内摩擦角 φ，力 F，质量 m，加速度 a，时间 t，自由场的位移 u。

与地下管线的地震响应有关的参数分别为：结构的几何尺寸 L，密度 ρ，重力加速度 g，弹性模量 E，惯性矩 I，横截面面积 A，质量 m，应力 σ，应变 ε，力 F，弯矩 M，加速度 a，时间 t，地下管线位移 u。

输入地震动的参数主要包括三个：加速度时程的幅值 a、持时 t 和频率成分 ω，对于长大结构来说还要考虑行波效应的时间间隔 Δt。

（2）将所有物理量进行整理，写出特征方程：

$$f(L,\rho,g,\tau,\sigma,E,I,A,G,\frac{G}{G_{max}},\gamma,\gamma_r,\varepsilon,\lambda,v_s,c,\varphi,u,F,M,m,a,t,\Delta t,\omega)=0 \qquad （3-44）$$

在确定振动台试验的相关参数及特征方程后，可以利用量纲分析法得到原型与模型之间的相似关系[61]。采用长度[L]、时间[T]及质量[M]作为基本量纲，可将特征方程中所有单值条件物理量用基本量纲表示，如表 3-4 所示，同时，按照矩阵法可以计算得到各参量相似比之间的关系。

（3）得到各参量相似比之间的关系后，选定三个参数作为控制参量，并确定控制参数的相似比。以此为基础，可推导得到其他参数的相似比。在本次振动台试验中，原型与模型几何尺寸相似比是进行相似设计时需首先确定的控制参量，综合考虑模型质量和试验设备尺寸等因素，可以确定模型试验的尺寸相似比 $C_L=10$。在 1g 振动台模型试验中，模型的重力加速度与原型保持一致，因此，需选择重力加速度作为一个控制参量，重力加速度应该满足的相似比为 $C_g=1$。在振动台试验设计时，应尽量保持原型和模型的重力场保持相似，这就要求在重力加速度相似比为 1 的前提下，原型和模型的密度也保持一致，因此，质量密度的相似比也应作为控制参量，且 $C_\rho=1$。计算所得的最终相似比值如表 3-4 所示。

表 3-4　各参数的基本量纲

序号	物理量	量纲 （质量系统）	相似比计算式	相似常数	备注
1	几何尺寸 L	$[L]$	$C_L = C_L$	10	基本参量
2	密度 ρ	$[M][L]^{-3}$	$C_\rho = C_\rho$	1	基本参量
3	重力加速度 g	$[L][T]^{-2}$	$C_g = C_g$	1	基本参量
4	剪应力 τ	$[M][L]^{-1}[T]^{-2}$	$C_\tau = C_L C_\rho C_g$	10	导出参量
5	应力 σ	$[M][L]^{-1}[T]^{-2}$	$C_\sigma = C_L C_\rho C_g$	10	导出参量
6	弹性模量 E	$[M][L]^{-1}[T]^{-2}$	$C_E = C_L C_\rho C_g$	10	导出参量
7	惯性矩 I	$[L]^4$	$C_I = C_L^4$	10 000	导出参量
8	横截面面积 A	$[L]^2$	$C_A = C_L^2$	100	导出参量
9	剪切模量 G	$[M][L]^{-1}[T]^{-2}$	$C_G = C_L C_\rho C_g$	10	导出参量
10	剪切模量比 G/G_{max}	$[1]$	$C_{G/G_{max}} = 1$	1	导出参量
11	剪应变 γ	$[1]$	$C_\gamma = 1$	1	导出参量
12	参考应变 γ_r	$[1]$	$C_{\gamma r} = 1$	1	导出参量
13	应变 ε	$[1]$	$C_\varepsilon = 1$	1	导出参量
14	阻尼比 λ	$[1]$	$C_\lambda = 1$	1	导出参量
15	剪切波速 v_s	$[L][T]^{-1}$	$C_{vs} = C_L^{0.5} C_\rho C_g$	3.16	导出参量
16	动黏聚力 c	$[M][L]^{-1}[T]^{-2}$	$C_c = C_L C_\rho C_g$	10	导出参量
17	动内摩擦角 φ	$[1]$	$C_\varphi = 1$	1	导出参量
18	自由场及土位移 u	$[L]$	$C_u = C_L$	10	导出参量
19	力 F	$[M][L][T]^{-2}$	$C_F = C_L^3 C_\rho C_g$	1 000	导出参量
20	弯矩 M	$[M][L]^2[T]^{-2}$	$C_M = C_L^4 C_\rho C_g$	10 000	导出参量
21	质量 m	$[M]$	$C_m = C_L^3 C_\rho$	1 000	导出参量
22	加速度幅值 a	$[L][T]^{-2}$	$C_a = C_g$	1	导出参量
23	时间 t 和 Δt	$[T]$	$C_t = C_L^{0.5} C_\rho C_g$	3.16	导出参量
24	频率 ω	$[T]^{-1}$	$C_\omega = C_L^{-0.5} C_\rho C_g$	0.316	导出参量

从上述推导结果可以看出，量纲分析法可以计算较复杂问题的相似比，

进而得到原型与模型的相似关系，但是传统量纲分析法的应用过程中还有以下几点不足：

（1）量纲分析法得到的结果无法区分每个参数对相似材料设计的重要程度，所以该方法所得结果要求特征方程中每个参数都应该满足相似比的要求，这对一个复杂的模型试验来说几乎是不可能达到的。

（2）在进行土与结构相互作用振动台试验的设计时，利用量纲分析法无法区分土与结构相似设计的不同点。在这类试验中，土与结构的相似设计明显被不同的关键参数所控制，应针对各自地震响应的特点分别进行相似设计。

（3）难以区分物理意义相同的物理量分别对土和结构的影响程度。例如在进行本次振动台试验时，力 F 包含轴力、剪力、惯性力等诸多内容，推导结果要求所有内容都满足相似比的要求，这也是不尽合理的。

3. 分离相似设计过程

在进行土与结构相互作用的振动台模型试验设计时，模型土、模型结构及输入模型地震波的设计目标并不相同，因此通常需要根据各自的设计目标，对土、结构、地震波分别进行设计。式（3-44）的推导结果要求相似材料完全满足其中所有的参数，才能保证物理模型与所模拟的原型之间具有完全的相似性。事实上，对于土来说，并不需要满足式（3-44）中所有参数的相似比要求，对于结构和地震波也是如此。同时，在地震动作用下，可以把土作为一个独立系统开展研究，对于结构和地震波也是如此。基于这一设想，本部分尝试根据分离相似设计方法对式（3-44）进行分离处理。

首先，根据式（3-41）和式（3-42）所示结果，把尺寸 L、密度 ρ、重力加速度 g 的相似比作为导出其他参数相似比的基本控制参量，可将式

$$f\left(L,\rho,g,\tau,\sigma,E,I,A,G,\frac{G}{G_{\max}},\gamma,\gamma_{\mathrm{r}},\varepsilon,\lambda,v_{\mathrm{s}},c,\varphi,u,F,M,m,a,t,\Delta t,\omega\right)=0$$

（3-45）

写作：

$$f\left(L,\rho,g\mid\tau,\sigma,E,I,A,G,\frac{G}{G_{\max}},\gamma,\gamma_{\mathrm{r}},\varepsilon,\lambda,v_{\mathrm{s}},c,\varphi,u,F,M,m,a,t,\Delta t,\omega\right)=0$$

（3-46）

按照式（3-43）所示的分解过程，可将式 $T = \lambda\sqrt{\dfrac{l}{g}}$ 所示的一级特征方程按照模型试验的不同部分做分离处理，得到分别属于土、地下管线和地震波的三个二级特征方程：

$$f'_{\pm}(L,\rho,g \mid \tau,G,G/G_{\max},\gamma,\gamma_{\mathrm{r}},\lambda,v_{\mathrm{s}},c,\varphi,F,m,a,t,u) = 0 \qquad （3\text{-}47）$$

$$f'_{结构}(L,\rho,g \mid E,I,A,m,\sigma,\varepsilon,F,M,a,t,u) = 0 \qquad （3\text{-}48）$$

$$f'_{波}(L,\rho,g \mid a,t,\omega,\Delta t) = 0 \qquad （3\text{-}49）$$

由式（3-47）、式（3-48）和式（3-49）可以分别得到针对土、结构和地震波中所涉及量的相似常数。其中式（3-47）中包含的参数为与土地震响应有关的参数；式（3-48）中包含的参数为与结构地震响应有关的参数；式（3-49）中包含的参数为与输入地震动有关的参数。

虽然第一次分离简化了模型试验需要满足的相似单值条件，但是寻找一种模型土的相似材料满足式（3-47）中所有参数相似比的要求或寻找一种模型结构的相似材料满足式（3-48）中所有参数相似比的要求仍然比较困难。同时，物理模型试验并不需要研究原型的每一个性质，它的意义在于通过模型性质，可以在需要的方面精确预测原型性质。因此，需要根据模型土和模型结构各自的设计目标，对试验现象进行深入分析，得到与试验的总体研究目标相匹配的关键参数及其特征方程。

明显的，式（3-47）和式（3-48）中，并不是每个参数都对试验设计起到决定性作用。在地下管线与土动力相互作用振动台试验中，模型土的设计主要考虑模型土动力特性的模拟，其动应力-动应变关系在整个试验过程中都应该保持相似。因此，模型土设计的关键参数是剪应力 τ、剪切模量 G、剪切模量比 $G/G_{\max}$、剪应变 γ、参考应变 γ_{r}、阻尼比 λ、剪切波速 v_{s}。

对地下管线地震响应的研究主要依据管线的轴向应变和弯曲应变来开展，因此，与地下管线的地震响应有关的参数分别为：管线的抗弯刚度 EI、轴向刚度 EA、应力 σ、应变 ε、轴力 F、剪力 F 和弯矩 M。

根据以上分析，可将几何尺寸 L、密度 ρ 和重力加速度 g 作为控制参量，将主要参数从二级特征方程中分离出来，定义为关键参数，由关键参数组成直接用于模型试验设计的三级特征方程如式（3-50）~式（3-52）所示，同时将余下的参数定义为相关参数。

$$f''_{\pm}(L,\rho,g \mid \tau,G,G/G_{\max},\gamma,\gamma_{\mathrm{r}},\lambda,v_{\mathrm{s}}) = 0 \qquad （3\text{-}50）$$

$$f''_{结构}(L,\rho,g \mid EI,EA,\sigma,\varepsilon,F,M) = 0 \qquad （3\text{-}51）$$

$$f''_{波}(L,\rho,g \mid a,t,\omega,\Delta t) = 0 \qquad (3\text{-}52)$$

对比式（3-44）和式（3-51）可以看出，力 F 对模型的不同部分，表示的意义和重要性是不同的。在一级特征方程中，力的概念很宽泛，涵盖了轴力、剪力、惯性力等很多方面，但在三级特征方程中，仅轴力和剪力是管线设计的关键参数，惯性力等对模型管线的影响并不起主要作用[62]。所以，通过特征方程的分离，还可以使同一物理量的不同意义得到分离和凸显，这也在一定程度上降低了模型试验的设计要求。

根据三级特征方程计算得到的单值条件物理量相似常数如表 3-5 ~ 表 3-7 所示。

表 3-5　模型中土的参量及其相似常数

物理量	相似常数
L：长度	$C_L = 10$
ρ：密度	$C_\rho = 1$
g：重力加速度	$C_g = 1$
τ：剪应力	$C_\tau = C_L \cdot C_\rho \cdot C_g = 10$
G：剪切模量	$C_G = C_L \cdot C_\rho \cdot C_g = 10$
$G/G_{\max}$：剪切模量比	$C_{G/G_{\max}} = 1$
γ：剪应变	$C_\gamma = 1$
γ_r：参考应变	$C_{\gamma_r} = 1$
λ：阻尼比	$C_\lambda = 1$
v_s：剪切波速	$C_{v_s} = \sqrt{C_L \cdot C_g} = 3.16$

表 3-6　模型中结构的参量及其相似常数

物理量	相似常数
L：长度	$C_L = 10$
ρ：密度	$C_\rho = 1$
g：重力加速度	$C_g = 1$
σ：应力	$C_\sigma = C_L \cdot C_\rho \cdot C_g = 10$
EI：抗弯刚度	$C_{EI} = C_L^5 \cdot C_\rho \cdot C_g = 10^5$
EA：轴向刚度	$C_{EA} = C_L^3 \cdot C_\rho \cdot C_g = 10^3$
ε：应变	$C_\varepsilon = 1$
F：力	$C_F = C_L^3 \cdot C_\rho \cdot C_g = 10^3$
M：弯矩	$C_M = C_L^4 \cdot C_\rho \cdot C_g = 10^4$

表 3-7 模型中地震波的参量及其相似常数

物理量	相似常数
L：长度	$C_L = 10$
ρ：密度	$C_\rho = 1$
g：重力加速度	$C_g = 1$
a：加速度	$C_a = C_g = 1$
$t, \Delta t$：时间	$C_t = \sqrt{C_L / C_g} = 3.16$
ω：频率	$C_\omega = \sqrt{C_g / C_L} = 0.316$

4. 设计参数的权重分析

通过两次特征方程的分离，可以看出式（3-44）所示的一级特征方程中，按照对模型试验的重要程度，单值条件物理量可以分为 4 种类型，分别为模型设计过程中权重最高的控制参数、权重较大的关键参数、权重较小的相关参数和权重最小的无关参数。

控制参数是基本参数，是链接一级、二级、三级特征方程的主要参数，在整个模型试验设计中起主导作用，也是模型设计必须满足的参数。

关键参数是直接指导模型试验相似设计的参数。控制参数确定之后，可以根据三级特征方程推导得到每个关键参数的相似比。关键参数直接反映了原型与模型结构的动力响应特性，因此必须保证在模型试验之前、模型试验过程中和模型试验之后，关键参数都实时严格满足相似比的要求。

相关参数是对模型进行设计时，与模型土或者模型结构地震响应相关的参数，但其对模型设计影响程度次于关键参数影响程度，是在进行特征方程的二次分离时，未被分离至三级特征方程的参数，模型设计时可不严格满足相关参数的相似要求。

无关参数是对模型土或者模型结构设计没有影响的参数，在进行模型试验设计时不予考虑。但前提是必须明确研究对象，例如在本次振动台模型试验的相似设计中，抗弯刚度 EI 对模型土的设计来说是无关参数，不予考虑，但研究对象从模型土变为模型钢管后，抗弯刚度就变成了关键参数。

式（3-47）~式（3-49）所示二级特征方程中的参数包含控制参数、关键参数和相关参数，而式（3-50）~式（3-52）中的参数全部为控制参数和关键参数，通过分离相似设计方法，每个研究参数对相似材料设计的重要程度得到了很好区分，明确了每一种相似材料设计的关键所在。具体每个参数所属的类别如表 3-8 所示。

表 3-8　相似单值条件物理参数的权重分类

项　目	所有参数	土参数	管线参数	地震波参数
控制参数	L,ρ,g	L,ρ,g	L,ρ,g	L,ρ,g
关键参数		$\tau,G,G/G_{\max},$ $\gamma,\gamma_r,v_s,\lambda$	$EI,\sigma,\varepsilon,EA,F,M$	$a,t,\Delta t,\omega$
相关参数	$\sigma,E,\tau,G,I,A,$ $G/G_{\max},\gamma,\gamma_r,c,\varphi$ $F,M,v_s,\lambda,\gamma,\varepsilon,m,$ $a,t,\Delta t,\omega,u$	$\sigma,\varepsilon,c,\varphi,F,$ m,a,t,u	m,a,t,u	
无关参数		E,I,A,M	$\tau,G,G/G_{\max},\gamma,\gamma_r,c$ $\varphi,v_s,\lambda,\gamma,\varepsilon,\omega$	$\sigma,E,\tau,G,I,$ $A,G/G_{\max},\gamma,$ $\gamma_r,c,\varphi,F,M,$ $v_s,\lambda,\gamma,\varepsilon,m,u$

从表 3-8 中可知，一级特征方程中包含所有对模型试验影响程度不同的参数（第二列），传统相似律推导结果要求：对于模型土和模型结构，第二列中所有参数都必须满足相似比的要求，这显然是与实际情况不符的。

从第三列和第四列数据可知，在对特征方程进行分离之后，可以分别得到针对土和地下管线的设计参数，同时还可以得到每个参数的权重。

从第五列数据可知，对于地震波的设计，只需要对幅值、持时和频率加以考虑即可，其余参数均为无关参数。

3.4.2　锚索格构梁加固边坡振动台试验

本节所选振动台试验设计案例的主要目标在于对锚索、格构梁加固边坡的稳定性进行评价。主要内容包括以下两方面：① 研究在不同加速度幅值地震波作用下土质边坡、锚索和格构梁等部分的地震响应；② 利用振动台试验对锚索、格构梁加固后边坡的稳定性进行评价，判定滑坡是否存在滑塌风险，验证其安全系数是否满足要求。

基于以上研究内容，对本次模型试验中涉及的物理现象进行深入分析，可以得到与边坡-锚索-格构梁动力相互作用相关的物理量。边坡-锚索-格构梁动力相互作用系统共包含 4 部分，分别为边坡的、锚索的、格构梁的地震响应和输入地震动。

与土质边坡地震响应有关的参数分别为：边坡的几何尺寸 L、密度 ρ、

重力加速度 g、应力 σ、应变 ε、剪应力 τ、剪切模量 G、剪应变 γ、阻尼比 λ、剪切波速 v_s、动黏聚力 c、动内摩擦角 φ、力 F、质量 m、加速度 a 和边坡的位移 u。

与锚索地震响应有关的参数分别为：L、ρ、g、弹性模量 E、横截面面积 A、轴向刚度 EA、m、应力 σ、ε、力 F、锚索变形 u。

与格构梁地震响应有关的参数分别为：L、ρ、g、E、A、惯性矩 I、EA、抗弯刚度 EI、m、应力 σ、ε、τ、G、剪应变 γ、力 F、弯矩 M、格构梁的变形 u。

输入地震动的参数主要包括 3 个：加速度时程曲线的幅值 a、持时 t 和频率成分 ω。

将所有物理量进行整理，可以写出各物理量之间的函数关系式如下：

$$f(L, \rho, g, \tau, \sigma, E, I, A, G, \gamma, \varepsilon, \lambda, v_s, c, \varphi, u, F, M, m, a, t, \omega) = 0 \qquad (3\text{-}53)$$

传统量纲分析法相似关系推导利用量纲分析法可以建立两个相似物理现象之间的关系。两个现象中每个参数均满足相似比，每个参数所代表的物理性质也完全满足相似条件。该方法常被用来推导物理模型试验的相似律，进而得到原型与模型之间相关参数的比例。

确定了振动台试验的相关参数及特征方程后，可以利用量纲分析法得到原型与模型之间的相似关系。首先采用长度 L、时间 T 及质量 M 作为基本量纲，可将特征方程中所有单值条件物理量用基本量纲表示：

$$\begin{cases} [L]=[u]=\mathrm{L} \\ [\rho]=\mathrm{ML^{-3}} \\ [g]=[a]=\mathrm{LT^{-2}} \\ [\tau]=[\sigma]=[E]=[G]=[C]=\mathrm{ML^{-1}T^{-2}} \\ [I]=\mathrm{L^4},[A]=\mathrm{L^2} \\ [F]=\mathrm{MLT^{-2}},[M]=\mathrm{ML^2T^{-2}} \\ [v_s]=\mathrm{LT^{-1}},[\gamma]=[\varepsilon]=[\lambda]=[\varphi]=1 \\ [m]=\mathrm{M},[t]=\mathrm{T},[\omega]=\mathrm{T^{-1}} \end{cases} \qquad (3\text{-}54)$$

得到基本量纲后，选定 3 个参数作为控制量，并确定控制参数的相似比。以此为基础，可推导得到其他参数的相似比。

原型与模型几何尺寸相似比是进行相似设计时需首先确定的控制量，综合考虑模型质量和试验设备尺寸等因素，可以确定模型试验的尺寸相似比 $C_L = 50$。

在 1g 振动台模型试验中，模型的重力加速度与原型保持一致，因此，需选择重力加速度作为一个控制参量，重力加速度应该满足的相似比为 $C_g = 1$。

在振动台试验设计时，应尽量保持原型和模型的应力场保持一致，这就要求在重力加速度相似比为 1 的前提下，原型和模型的密度也保持一致，因此，质量密度的相似比也应作为控制参量，且 $C_\rho = 1$。

选定 L、g 和 ρ 为控制参数后，可推导得到所有单值条件物理量的相似常数，如表 3-9 所示。

表 3-9　振动台试验中各物理量相似常数

长度 L	变形 u	密度 ρ	重力加速度 g	应力 σ	弹性模量 E	剪应力 τ	剪切模量 G	黏聚力 c	惯性矩 I	横截面面积 A
C_L	$C_u = C_L$	C_ρ	C_g	$C_\sigma = C_L C_\rho C_g$	$C_E = C_L C_\rho C_g$	$C_\tau = C_L C_\rho C_g$	$C_G = C_L C_\rho C_g$	$C_c = C_L C_\rho C_g$	$C_I = C_L^4$	$C_A = C_L^2$
力 F	弯矩 M	剪切波速 v_s	阻尼比 λ	动内摩擦角 φ	剪应变 γ	应变 ε	质量 m	加速度 a	时间 t	频率 ω
$C_F = C_L^3 C_\rho C_g$	$C_M = C_L^4 C_\rho C_g$	$C_{v_s} = C_L^{0.5} C_g^{-0.5}$	$C_\lambda = 1$	$C_\varphi = 1$	$C_\gamma = 1$	$C_\varepsilon = 1$	$C_m = C_L^3 C_\rho$	$C_a = C_g$	$C_t = C_L^{0.5} C_g^{-0.5}$	$C_\omega = C_L^{-0.5} C_g^{0.5}$

在进行土与结构相互作用振动台试验模型的相似设计时，通常需要根据土、结构、地震波各自的特点，选择不同的参数分别进行相似设计。而式（3-53）的推导结果需要相似材料完全满足其中所有参数的相似要求，这对模型材料的相似设计提出的要求过于严格。为此，本节提出对式（3-53）进行分离处理，分别得到针对土、锚索、格构梁和地震波各自的特征方程，然后针对各自的特征方程进行相似设计。

当控制参数几何尺寸的相似比 C_L、密度相似比 C_ρ 和重力加速度相似比 C_g 确定以后，其余参数的相似比都可以由这 3 个参量推导得到。因此，可以将式（3-53）改写为：

$$f(L, \rho, g \mid \tau, \sigma, E, I, A, G, \gamma, \varepsilon, \lambda, v_s, c, \varphi, u, F, M, m, a, t, \omega) = 0 \qquad （3-55）$$

定义式（3-55）为一级特征方程，方程自变量中，竖线之前的变量为控制参数，之后的变量为待确定参数。控制参量确定后，可结合参数的选择过程，将式（3-55）所示的一级特征方程按照整个模型试验的不同部分（即土、锚索、格构梁和地震波）做分离处理，进而得到 4 个二级特征方程：

$$f'_\pm(L, \rho, g \,|\, \sigma, \varepsilon, \tau, G, \gamma, \lambda, v_s, c, \varphi, F, m, a, u) = 0 \qquad (3\text{-}56)$$

$$f'_{锚杆}(L, \rho, g \,|\, E, A, \sigma, \varepsilon, m, u, F) = 0 \qquad (3\text{-}57)$$

$$f'_{格构}(L, \rho, g \,|\, E, I, A, \sigma, \varepsilon, \tau, G, \gamma, m, F, M, u) = 0 \qquad (3\text{-}58)$$

$$f'_{波}(L, \rho, g \,|\, a, t, \omega) = 0 \qquad (3\text{-}59)$$

由二级特征方程推导得到的单值条件物理量相似常数如表 3-10 ~ 表 3-13 所示。

表 3-10　模型土单值条件物理量相似常数

长度 L	变形 u	密度 ρ	重力加速度 g	应力 σ	应变 ε	剪应力 τ	剪切模量 G
C_L	$C_u = C_L$	C_ρ	C_g	$C_\sigma = C_L C_\rho C_g$	$C_\varepsilon = 1$	$C_\tau = C_L C_\rho C_g$	$C_G = C_L C_\rho C_g$
剪应变 γ	阻尼比 λ	剪切波速 v_s	黏聚力 c	动内摩擦角 φ	力 F	质量 m	加速度 a
$C_\gamma = 1$	$C_\lambda = 1$	$C_{v_s} = C_L^{0.5} C_g^{-0.5}$	$C_c = C_L C_\rho C_g$	$C_\varphi = 1$	$C_F = C_L^3 C_\rho C_g$	$C_m = C_L^3 C_\rho$	$C_a = C_g$

表 3-11　模型锚索单值条件物理量相似常数

长度 L	变形 u	密度 ρ	重力加速度 g	弹性模量 E	横截面 A	应力 σ	应变 ε	质量 m	力 F
C_L	$C_u = C_L$	C_ρ	C_g	$C_E = C_L C_\rho C_g$	$C_A = C_L^2$	$C_\sigma = C_L C_\rho C_g$	$C_\varepsilon = 1$	$C_m = C_L^3 C_\rho$	$C_F = C_L^3 C_\rho C_g$

表 3-12　模型格构梁单值条件物理量相似常数

长度 L	变形 u	密度 ρ	重力加速度 g	弹性模量 E	惯性矩 I	横截面面积 A	应力 σ
C_L	$C_u = C_L$	C_ρ	C_g	$C_E = C_L C_\rho C_g$	$C_I = C_L^4$	$C_A = C_L^2$	$C_\sigma = C_L C_\rho C_g$
应变 ε	剪应力 τ	剪切模量 G	剪应变 γ	质量 m	力 F	弯矩 M	
$C_\varepsilon = 1$	$C_\tau = C_L C_\rho C_g$	$C_G = C_L C_\rho C_g$	$C_\gamma = 1$	$C_m = C_L^3 C_\rho$	$C_F = C_L^3 C_\rho C_g$	$C_M = C_L^4 C_\rho C_g$	

表 3-13　试验输入地震波单值条件物理量相似常数

长度 L	密度 ρ	重力加速度 g	加速度 a	时间 t	频率 ω
C_L	C_ρ	C_g	$C_a = C_g$	$C_t = C_L^{0.5} C_g^{-0.5}$	$C_\omega = C_L^{-0.5} C_g^{0.5}$

需要说明的是，在式（3-59）中，几何尺寸、密度、重力加速度仅作为

推导地震波待确定参数的控制参量，对地震波本身没有实际意义。

表 3-10～表 3-13 给出了土、锚索、格构梁和输入地震动相似设计需要的单值条件相似比。尽管第 1 次特征方程的分离简化了相似设计需要满足的条件，但在模型试验中，同时满足 2 级特征方程推导得到的所有相似常数仍然比较困难。式（3-56）～式（3-59）中，只有式（3-59）在振动台模型试验中可以得到满足，按照式（3-56）～式（3-59）的要求，很难找到合适的相似材料与推导结果相匹配。同时，物理模型试验并不需要研究原型的每一个性质，它的意义在于通过模型性质，可以在需要的方面精确预测原型性质。因此，需要继续对试验现象进行深入分析，得到与试验研究目标相匹配的关键参数及其特征方程。

式（3-56）～式（3-59）中，并不是每个参数都对试验设计起到决定性作用，在进行模型边坡土的设计时，主要考虑基岩、结构面和堆积层的模拟。整个边坡的稳定性主要受堆积层的重度和结构面特性控制，所以堆积体的重力场和结构面的强度参数是模型土设计的主要参数。

对于堆积体相似材料的设计，主要考虑重力场的相似。重力场的模拟由几何尺寸、密度和重力加速度决定，因此 L、ρ 和 g 是模型土设计的主要参数。

对于结构面相似材料的设计，选择莫尔-库仑模型 $\tau = c + \sigma \tan \varphi$ 作为结构面土层设计的破坏准则，则主要参数为：τ、c、φ 和 σ。

对于锚索相似材料的设计，原型锚索所处的应力状态为单轴受拉状态，并施加一定的预应力，所以 σ、ε、EA、F 为锚索相似材料设计的主要参数。

对于格构梁的设计，原型格构梁主要是受弯受剪，所以 σ、ε、τ、γ、EI、M 为格构梁相似材料设计的主要参数。

根据以上分析，可将 L、ρ 和 g 作为控制参量，将主要参数从 2 级特征方程中分离出来，定义为关键参数，由关键参数组成直接用于模型试验设计的 3 级特征方程，同时将余下的参数定义为相关参数：

$$f''_{\pm}(L, \rho, g \,|\, \tau, c, \varphi, \sigma) = 0 \tag{3-60}$$

$$f''_{\text{锚杆}}(L, \rho, g \,|\, \sigma, \varepsilon, EA, F) = 0 \tag{3-61}$$

$$f''_{\text{格构}}(L, \rho, g \,|\, \sigma, \varepsilon, \tau, \gamma, EI, M) = 0 \tag{3-62}$$

3 级特征方程对应的单值条件物理量相似常数如表 3-14～表 3-16 所示。

表 3-14　模型土设计关键参数的相似常数

长度 L	密度 ρ	重力加速度 g	正应力 σ	剪应力 τ	黏聚力 c	动内摩擦角 φ
C_L	C_ρ	C_g	$C_\sigma = C_L C_\rho C_g$	$C_\tau = C_L C_\rho C_g$	$C_c = C_L C_\rho C_g$	$C_\varphi = 1$

表 3-15　模型锚索设计关键参数的相似常数

长度 L	密度 ρ	重力加速度 g	正应力 σ	应变 ε	轴向刚度 EA	力 F
C_L	C_ρ	C_g	$C_\sigma = C_L C_\rho C_g$	$C_\varepsilon = 1$	$C_{EA} = C_L^3 C_\rho C_g$	$C_F = C_L^3 C_\rho C_g$

表 3-16　模型格构梁设计关键参数的相似常数

长度 L	密度 ρ	重力加速度 g	抗弯刚度 EI	正应力 σ	应变 ε	剪应力 τ	剪应变 γ	弯矩 M
C_L	C_ρ	C_g	$C_{EI} = C_L^5 C_\rho C_g$	$C_\sigma = C_L C_\rho C_g$	$C_\varepsilon = 1$	$C_\tau = C_L C_\rho C_g$	$C_\gamma = 1$	$C_M = C_L^4 C_\rho C_g$

通过模型土参数、模型锚索参数、模型格构参数计算结果可知：F 对模型的不同部分，表示的意义和重要性是不同的。对于锚索，抗拔力和预应力 F 的相似比对其设计起关键控制作用，力对土和格构梁的设计虽然会产生影响，但作为相关参数可以不重点考虑。通过特征方程的分离，物理意义相同的物理量分别对土和结构的影响程度得到了很好体现。

通过两次特征方程的分离可以看出，式（3-55）所示的 1 级特征方程中，按照对模型试验的重要程度，单值条件物理量可以分为 4 种类型：分别为模型设计过程中权重最高的控制参数、权重较大的关键参数、权重较小的相关参数和权重最小的无关参数。

式（3-56）~式（3-59）所示 2 级特征方程中的参数包含控制参数、关键参数和相关参数，而式（3-60）~式（3-62）中的参数全部为控制和关键参数，通过分离相似设计方法，每一个研究参数对相似材料设计的重要程度得到了很好区分，明确了每一种相似材料设计的关键所在。具体每个参数所属的类别如表 3-17 所示。

表 3-17 物理参数的权重分类

参数类别	土	锚索	格构梁	地震波
控制参数	L, ρ, g	L, ρ, g	L, ρ, g	L, ρ, g
关键参数	τ, c, φ, σ	$\sigma, \varepsilon, EA, F$	$\sigma, \varepsilon, \tau,$ γ, EI, M	a, t, ω
相关参数	$G, F, v_s, \lambda, \gamma,$ ε, m, a, u	m, u	G, A, F, M, u	
无关参数	E, I, A, M, t	$\tau, G, I, c, \varphi, M, v_s,$ $\lambda, \gamma, a, t, \omega$	$c, \varphi, v_s, \lambda,$ a, t, ω	$\sigma, E, \tau, G, I,$ A, c, φ, F

从表 3-17 中可以看出，1 级特征方程中包含的所有参数对模型试验的重要程度并不相同，传统量纲分析法推导结果要求：对于模型边坡和模型结构，其中所有参数都必须满足表 3-6 中推导得到的结果，这在模型试验中是几乎不能完成的，与实际情况不符。

从第 2～4 列数据中可以看出，在对特征方程进行分离之后，可以分别得到针对土、锚索和格构梁的设计参数，同时还可以得到每个参数的重要程度。

从第 5 列数据可以看出，对于地震波的设计，只需要对幅值、持时和频率加以考虑即可，其余参数均为无关参数。

根据上述计算所得相似常数可以根据原型边坡性质得到模型参数，本次振动台模型试验所依据的原型为某待加固整治边坡。边坡高度为 120 m，支护措施采取锚索格构梁，锚索采用 5 束 ϕ15.2 mm 钢绞线制作，锚索成孔直径为 ϕ130 mm，锚固段长为 7 m，锚索锚固于中风化泥质页岩，锚索设计抗拔力为 400 kN，张拉预应力为 300 kN，格构梁截面为 0.6 m×0.6 m，水平间距为 2.5 m，垂直间距为 2 m，矩形布置。2$^{\#}$滑坡浅层滑面主要为第四系与基岩界面，滑带土主要为含碎石粉质黏土，黏聚力为 14 kPa，内摩擦角为 11°，深层滑面主要为强、中等风化界面，滑带土主要为强风化破碎的泥质页岩，黏聚力为 12 kPa，内摩擦角为 19°。依据表 3-10～表 3-13 提供的物理量相似常数，可确定本次振动台试验的模型相似设计指标。具体每一部分相似设计指标如表 3-18 所示。

表 3-18　模型设计概况

类型	土							锚索			格构梁
	L /m	ρ /(kg/m³)	g /(m/s²)	滑带 1 c_1/kPa	滑带 2 c_2/kPa	φ_1 /(°)	φ_2 /(°)	EA/kN	抗拔力 F/kN	预应力 F/kN	EI /(kN·m²)
原型	120.0	2 200	9.8	14.00	12.00	11	19	1 197.00	400.0	300.0	104 167
1/50 模型	2.4	2 200	9.8	0.28	0.24	11	19	9.576×10^{-3}	3.2×10^{-3}	2.4×10^{-3}	2 083

4 岩土工程振动台试验模型土和基岩相似材料设计

进行岩土工程振动台模型试验的相似设计环节后，需要根据相似判据要求，选取模型试验的相似材料。由于模型试验模拟对象的物理力学性能千差万别，所以相似材料的选择也要遵守不同的相似要求，选择合适的相似材料往往是模型试验成功的关键。本章将就岩土工程振动台试验中常见的土体相似材料和基岩相似材料的设计理论及配制方法进行介绍，以期对动力模型试验的岩土相似材料配制给予参考。

4.1 振动台试验相似材料的选择原则

相似材料的选择是振动台试验设计的重要内容。相似材料通常由三部分组成：基本材料（如黏土、河砂等）、胶结材料（如石膏、水泥等）和添加剂（如稳定剂、甘油等）。为了尽可能精确模拟原型材料的特性，相似材料的选择一般应该满足下述原则：

（1）振动台设备工作时，试验模型所处环境是高电压、强电场的环境，因此要求选取的振动台试验相似材料具有较高的电气绝缘强度，这样才能保证在整个试验过程中，相似材料的物理、力学、化学和热学性质均保持稳定。

（2）相似材料的物理力学参数取值范围需要满足原型材料有关特性的要求，原材料能在较大范围内调节相似材料的性质。例如：在模拟基岩的物理性质时，缩尺较小的模型试验要求相似材料强度较高，缩尺较大的模型试验要求相似材料强度较低；强度较高时，胶结材料应选择水泥或石膏，强度较低时，胶结材料应选择石灰、碳酸钙等。

（3）相似材料的性质在施工周期内不应随周围环境（湿度、温度等）的变化而变化，这可以保证相似材料的配比试验具有可重复性。

（4）便于振动台试验模型的加工与制作，同时还应便于施工与修补。

（5）相似材料应尽量选取来源广泛、成本低廉、取材方便且无毒无污染的原料，这样可以降低模型试验的成本和试验经费。

4.2 土体动应力–动应变相似关系研究

4.2.1 循环荷载作用下土体动应力-动应变关系

1. 土体动应力–动应变关系的介绍

振动台试验中模型土的动力特性相似是土体相似材料配制需满足的重要指标，大量土的动力特性试验结果表明，周期荷载作用下，土体的动应力-动应变特性包含 3 个方面：滞后性、非线性和应变累积性[63]。在土上施加一个周期作用的荷载，可以得到一个加载—卸载—反向加载—反向卸载周期内的动应力-动应变关系曲线，如图 4-1 所示，左图是动应力与动应变关系的对应曲线，右图是由动应力动应变关系组成的滞回圈，从图 4-1 中可以看出土体动应变对动应力的滞后性。

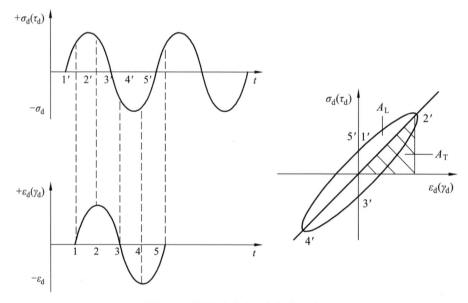

图 4-1　土的动应力-动应变响应

不同应变幅值作用下，土的滞回特性可以用阻尼比来表示，在图 4-1 中，土的阻尼比可以用下式进行计算：

$$\lambda = \frac{1}{4\pi}\frac{A_{\mathrm{L}}}{A_{\mathrm{T}}} \tag{4-1}$$

式中　λ——阻尼比；

　　　A_{L}——滞回圈的面积；

　　　A_{T}——阴影三角形的面积。

将不同动应力周期作用的最大剪应力和最大剪应变，也就是各个滞回圈的顶点绘出，会形成一条如图 4-2 所示的增长曲线，这条曲线被称为骨干曲线。骨干曲线反映的就是土体动应力对动应变关系的非线性特性。

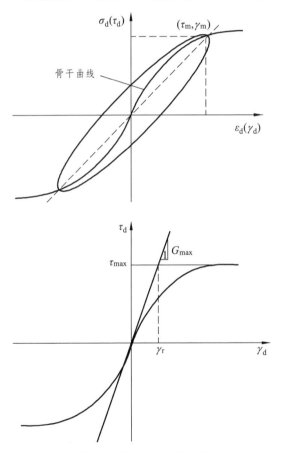

图 4-2　土体动应力-动应变关系的骨干曲线

在土中作用的动剪应力较大时，土中塑性变形的出现将会使滞回曲线的形状不再闭合，而呈现出滞回圈的中心逐渐向应变增大方向运动的趋势，这种特性就叫作应变累积性。土体的非线性、滞后性和应变累积性共同反映了土动应力-动应变关系的基本特点，而土体动应力-动应变关系相似性的关键就在于土体的非线性、滞后性和应变累积性的相似。下面分别就这三方面的相似性进行研究。

2. 非线性的相似

1）土体非线性经验模型

土体的非线性特性集中反映在土体动应力-动应变关系的骨干曲线上，如果将骨干曲线与各种力学模型相对比，可以发现，与土体动应力对动应变关系骨干曲线形状最相似的是双曲线模型，目前常用于描述骨干曲线的双曲线模型有下述几种。

（1）Hardin-Drnevich 模型（H-D 模型）[64]

Hardin 等指出，土体的动应力和动应变可以由下式进行表示：

$$\tau(\gamma) = G \cdot \gamma = G_{max} \cdot \gamma \cdot [1 - H(\gamma)] \tag{4-2}$$

同时，可以得到等效表达方式：

$$\frac{G}{G_{max}} = 1 - H(\gamma), \quad H(\gamma) = \frac{\gamma / \gamma_r}{1 + \gamma / \gamma_r}$$

即

$$\frac{G}{G_{max}} = \frac{1}{1 + \gamma / \gamma_r} \tag{4-3}$$

式中：τ 为动剪应力；G 为动剪切模量；G_{max} 为最大动剪切模量；γ 为剪应变；γ_r 为参考剪应变，由图 4-2 中的 τ_{max} / G_{max} 计算得到。

（2）Davidenkov 模型[65]

Martin 等人在 Hardin-Drnevich 模型的基础上提出了 Davidenkov 模型，如下所示：

$$\frac{G}{G_{max}} = 1 - H(\gamma), \quad H(\gamma) = \left[\frac{(\gamma / \gamma_0)^B}{1 + (\gamma / \gamma_0)^B} \right]^A$$

即

$$\frac{G}{G_{max}} = 1 - \left[\frac{(\gamma / \gamma_0)^B}{1 + (\gamma / \gamma_0)^B} \right]^A \tag{4-4}$$

式中：G 为动剪切模量；G_{max} 为最大动剪切模量；γ 为剪应变；A、B、γ_0 为拟合参数。

（3）Stokoe 模型[66]

Stokoe 等人在 Hardin-Drnevich 模型的基础上给出了动剪切模量比与剪应变的修正双参数双曲线模型，其表示方法为：

$$\frac{G}{G_{max}} = \frac{1}{1+(\gamma/\gamma_r)^{\alpha}} \tag{4-5}$$

式中：γ_r 为参考剪应变；α 为曲线的曲率系数。

2）非线性相似控制指标

从上一节内容可以看出，描述土体动应力-动应变关系的骨干曲线可以等效地用动剪切模量比随剪应变的变化关系来表示，所以，为了保证模型土非线性特性与原型土保持一致，动剪切模量比 G/G_{max} 和剪应变 γ 均应该满足相似比要求，这就要求描述土模量比随剪应变变化关系的 G/G_{max}-γ 曲线保持一致。因此，土体动应力-动应变非线性关系相似的关键在于动剪切模量比随剪应变变化关系的相似。

3. 滞后性的相似

在循环往复荷载作用下，土体滞后性强弱可以用阻尼比的大小来表示。当前，多数研究人员认为阻尼比的计算模型与动剪切模量比计算模型相关联。常见的模型有以下几种：

（1）Hardin 和 Drnevich 模型[67]

$$\lambda = \lambda_{max}(1-G/G_{max})^n \tag{4-6}$$

式中：n 为拟合参数。

（2）Ishibashi 和 Zhang 模型[68]

Ishibashi 和 Zhang 搜集了大量关于砂土和黏土的动剪切模量比及阻尼比试验资料，之后，利用统一的数学模型对这些试验数据进行拟合。其中，砂土阻尼比表达公式为：

$$\lambda_{sand} = 0.333\left[0.586\left(\frac{G}{G_{max}}\right)^2 - 1.547\left(\frac{G}{G_{max}}\right)+1\right] \tag{4-7}$$

扩展上式可得到黏性土阻尼比的计算公式如下：

$$\lambda = \lambda_{sand} \times A(I_p)$$

$$= \frac{0.333(1+e^{-0.014\,5I_{\mathrm{p}}^{1.3}})}{2}\left[0.586\left(\frac{G}{G_{\max}}\right)^2 - 1.547\left(\frac{G}{G_{\max}}\right)+1\right] \quad （4\text{-}8）$$

（3）Borden 模型[69]

Borden 搜集了 32 组山麓残积土试样，利用扭剪试验及共振柱试验得到了阻尼比随动剪切模量比变化的试验数据，对试验数据处理后，得出了阻尼比计算模型如下：

$$\lambda = 20.4(G/G_{\max}-1)^2 + 3.1 \quad （4\text{-}9）$$

（4）Zhang 和 Andrus 模型[70]

Zhang 和 Andrus 对搜集的 122 组土样进行了试验，得到了一系列阻尼比试验数据，利用修正双曲线模型对数据进行分析，给出的阻尼比计算公式如下：

$$\lambda - \lambda_{\min} = f\left(\frac{G}{G_{\max}}\right) = 10.6\left(\frac{G}{G_{\max}}\right)^2 - 31.6\left(\frac{G}{G_{\max}}\right)+21.0 \quad （4\text{-}10）$$

式中：$\lambda_{\min}$ 是与初始动剪切模量对应的最小阻尼比，与土体塑性指数和平均有效围压有关。

（5）陈国兴模型[71]

$$\lambda = \lambda_{\min} + \lambda_0(1-G/G_{\max})^n \quad （4\text{-}11）$$

式中：n、λ_0 是与土性有关的拟合参数。

此外，彭盛恩等[72]利用多项式来描述阻尼比随剪应变的变化关系，并给出了黏土、淤泥质土、砂土和岩石的拟合参数取值。具体形式如下：

$$\lambda = f(G/G_{\max}) = A(G/G_{\max})^2 + B(G/G_{\max})+C \quad （4\text{-}12）$$

式中：A、B、C 为拟合参数。

从上述内容可知，大多数研究者均认为土的阻尼比与剪切模量比之间的关系可由下式表示：

$$\lambda = f(G/G_{\max})$$

对于模型土来说，其阻尼比与剪应变之间的关系如下式所示：

$$\lambda = f(G/G_{\max}) = f[g(\gamma)] = F(\gamma)$$

因此可以认为：当原型与模型土体的剪切模量随剪应变的变化关系满足

相似比要求时，二者的阻尼比也就是土体动应力动应变关系的滞后性也满足相似比的要求。因此，原型土与模型土动应力-动应变滞后性的相似，关键仍然是动剪切模量比随剪应变变化关系的相似。

4. 应变累积性的相似

如果动应力的幅值较大，而且土处于欠饱和状态时，土体就会在动应力的作用下出现残余应变，即表现出了土体动应变的应变累积特性。对于土体动应变的累积性本应进行专门研究，但残余应变累积通常可以反映在土体动剪切模量的变化当中，因此，可通过试验测得非线性特性和应变累积特性综合的动剪切模量比随剪应变变化的关系。这样原型土与模型土动应力-动应变关系相似性的三个方面就都集中在了动剪切模量比随剪应变变化关系的相似性上。

4.2.2 动剪切模量比的经验模型研究

上节内容表明：动剪切模量比随剪应变变化关系的相似是土体动应力动应变关系相似的关键所在。本节将从动剪切模量比的经验模型出发，对 $G/G_{\max}-\gamma$ 曲线的相似性进行针对性的研究，探讨如何保证动剪切模量比随剪应变变化关系在整个振动过程中均保持相似。

1. 动剪切模量比数据库的建立

为了对动剪切模量比随剪应变变化关系经验模型进行研究，建立了动剪切模量比随剪应变变化关系的数据库，通过对黏土、粉土、粉质黏土、淤泥质土、砂土和岩石试验数据的总结，得到了 $G/G_{\max}-\gamma$ 的数据库。整个数据库中包含黏土数据 934 组，粉土数据 714 组，粉质黏土数据 803 组，淤泥质土数据 367 组，砂土数据 3 653 组，岩石数据 737 组。数据的来源参见文献[73]。

2. Davidenkov 模型的研究

目前，常用的动剪切模量比经验模型主要有 Hardin 模型、Davidenkov 模型和 Stokoe 模型。Hardin 模型和 Stokoe 模型中每个参数的物理意义都已经比较明确，Davidenkov 模型在对土动剪切模量比 $G/G_{\max}$ 数据进行拟合时采用了三个参数，其中参数 A、B 是影响曲线曲率的参数，但拟合参数 γ_0 的物理意义还尚未明确。为了能有效地对比三个模型的优缺点，本节首先对 Davidenkov 模型中拟合参数 γ_0 的物理意义进行了研究。

当前大多数研究认为其中的 γ_0 只是一个试验参数[74]或与土性有关的拟合参数[63]，并未指出其明确的物理意义。本节将从两个方面探讨 γ_0 的物理意义：第一，利用动三轴试验所得的数据，对 Davidenkov 模型进行分析，把拟合参数 γ_0 的值与由公式 $\gamma_r = \tau_{max} / G_{max}$ 计算所得的理论参考应变值进行对比，研究拟合参数与参考应变之间的关系；第二，利用动剪切模量比的试验数据对 Hardin 模型、Stokoe 模型和 Davidenkov 模型进行分析，将得到的 Hardin 模型和 Stokoe 模型中的参考应变值与 Davidenkov 模型中的拟合参数 γ_0 进行对比，研究拟合参数与参考应变之间的关系。

1）拟合参数 γ_0 与其他模型中参考应变值的对比

为了描述土在动力荷载作用下的骨干曲线，Hardin 和 Drnevich 给出了式（4-3）所示的单参数双曲线方程，Stokoe 给出了式（4-5）所示的修正双参数双曲线模型。

为了研究 Davidenkov 模型中拟合参数 γ_0 与 Hardin、Stokoe 模型中参考应变值的关系，从公开发表的文章中搜集了大量黏性土、砂土动剪切模量比随剪应变变化的试验数据，建立了相应的数据库，利用数据库中数据对上述三种经验模型进行分析，得到了各模型拟合参数值。首先选取黏土的试验数据对三个模型进行研究。

对于黏土，Hardin 模型拟合结果为：

$$\frac{G}{G_{max}} = \frac{1}{1 + \gamma / 0.000\,77}$$

参考应变 $\gamma_r = 0.000\,77$。

Stokoe 模型的拟合结果为：

$$\frac{G}{G_{max}} = \frac{1}{1 + (\gamma / 0.000\,8)^{0.83}}$$

参考应变 $\gamma_r = 0.000\,8$，$\alpha = 0.83$。

Davidenkov 模型拟合结果为：

$$\frac{G}{G_{max}} = 1 - \left[\frac{(\gamma / 0.000\,78)^{0.85}}{1 + (\gamma / 0.000\,78)^{0.85}} \right]^{0.97}$$

其中 $A = 0.97$，$B = 0.85$，$\gamma_0 = 0.000\,78$，三个模型的拟合曲线如图 4-3 所示。

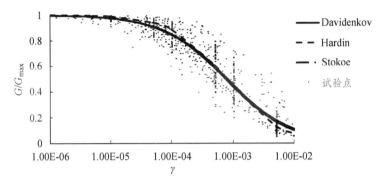

图 4-3　黏土 G/G_{max} - γ 关系的三种模型拟合结果

从上述拟合结果可以发现，对于同一组黏土的数据，由 Hardin 模型与 Stokoe 模型拟合得到的参考应变值（分别为 0.000 77 和 0.000 8 ）和 Davidenkov 模型中拟合参数 γ_0 值（ 0.000 78 ）几乎是一致的，因此，可以认为对于黏土，Davidenkov 模型中拟合参数 γ_0 即为参考应变。

接下来，利用砂土的试验数据对三个模型进行试验研究。对于砂土，Hardin 模型拟合结果为：

$$\frac{G}{G_{max}} = \frac{1}{1 + \gamma / 0.000\ 65}$$

参考应变 $\gamma_r = 0.000\ 67$ ，Stokoe 模型的拟合结果为：

$$\frac{G}{G_{max}} = \frac{1}{1 + (\gamma / 0.000\ 67)^{0.83}}$$

参考应变 $\gamma_r = 0.000\ 65$ ， $\alpha = 0.83$ ，Davidenkov 模型的拟合结果为：

$$\frac{G}{G_{max}} = 1 - \left[\frac{(\gamma / 0.000\ 69)^{0.85}}{1 + (\gamma / 0.000\ 69)^{0.85}} \right]^{0.97}$$

其中 $A = 0.97$ ， $B = 0.85$ ， $\gamma_0 = 0.000\ 69$ ，相应曲线如图 4-4 所示。

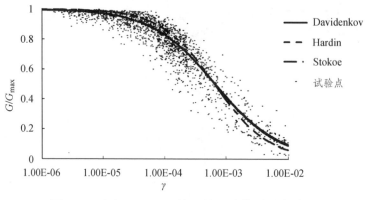

图 4-4　砂土 $G/G_{\max}$-γ 关系的三种模型拟合结果

分析上图所得结果可以得出：对于同一组砂土数据，由 Hardin 模型与 Stokoe 模型拟合得到的参考应变值（分别为 0.000 67 和 0.000 65）和 Davidenkov 模型中拟合参数 γ_0 值（0.000 69）相差不多，因此，可以认为无黏性土 Davidenkov 模型中拟合参数 γ_0 的物理意义也是参考应变值。

2）拟合参数 γ_0 与试验参考应变值的对比

本部分研究所选用的试验数据由动三轴试验测得，试验前，先对所取黏土做晾干、打碎处理，然后测量黏土和河砂的风干含水量，根据黏土：河砂：水 = 1：1.5：0.5 的质量比配土，制作试验用试样，本次试样的尺寸选择 39.1 mm × 80 mm 的试样标准。动三轴试验围压量级分别取为 50 kPa、100 kPa、150 kPa、200 kPa，荷载的等效循环次数为 30 次，荷载频率为 1 Hz、2 Hz、3 Hz，破坏标准选为 5%。本次试验共包含 4 种围压状态和 3 种频率状态，共进行 36 组试验。

试验完成后，为排除偶然因素对试验数据准确性的影响，需对数据进行处理。首先利用数据求出 $G/G_{\max}$-γ 关系的均值曲线，计算每一数据点到均值曲线垂直距离的平方值，对每一点距离的平方值升序排列，然后删除排在最后 5% 的数据，因为这些点可认为是受偶然因素影响最大的点。然后利用测得的动剪切模量比随剪应变变化的试验数据，对 Davidenkov 模型进行分析，得到模型中的拟合参数 A、B、γ_0 值及相应的拟合曲线，该曲线方程为：

$$\frac{G}{G_{\max}} = 1 - \left[\frac{(\gamma/\gamma_0)^B}{1+(\gamma/\gamma_0)^B}\right]^A$$

式中：$A = 1.02$，$B = 0.91$，$\gamma_0 = 0.000\ 7$，拟合结果如图 4-5 所示。

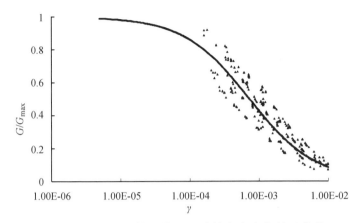

图 4-5　重塑土动剪切模量比随剪应变变化关系曲线

对于试验所得数据，根据公式 $\gamma_r = \tau_{max} / G_{max}$ 计算理论参考应变值，式中 τ_{max} 为最大剪应力，G_{max} 为初始动剪切模量。从图 4-6 中可以得出，围压为 50 kPa、100 kPa、150 kPa、200 kPa 时最大剪应力分别为 0.012 18 MPa、0.015 6 MPa、0.019 5 MPa、0.024 8 MPa，对应的最大剪切模量可由试验测出，其值分别为 17.9 MPa、23.04 MPa、28.64 MPa、35 MPa，计算所得的参考应变 γ_r 分别为 0.000 67、0.000 677、0.000 681、0.000 709。

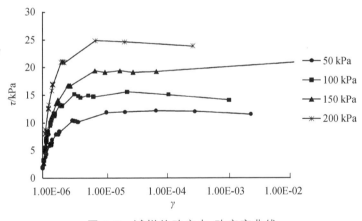

图 4-6　试样的动应力-动应变曲线

由以上结果可以得出：对于同一组重塑土试验数据，Davidenkov 模型中的拟合参数 γ_0 值为 0.000 7，在不同的围压条件下，由理论计算所得的参考应变值也为 0.000 7 左右（0.000 67、0.000 677、0.000 681、0.000 709），从这个角度可以认为，Davidenkov 模型中的拟合参数 γ_0 的物理意义即为土的参考应变 γ_r。

通过将 Davidenkov 模型中的拟合参数 γ_0 的值与参考应变的经验模型的拟合值和试验值进行对比，可以明确 Davidenkov 模型中参数 γ_0 的意义即为参考应变 γ_r，这样就得到了更加完善的 Davidenkov 模型如下所示：

$$\frac{G}{G_{\max}} = 1 - H(\gamma), \quad H(\gamma) = \left[\frac{(\gamma/\gamma_r)^B}{1+(\gamma/\gamma_r)^B}\right]^A$$

即：

$$\frac{G}{G_{\max}} = 1 - \left[\frac{(\gamma/\gamma_r)^B}{1+(\gamma/\gamma_r)^B}\right]^A \tag{4-13}$$

式中：G 为动剪切模量；$G_{\max}$ 为最大动剪切模量；γ 为剪应变；γ_r 为参考应变；A、B 为和曲线形状有关的拟合参数。

下面将对动剪切模量比三个经验模型的优缺点进行对比，以选择适合描述模型土动应力动应变关系的动剪切模量比经验模型。

3. 不同经验模型拟合精度比较

图 4-3 和图 4-4 给出了利用 Hardin 模型、Davidenkov 模型和 Stokoe 模型描述的，黏性土和砂土动剪切模量比随剪应变变化关系曲线，6 条曲线的拟合参数及标准差分别如表 4-1 所示。

表 4-1　参数拟合结果

类　　型	拟合参数	黏土参数值	拟合标准差	砂土参数值	拟合标准差
Hardin 模型	γ_r	0.000 77	0.39	0.000 65	0.42
Stokoe 模型	α	0.83	0.28	0.83	0.23
	γ_r	0.000 8		0.000 65	
Davidenkov 模型	A	0.97	0.27	0.97	0.23
	B	0.85		0.85	
	γ_0	0.000 78		0.000 69	

由表 4-1 可知：对于黏性土，Hardin 模型的拟合结果标准差为 0.39，Davidenkov 模型的标准差为 0.27，Stokoe 模型的标准差为 0.28；对于砂土，Hardin 模型的拟合结果标准差为 0.42，Davidenkov 模型的标准差为 0.23，Stokoe 模型的标准差为 0.23。对三个经验模型的拟合结果标准差进行比较，可以发现 Hardin 模型的标准差明显比 Davidenkov 模型和 Stokoe 模型大，所

以在拟合精度方面，Hardin 模型要比其余两个模型都差。因此，在对模型土的动剪切模量比随剪应变变化关系进行描述时，不推荐使用 Hardin 模型。

此外，从标准差值还可以看出：Davidenkov 模型虽然具有 3 个参数，但其拟合结果相比双参数的 Stokoe 模型拟合结果并无太大差别，二者的拟合结果标准差相当，拟合曲线几乎是重合的。所以在描述土的动剪切模量比与剪应变关系的精度方面，Stokoe 模型与 Davidenkov 模型的准确性几乎是一致的。

4．Davidenkov 模型和 Stokoe 模型的参数研究

基于黏土、粉质黏土、粉土、淤泥质土、砂土和岩石的 G/G_{max}-γ 变化关系数据库对 Davidenkov 模型和 Stokoe 模型进行研究。图 4-7～图 4-12 是 Stokoe 模型对各种土的拟合结果，表 4-2 是 Davidenkov 模型和 Stokoe 模型中各拟合参数的取值。

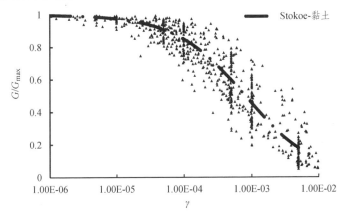

图 4-7 Stokoe 模型对黏土动剪切模量比的拟合结果

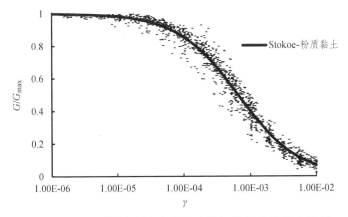

图 4-8 Stokoe 模型对粉质黏土动剪切模量比的拟合结果

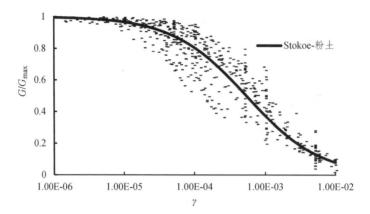

图 4-9　Stokoe 模型对粉土动剪切模量比的拟合结果

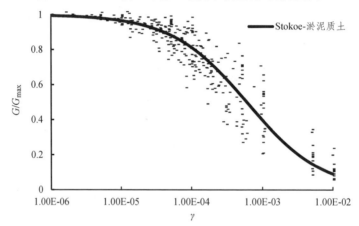

图 4-10　Stokoe 模型对淤泥质土动剪切模量比的拟合结果

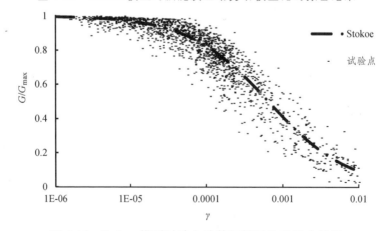

图 4-11　Stokoe 模型对砂土动剪切模量比的拟合结果

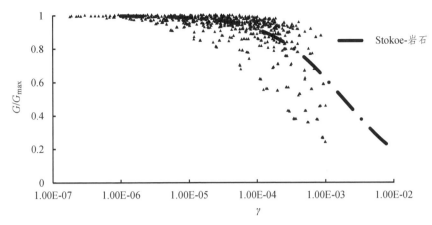

图 4-12　Stokoe 模型对岩石动剪切模量比的拟合结果

表 4-2　Stokoe 模型和 Davidenkov 模型拟合参数取值

类　型	拟合参数	黏土	粉质黏土	粉土	淤泥质土	砂土	岩石
Davidenkov 模型	A	0.97	0.898	0.609	1.334	0.97	0.37
	B	0.85	1.018	0.96	0.775	0.85	2.1
	γ_r	0.000 78	0.000 73	0.000 64	0.000 57	0.000 69	0.002 1
Stokoe 模型	α	0.83	0.95	0.84	0.82	0.83	0.87
	γ_r	0.000 8	0.000 65	0.000 54	0.000 6	0.000 65	0.001 8

　　从表 4-2 中可以看出，Davidenkov 模型中拟合参数 A、B 并没有明显规律，是随着土质的变化而变化的。而 Stokoe 模型中 α 值除了粉质黏土值为 0.95 之外，其余土 α 值均在 0.83 左右。Darendeli[75]建议拟合参数 α 值取为常数 0.92，与本部分的拟合结果相差较大，这是因为 Darendeli 的土样主要来自美国的加利福尼亚州、卡罗莱纳州等地区，而本部分数据更大程度上是考虑中国，土动剪切模量取值有很大的区域性是造成这种差别的主要原因。对于我国，本书则建议 α 值取为 0.83，当 α 值固定以后，双参数的 Stokoe 模型就直接变为只有参考应变一个参数的双曲线模型。这时，就可以用参考应变 γ_r 来表示动剪切模量比 $G/G_{\max}$-γ 的关系。

　　在进行模型土的配制时，Davidenkov 模型的拟合结果被拟合参数 A、B 和参考应变 γ_r 所控制，如果利用 Davidenkov 模型对土的动剪切模量比进行描述，需要保证原型土和模型土中拟合参数 A、B 和参考应变 γ_r 均满足相似比的要求。而在土工试验中，同时要求三个参数满足相似比要求是很困难的。

Stokoe 模型的拟合结果仅与参考应变值有关，因此只需要参考应变 γ_r 满足相似比要求就可以保证动剪切模量比随剪应变的变化关系 $G/G_{max}\text{-}\gamma$ 满足相似要求，同时在拟合精度方面 Stokoe 模型与 Davidenkov 模型相差不多。综合以上结论，为了使模型土与原型土 $G/G_{max}\text{-}\gamma$ 曲线形状精确的保持相似，建议采用 Stokoe 模型中参考应变值作为动剪切模量比随剪应变变化关系的相似性评价指标。

5. Stokoe 模型中控制参量相似比的计算

为了使振动台试验中模型土与原型土动剪切模量比随剪应变变化关系满足相似比要求，需保证 Stokoe 模型中参数均满足相似比要求。

模型土的动剪切模量比和剪应变的关系应满足下述关系：

$$\left(\frac{G}{G_{max}}\right)_m = 1 - \frac{(\gamma_m/\gamma_{rm})^\alpha}{1+(\gamma_m/\gamma_{rm})^\alpha} \tag{4-14}$$

式中：下标 m 表示模型（model）。

同时，地震荷载作用下与模型土对应的原型土，$G/G_{max}\text{-}\gamma$ 关系应满足相似关系：

$$\left(\frac{G}{G_{max}}\right)_p = 1 - \frac{(\gamma_p/\gamma_{rp})^\alpha}{1+(\gamma_p/\gamma_{rp})^\alpha} \tag{4-15}$$

式中：下标 p 表示原型（prototype）。

定义动剪切模量比、剪应变和参考应变的相似常数分别如下：

$$C_{G/G_{max}} = \left(\frac{G}{G_{max}}\right)_m \bigg/ \left(\frac{G}{G_{max}}\right)_p$$

$$C_\gamma = \gamma_m/\gamma_p$$

$$C_{\gamma_r} = (\gamma_r)_m/(\gamma_r)_p$$

结合式（4-14）可以得到：

$$C_{G/G_{max}} \cdot \left(\frac{G}{G_{max}}\right)_p = 1 - \frac{(C_\gamma \cdot \gamma_p/C_{\gamma_r} \cdot \gamma_{rp})^\alpha}{1+(C_\gamma \cdot \gamma_p/C_{\gamma_r} \cdot \gamma_{rp})^\alpha} \tag{4-16}$$

对比式（4-15）和式（4-16）可以得到如式（4-17）所示的每个参数的相似比：

$$C_{G/G_{max}} = 1, \quad C_{\gamma} = 1, \quad C_{\gamma_r} = 1 \tag{4-17}$$

式（4-17）中动剪切模量比 G/G_{max}、剪应变 γ 和参考应变 γ_r 是控制土体动应力随动应变变化关系的主要参数，它们的相似可以保证模型土与原型土动力特性的相似。因此，在动荷载作用的每个时刻中，动剪切模量比 G/G_{max} 和剪应变 γ 均应该满足式（4-17）所示的相似比要求，这就要求原型土与模型土的 G/G_{max}-γ 曲线保持一致，这样在动荷载作用过程中，动剪切模量比 G/G_{max} 和剪应变 γ 才能满足相似比要求。在 Stokoe 模型中，与 G/G_{max}-γ 曲线唯一相关的物理量就是参考剪应变 γ_r，因此，为了保证模型土体与原型土体的 G/G_{max}-γ 关系满足相似比为 1 的条件，参考剪应变 γ_r 相似比必须满足为 1 的条件，这是模型土与原型土的动力特性保持相似的重要指标。

4.2.3 模型土动应力-动应变关系相似度评价体系

上节研究内容提出：考剪应变 γ_r 相似比是否为 1 是判定土体 G/G_{max}-γ 关系是否为 1 的依据。为了避免依据单一指标判定 G/G_{max}-γ 关系曲线的相似性时产生误差。本次研究又提出了通过相关系数、不均匀系数相似比和曲率系数相似比三个指标对 G/G_{max}-γ 曲线相似性进行验证。

1. 相关系数

相关系数是衡量两条曲线形状相似程度的物理量，在量化计算原型土和模型土动剪切模量比随剪应变变化关系曲线的相似程度时，选用下式所示的计算方式来判定两条曲线的相关系数：

$$\mathrm{Correl}(X,Y) = \frac{\sum(x-\bar{x})(y-\bar{y})}{\sqrt{\sum(x-\bar{x})^2 \sum(y-\bar{y})^2}} \tag{4-18}$$

式中：$\bar{x}$、$\bar{y}$ 分别为 x 和 y 的样本均值。

相关系数取值要求的大小取决于曲线的重要程度，一般来说，两条曲线的相关系数达到 0.85 以上时，才可以认为满足相似性的要求。

2. 不均匀系数和曲率系数相似比

相关系数满足要求可以保证曲线形状的一致性，但不能保证动剪切模量比随剪应变变化关系曲线上每一点的动剪切模量比值相似比均为 1，所以在参考应变和相关系数两个指标之外，还需增加以下两个指标来评判动剪切模量比随剪应变变化关系曲线的相似程度：不均匀系数 C_u 和曲率系数 C_c，其计算公式如式（4-19）所示：

$$C_u = \frac{\gamma_{0.8}}{\gamma_{0.2}}, \quad C_c = \frac{\gamma_{0.5}^2}{\gamma_{0.2} \cdot \gamma_{0.8}} \qquad (4\text{-}19)$$

式中　$\gamma_{0.8}$——剪切模量比 $G/G_{\max}$ 值为 0.8 时对应的剪应变取值；

　　　$\gamma_{0.5}$——剪切模量比 $G/G_{\max}$ 值为 0.5 时对应的剪应变取值；

　　　$\gamma_{0.2}$——剪切模量比 $G/G_{\max}$ 值为 0.2 时对应的剪应变取值。

可以看出，式（4-19）中的 C_u 和 C_c 值是由 $\gamma_{0.8}$、$\gamma_{0.5}$、$\gamma_{0.2}$ 决定的。在选取 $\gamma_{0.8}$、$\gamma_{0.5}$、$\gamma_{0.2}$ 三个关键应变点时，本节充分参考了当前研究成果，在文献[76]、[77]等提供的 $G/G_{\max}$-γ 曲线中，曲线斜率在 $G/G_{\max}$ 值为 0.8 时会急剧增大，在 $G/G_{\max}$ 值为 0.5 时斜率增加趋势由大转小，在 $G/G_{\max}$ 值为 0.2 时斜率急剧减小。将曲线中 $G/G_{\max}$ 值为 0.8 时对应的剪应变记为 $\gamma_{0.8}$，值为 0.5 时对应的剪应变取值记为 $\gamma_{0.5}$，值为 0.2 时对应的剪应变取值记为 $\gamma_{0.2}$。故本节选择 $\gamma_{0.8}$、$\gamma_{0.5}$、$\gamma_{0.2}$ 三个关键应变点作为计算曲线 C_u 和 C_c 的基本值。

C_u 和 C_c 均为无量纲量，相似比为 1。不均匀系数 C_u 反映了 $G/G_{\max}$ 随剪应变 γ 变化的分布情况，值越大，表明 $G/G_{\max}$ 衰减越快，其值为 1 可保证土体本构关系曲线均匀程度保持一致；曲率系数 C_c 反映了曲线的整体形态，其取值为 1 可保证土体本构关系曲线的整体形态保持一致。不均匀系数相似比 C_{Cu} 和曲率系数的相似比 C_{Cc} 的计算公式分别为：

$$\begin{cases} C_{Cu} = C_{u\mathrm{m}} / C_{u\mathrm{p}} \\ C_{Cc} = C_{c\mathrm{m}} / C_{c\mathrm{p}} \end{cases} \qquad (4\text{-}20)$$

3. 相似度评价体系

相关系数、不均匀系数相似比、曲率系数相似比这三个判定指标取值为 1 时，动剪切模量比随剪应变变化关系曲线的相关性、均匀程度、整体形态保持一致，而曲线的参考应变相似比取值为 1 又是保证动剪切模量比随剪应变变化关系曲线相似比为 1 的重要条件。至此，可以提出，原型土和模型土动剪切模量比随剪应变变化关系的相似度评价体系包含以下内容：

（1）参考应变相似比为 1。

（2）相关系数取值为 1。

（3）不均匀系数和曲率系数的相似比为 1。

满足以上三方面的内容，可以很好地保证土体的动剪切模量比随剪应变变化关系满足相似比为 1 的条件，而动剪切模量比随剪应变变化关系的相似比为 1 又能保证土体的非线性、滞后性和应变累积性的相似，进而保证土体动应力-动应变特性保持相似。

4.2.4 常见土的模量比与阻尼比曲线研究

1. 常见土动剪切模量比与剪应变关系的回归分析

本节着重分析国内外的黏土、粉质黏土、粉土、淤泥质土、砂土和岩石的动剪切模量与剪应变的关系，通过 R 软件的回归分析，给出了不同种类土及岩石的拟合参数。文中样本数据均来自具有一定影响力的期刊、学位论文及相关书籍，确保了原始数据的有效性。拟合完成后，分别就本书结果与 seed 推荐关系和规范值做了比较，这里需要强调的是国外是按照塑性指数 I_p 对黏性土进行分类，其界限分别为 $5 < I_p \leqslant 10$、$10 < I_p \leqslant 20$、$20 < I_p \leqslant 40$、$40 < I_p \leqslant 80$、$I_p > 80$，而国内则是按照塑性指数把黏性土分为粉土（$I_p \leqslant 10$）、粉质黏土（$10 < I_p \leqslant 17$）、黏土（$I_p > 17$），在做对比时，分别将 seed 提出的 $5 < I_p \leqslant 10$、$10 < I_p \leqslant 20$、$20 < I_p \leqslant 40$ 的模量比曲线与本节粉土、粉质黏土、黏土模量比的曲线进行比较。回归分析及比较结果见图 4-13 ~ 图 4-16。

下图中绿色线条代表本节的拟合曲线，红色虚线代表 seed 的平均曲线和上下限，蓝色曲线代表《工程场地地震安全性评价工作规范》（DB001—94）（以下简称 94 规范）推荐曲线。横坐标为剪应变，为标注方便，对剪应变取对数，因此本部分的横坐标为 $\lg \gamma$，纵坐标为动剪切模量与最大动剪切模量的比值。

图 4-13 代表的是黏土的动剪切模量比与剪应变关系的曲线，图中本节所得曲线（绿色曲线）的拟合方程为：$\dfrac{G}{G_{max}} = 1 - \left[\dfrac{(\gamma / \gamma_0)^B}{1 + (\gamma / \gamma_0)^B} \right]^A$，$A = 1.521$，$B = 0.618\,4$，$\gamma_0 = 0.000\,356\,8$。通过对本节拟合曲线的分析可以得出：随着剪应变的增加，黏土的动剪切模量比的取值逐渐减小。在剪应变较小时，动剪切模量比的衰减速率较慢，随着剪应变的增大，曲线逐渐变陡，其衰减速率明显增大，当剪应变增大到 10^{-2} 以上时，曲线渐渐趋于平缓，衰减现象越来越不明显。

通过对比 94 规范推荐曲线、seed 提出的黏性土动剪切模量比衰减关系曲线和本节拟合曲线可以看出：本节和 94 规范中的动剪切模量比衰减曲线较 seed 给出的平均曲线要低很多，仅在应变为 10^{-2} 左右时 seed 的平均曲线与本节拟合曲线相差不多，因为 seed 的推荐曲线代表着 20 世纪 80 年代国外此类黏性土动剪切模量衰减关系的平均曲线，所以，可以认为国内的黏土动剪切模量比取值较国外的取值小很多。

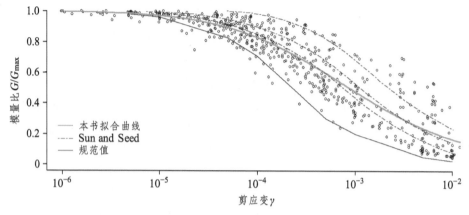

图 4-13　黏土的动剪切模量比和剪应变关系曲线

94 规范推荐曲线较本书的推荐曲线要低很多，在此采用（本书值 − 规范值）/本书值这个公式来衡量二者差值的大小，通过计算对比本书拟合曲线和推荐曲线，可以得出：剪应变为 10^{-2} 时，本书得到的黏土动剪切模量比结果为 0.167，和 seed 的推荐值相差不大；规范值为 0.025，比本书推荐值低 85%。当剪应变为 10^{-3} 时，本书得到的黏土动剪切模量比结果为 0.476；规范值为 0.2，比本书推荐值低 57.98%。当剪应变为 10^{-4} 时，本书得到的黏土动剪切模量比结果为 0.83；规范值为 0.71，比本书推荐值低 14.5%。当剪应变为 10^{-5} 时，本书得到的黏土动剪切模量比结果为 0.97；规范值为 0.96，与本书推荐值相差不多。表 4-3 为本书和规范值的对比结果。

表 4-3　本书和规范黏土的模量比推荐值比较结果

剪应变 $\gamma(\times10^{-4})$		0.05	0.1	0.5	1	5	10	50	100
G/G_{max}	本书值	0.983 76	0.970 44	0.893 97	0.829 27	0.595 06	0.475 68	0.237 78	0.166 6
	规范值	0.98	0.96	0.825	0.71	0.3	0.2	0.05	0.025
	差值/%	0.4	1	7.6	14.5	49.6	57.98	79	85

图 4-14 代表的是粉质黏土的动剪切模量比和剪应变关系曲线，图中本书曲线（绿色曲线）拟合方程为 $\dfrac{G}{G_{max}}=1-\left[\dfrac{(\gamma/\gamma_0)^B}{1+(\gamma/\gamma_0)^B}\right]^A$，$A=0.897\ 7$，$B=1.018\ 3$，$\gamma_0=0.000\ 733\ 1$。

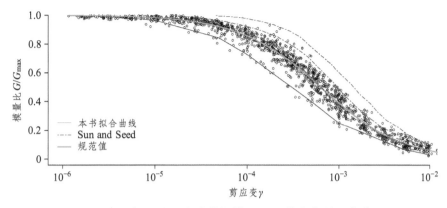

图 4-14 粉质黏土的动剪切模量比和剪应变关系曲线

对本书拟合曲线的分析可以得出：粉质黏土的动剪切模量比随剪应变的变化和黏性土模量比基本一致，均呈现随着剪应变的增加，动剪切模量比取值逐渐减小的趋势。在剪应变较小时，动剪切模量比的衰减速率较慢，随着剪应变的增大，其衰减速率增大，当剪应变增大到 10^{-2} 以上时，曲线渐渐趋于平缓，模量比取值逐渐接近下限。

对比图 4-14 中 94 规范曲线、seed 曲线和本书拟合曲线可以发现：本书拟合曲线与 seed 曲线的下限几乎接近重合，但本书拟合曲线和 94 规范曲线均比 seed 给出的平均曲线要低很多，仅在应变为 10^{-2} 左右时三者相差不多，因此，可以得出国内的粉质黏土动剪切模量比取值比国外的取值小。

从图 4-14 中可以看到 94 规范曲线比本书的推荐曲线要低很多，在此采用（本书值 – 规范值）/本书值这个公式来比较二者的差值，对比图中两条曲线可以得出：剪应变为 10^{-2} 时，本书得到的粉质黏土动剪切模量比结果为 0.059；规范值为 0.03，比本书推荐值低 49%。当剪应变为 10^{-3} 时，本书得到的粉质黏土动剪切模量比结果为 0.388；规范值为 0.25，比本书推荐值低 35.6%。当剪应变为 10^{-4} 时，本书得到的粉质黏土动剪切模量比结果为 0.86；规范值为 0.73，比本书推荐值低 15.1%。当剪应变为 10^{-5} 时，本书得到的粉质黏土动剪切模量比结果为 0.98；规范值为 0.97，与本书推荐值相差不多。表 4-4 为本书和规范值的对比结果。

表 4-4 本书和规范粉质黏土的模量比推荐值比较结果

剪应变 $\gamma(\times10^{-4})$		0.05	0.1	0.5	1	5	10	50	100
G/G_{max}	本书值	0.989 6	0.980 51	0.918 86	0.855 18	0.556 99	0.388 32	0.112 06	0.058 83
	规范值	0.98	0.97	0.84	0.73	0.4	0.25	0.07	0.03
	差值/%	0.97	1	8.58	15.1	28.2	35.6	37.5	49

图 4-15 代表的是粉土的动剪切模量比和剪应变关系曲线，图中本书所得曲线（绿色曲线）拟合方程为 $\dfrac{G}{G_{\max}}=1-\left[\dfrac{(\gamma/\gamma_0)^B}{1+(\gamma/\gamma_0)^B}\right]^A$ ，$A=0.609\,2$ ，$B=0.960\,3$ ，$\gamma_0=0.001\,376$ 。从本书拟合曲线可以看出：粉土的动剪切模量比随剪应变的变化呈现随剪应变的增加，模量比取值逐渐减小的趋势，其衰减速率随着剪应变的逐渐增大呈现先增大、后减小的趋势。

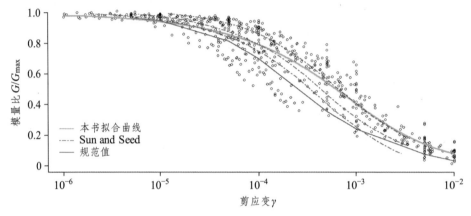

图 4-15　粉土的动剪切模量比和剪应变关系曲线

对比图 4-15 中 94 规范曲线、seed 曲线和本书拟合曲线可以发现：三条曲线在应变为 10^{-5} 以下时相差不多，在剪应变为 10^{-4} 以下和 10^{-3} 以上时，本书拟合曲线与 seed 曲线的几乎接近重合，在应变为 10^{-4} 以下时，本书拟合曲线比 seed 均值曲线略低，在应变为 10^{-4} 以上时，本书拟合曲线比 seed 均值曲线高很多。94 规范曲线比 seed 给出的曲线范围和本书拟合曲线要低，仅在应变为 10^{-3} 以上时处在 seed 曲线范围之内。

将图 4-15 中 94 规范曲线与本书的推荐曲线进行进一步对比，在此同样采用（本书值－规范值）/本书值这个公式对两条曲线进行比较，对比图中的两条曲线可以得出：剪应变为 10^{-2} 时，本书得到的粉土动剪切模量比结果为 0.081；规范平均值为 0.035，比本书推荐值低 56.8%。当剪应变为 10^{-3} 时，本书得到的粉土动剪切模量比结果为 0.407；规范值为 0.242 5，比本书推荐值低 40.4%。当剪应变为 10^{-4} 时，本书得到的粉土动剪切模量比结果为 0.794；规范值为 0.702，比本书推荐值低 11.6%。当剪应变为 10^{-5} 时，本书得到的粉土动剪切模量比结果为 0.944，规范值为 0.952 5，与本书推荐值相差不多。表 4-5 为本书和规范值的对比结果。

表 4-5   本书和规范粉土的模量比推荐值比较结果

剪应变 $\gamma(\times 10^{-4})$		0.05	0.1	0.5	1	5	10	50	100
$G/G_{\max}$	本书值	0.962 747	0.944 259	0.859 794	0.794 344	0.545 23	0.407 227	0.143 598	0.081 089
	规范值	0.972 5	0.952 5	0.814	0.702	0.358 5	0.242 5	0.077 5	0.035
	差值/%	−1	−0.8	5.3	11.6	34.2	40.4	46	56.8

图 4-16 代表的是淤泥质土动剪切模量比随剪应变变化的曲线，其中，94 规范曲线用蓝色曲线表示，本书拟合曲线用绿色曲线表示，拟合方程为

$$\frac{G}{G_{\max}} = 1 - \left[\frac{(\gamma/\gamma_0)^B}{1+(\gamma/\gamma_0)^B} \right]^A, \quad A = 1.334, \quad B = 0.775\ 3, \quad \gamma_0 = 0.000\ 270\ 9\text{。因为 seed}$$

对黏性土的分类标准是按照塑性指数进行划分的，对淤泥质土，并没有严格的塑性指数作为其衡量标准，所以本书在淤泥质土动剪切模量比与剪应变的关系对比中缺省了 seed 推荐的曲线。

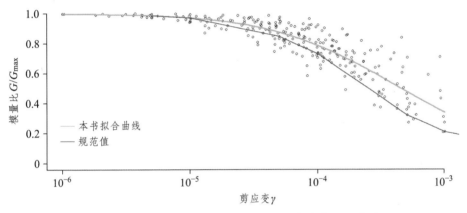

图 4-16   淤泥质土的动剪切模量比和剪应变关系曲线

对图 4-16 中所示淤泥质土动剪切模量比随剪应变衰减关系进行研究，可以得到以下结果：

（1）在小应变区域（应变为 10^{-5} 以下），规范曲线与本书拟合曲线相差不多，随着应变的逐渐增大，规范曲线与本书拟合曲线的差距逐渐变大，且规范中动剪切模量比的值比本书推荐值小很多。

（2）剪应变为 10^{-2} 时，本书得到的淤泥质土动剪切模量比结果为 0.076；规范值为 0.058，比本书推荐值低 23.7%。剪应变为 10^{-3} 时，本书得到的淤泥质土动剪切模量比结果为 0.339；规范值为 0.21，比本书推荐值低 38%。剪应变为 10^{-4} 时，本书得到的淤泥质土动剪切模量比结果为 0.785；规范值

为 0.73，比本书推荐值低 7%。剪应变为 10^{-5} 时，本书得到的淤泥质土动剪切模量比结果为 0.97；规范值为 0.97，与本书推荐值相同。表 4-6 为本书和规范值的对比结果。

表 4-6   本书和规范淤泥质土的模量比推荐值比较结果

剪应变 $\gamma(\times 10^{-4})$		0.05	0.1	0.5	1	5	10	50	100
G/G_{max}	本书值	0.984 841	0.970 18	0.873 405	0.785 094	0.475 429	0.338 665	0.123 998	0.075 898
	规范值	0.985	0.97	0.845	0.73	0.32	0.21	0.085	0.058
	差值/%	0	0	3.25	7	32.7	38	31.5	23.7

图 4-17 是砂土动剪切模量比随剪应变变化关系的衰减曲线，图中密实砂的 94 规范曲线用蓝色实线表示，中密砂规范曲线用黄色曲线表示，松砂规范曲线用紫色实线表示，绿色曲线表示本书的拟合曲线，其拟合方程为

$$\frac{G}{G_{max}} = 1 - \left[\frac{(\gamma/\gamma_0)^B}{1 + (\gamma/\gamma_0)^B} \right]^A, \quad A = 0.894\ 1, \quad B = 0.860\ 7, \quad \gamma_0 = 0.000\ 708\ 2，红色虚$$

线代表的是 seed 的推荐值范围。从这些曲线的变化趋势可以看出：砂土的动剪切模量比随剪应变的增加而逐渐减小，其衰减速率随着剪应变的逐渐增大呈现先增大、后减小的趋势。

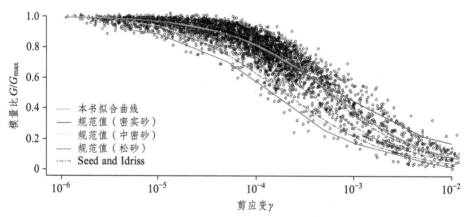

图 4-17   砂土的动剪切模量比和剪应变关系曲线

对图 4-17 中模量比随剪应变衰减关系曲线研究可以发现：本书砂土模量比的拟合曲线与 seed 推荐范围的上限相差不多，比 seed 的平均曲线高出很多，与规范密实砂的曲线在剪应变为 2×10^{-4} 以下时相差不大，在剪应变为 2×10^{-4} 以上时，本书动剪切模量比曲线衰减速率急剧增大，与中密砂和松

砂的规范曲线相比，本书拟合曲线要高出很多。

将图 4-17 中 94 规范的三条曲线与本书的推荐曲线进行进一步对比，在此同样采用(本书值 − 规范值)/本书值这个公式来衡量二者间差值的大小，对比图中两条曲线可以得出：剪应变为 10^{-2} 时，本书得到的砂土动剪切模量比结果为 0.083 5；密实砂的规范值为 0.174，比本书推荐值高 108%。剪应变为 10^{-3} 时，本书得到的砂土动剪切模量比结果为 0.392；密实砂的规范值为 0.448，比本书推荐值高 14.3%。剪应变为 10^{-4} 时，本书得到的砂土动剪切模量比结果为 0.81；密实砂的规范值为 0.805，比本书推荐值低 6.2%。剪应变为 10^{-5} 时，本书得到的砂土动剪切模量比结果为 0.963；密实砂规范值为 0.965，与本书推荐值相差不多。表 4-7 为本书和规范值的对比结果。

表 4-7　本书和规范密实砂的模量比推荐值比较结果

剪应变 $\gamma(\times10^{-4})$		0.05	0.1	0.5	1	5	10	50	100
G/G_{max}	本书值	0.978 173	0.963 163	0.880 807	0.809 619	0.534 094	0.391 562	0.141 448	0.083 487
	规范值	0.98	0.965	0.885	0.805	0.56	0.448	0.22	0.174
	差值/%	− 1	− 2	− 4.7	6.2	− 4.85	− 14.3	− 55.5	− 108

对回归样本的观察可以发现，试验点在规范密实砂曲线周围十分密集，表明本书所取得密实砂的试验点远多于中密砂和松砂，因此拟合曲线与密实砂十分接近。这也是中密砂和松砂的动剪切模量比远小于本书推荐值的原因。表 4-8 给出了中密砂和松砂规范值与本书推荐值的对比结果。

表 4-8　本书与规范中密砂、松砂的模量比推荐值比较结果

剪应变 $\gamma(\times10^{-4})$		0.05	0.1	0.5	1	5	10	50	100
G/G_{max}	本书值	0.978 17	0.963 16	0.880 81	0.809 62	0.534 09	0.391 56	0.141 45	0.083 49
	规范值(中密)	0.965	0.935	0.775	0.66	0.3	0.25	0.105	0.09
	规范值（松）	0.92	0.88	0.7	0.575	0.26	0.178	0.058	0.018
	差值/% 中密砂	1.35	2.92	12.01	18.48	43.83	36.15	25.77	− 7.80
	·松砂	5.95	8.63	20.53	28.98	51.32	54.54	59.00	78.44

在对岩石的动剪切模量比研究方面，由于测量仪器等原因，至今也未见比较权威的岩石动剪切模量比衰减关系曲线，而规范则建议所有岩石的动剪切模量比值均取为 1，这明显是有所欠缺的。本书通过对国内外现有试

验点的回归分析，得到了岩石模量比的拟合曲线，如图 4-18 所示，拟合曲线的方程为 $\dfrac{G}{G_{\max}} = 1 - \left[\dfrac{(\gamma/\gamma_0)^B}{1+(\gamma/\gamma_0)^B}\right]^A$，其中 $A = 0.374\ 3$，$B = 2.103$，$\gamma_0 = 0.002\ 059$。对岩石动剪切模量比的研究可以发现：在剪应变为 10^{-4} 以下时，岩石的动剪切模量比可以近似认为取值为 1；当剪应变大于 10^{-4} 时，模量比曲线衰减速度迅速变大；当剪应变等于 10^{-4} 时，岩石动剪切模量比值为 0.9；而当剪应变增大到 10^{-3} 时，其动剪切模量比的值仅为 0.474，但一般的岩石在剪应变为 10^{-3} 量级时已经接近破坏，所以从一定意义上来讲，94 规范值给出的模量比推荐值全部为 1，有一定的道理。当剪应变大于 10^{-3} 时，岩石的模量比继续急速减小，很快便衰减至 0，因此在本书的推荐值中，并未给出岩石动剪切模量比大于 10^{-3} 时的取值。关于岩石动剪切模量比详细取值见表 4-9。

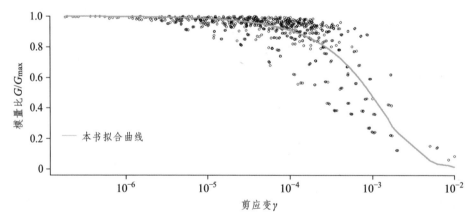

图 4-18　岩石的动剪切模量比和剪应变关系曲线

表 4-9　岩石动剪切模量比推荐值

剪应变 $\gamma(\times10^{-4})$	0.05	0.1	0.5	1	5	10
$G/G_{\max}$ 推荐值	0.991 278 4	0.984 944 7	0.946 526 5	0.907 739 1	0.678 087 2	0.474 304 7

总的来说，规范中给出的动剪切模量比与本书推荐值相差较大，表 4-10 列出了各类土及岩石的动剪切模量比规范值及本书推荐值。

表 4-10　各类土及岩石动剪切模量比推荐值

土类	参数		剪应变 $\gamma(\times 10^{-4})$							
			0.05	0.1	0.5	1	5	10	50	100
黏土	G/G_{max}	规范值	0.98	0.96	0.825	0.71	0.3	0.2	0.05	0.025
		推荐值	0.983 8	0.970 4	0.894	0.829 3	0.595 1	0.475 7	0.237 8	0.166 6
粉质黏土	G/G_{max}	规范值	0.98	0.97	0.84	0.73	0.4	0.25	0.07	0.03
		推荐值	0.989 6	0.980 5	0.918 9	0.855 2	0.557	0.388 3	0.112 1	0.058 8
粉土	G/G_{max}	规范值	0.972 5	0.952 5	0.814	0.702	0.358 5	0.242 5	0.077 5	0.035
		推荐值	0.962 7	0.944 3	0.859 8	0.794 3	0.545 2	0.407 2	0.143 6	0.081 1
砂土	G/G_{max}	规范值（密实）	0.98	0.965	0.885	0.805	0.56	0.448	0.22	0.174
		规范值（中密）	0.965	0.935	0.775	0.66	0.3	0.25	0.105	0.09
		规范值（松）	0.92	0.88	0.7	0.575	0.26	0.178	0.058	0.018
		推荐值	0.978 2	0.963 2	0.880 8	0.809 6	0.534 1	0.391 6	0.141 4	0.083 5
淤泥质土	G/G_{max}	规范值	0.985	0.97	0.845	0.73	0.32	0.21	0.085	0.058
		推荐值	0.984 8	0.970 2	0.873 4	0.785 1	0.475 4	0.338 7	0.124	0.075 9
基岩	G/G_{max}	规范值	1	1	1	1	1	1	1	1
		推荐值	0.991 3	0.984 9	0.946 5	0.907 7	0.678 1	0.474 3	—	—

2. 阻尼比和剪应变关系本构模型的选取

对于阻尼比的本构模型，很多人都提出了自己的观点，Hardin 等首先在试验中发现阻尼比与最大阻尼比之间可以用 $\lambda/\lambda_{max}=1-G/G_{max}$ 来表示，为了使该式有更好的实用性，可将其修正为 $\lambda/\lambda_{max}=(1-G/G_{max})^n$，其中 G/G_{max} 可由式（4-13）求出。Ishibashi 等[78]（1993）通过理论与试验研究提出了土的阻尼比与模量比之间的关系可以用式（4-21）来表示。

$$\lambda = \frac{0.333(1+e^{-0.014\,5 I_p^{1.3}})}{2}\left[0.586\left(\frac{G}{G_{max}}\right)^2 - 1.547\left(\frac{G}{G_{max}}\right)+1\right] \qquad (4\text{-}21)$$

式中，G/G_{max} 取值如式（4-22）与式（4-23），即：

$$G/G_{max}=1-H(\gamma) \qquad (4\text{-}22)$$

$$H(\gamma)=\left[\frac{(\gamma/\gamma_0)^{2B}}{1+(\gamma/\gamma_0)^{2B}}\right]^A \qquad (4-23)$$

之后，Borden 等[79]又提出了如式（4-24）所示的模型：

$$\lambda = 20.4(G/G_{max}-1)^2+3.1 \qquad (4-24)$$

Zhang 等[80]也提出了如式（4-25）所示的模型：

$$\lambda-\lambda_{min}=10.6(G/G_{max})^2-31.6(G/G_{max})+21 \qquad (4-25)$$

综合以上几种本构模型，可以发现，除去 Zhang 的模型需要多计算一项 λ_{min} 外，其余的都可以用 $\lambda=f(G/G_{max})=K_1(G/G_{max})^2+K_2(G/G_{max})+K_3$ 来表示。因此，本书选择用此关于 G/G_{max} 的多项式来拟合土及岩石的阻尼比。其中 G/G_{max} 的表达式见式（4-22）与式（4-23）。同样，为了使回归分析简化，本书把 $H(\gamma)$ 中的指数项 $2B$ 统一用 B 来代替。

3. 阻尼比和剪应变回归分析结果

本节着重分析了国内外的黏土、粉质黏土、粉土、淤泥质土、砂土和岩石的阻尼比与剪应变的关系。在回归结果中，分别就本书结果与 94 规范值做了比较，回归分析及比较结果见图 4-19。

图 4-19 中绿色曲线代表本书的拟合曲线，蓝色曲线代表 94 规范曲线。横坐标为剪应变，为标注方便，对剪应变取对数，因此本书的横坐标为 $\lg\gamma$，纵坐标为阻尼比的取值。seed 在分析土的阻尼比的时候，只给出了饱和黏土和砂土的阻尼比及其上下限，因此在做取值比较的时候，并未将黏土、粉质黏土、粉土和淤泥质土与 seed 的阻尼比推荐值做比较。

图 4-19 代表的是黏土阻尼比与剪应变关系曲线，图中本书曲线（绿色曲线）的拟合方程为：

$$\lambda = K_1\left\{1-\left[\frac{(\gamma/\gamma_0)^B}{1+(\gamma/\gamma_0)^B}\right]^A\right\}^2 + K_2\left\{1-\left[\frac{(\gamma/\gamma_0)^B}{1+(\gamma/\gamma_0)^B}\right]^A\right\} + K_3$$

$$K_1=0.136\ 6，\quad K_2=-0.361，\quad K_3=0.233\ 1$$

$$A=0.821\ 5，\quad B=0.618\ 4，\quad \gamma_0=0.000\ 356\ 8$$

对本书拟合曲线的分析可以得出：随着剪应变的增加，黏土的阻尼比取值逐渐增大。在剪应变较小时，阻尼比的增长速率较慢，随着剪应变的增大，曲线逐渐变陡，其增长速率逐渐增大，当剪应变增大到一定程度时，曲线渐渐趋于平缓，增长速率又逐渐减小。

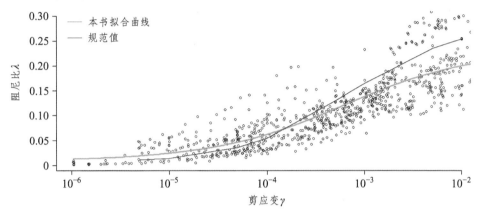

图 4-19　黏土的阻尼比和剪应变关系曲线

对比 94 规范推荐曲线和本书拟合曲线可以看到：规范值与本书推荐值相差较大。剪应变小于 $2×10^{-4}$ 时，本书推荐值比规范值略大；在剪应变大于 $2×10^{-4}$ 时，本书推荐值比规范值小很多，在此采用（本书值 – 规范值）/本书值这个公式来衡量二者差值的大小。计算对比图 4-19 中两条曲线，可以得出：在剪应变为 10^{-2} 时，本书得到的黏土的阻尼比结果为 0.2；规范值为 0.254，比本书推荐值高 27%。剪应变为 10^{-3} 时，本书得到的黏土阻尼比结果为 0.139；规范值为 0.165，比本书推荐值高 18.7%。剪应变为 10^{-4} 时，本书得到的黏土阻尼结果为 0.063；规范值为 0.056，比本书推荐值低 11.1%。剪应变为 10^{-5} 时，本书得到的黏土阻尼比结果为 0.025；规范值为 0.015，比本书推荐值低 40%。表 4-11 为本书和规范值的对比结果。

表 4-11　本书和规范黏土的阻尼比推荐值比较结果

剪应变 $\gamma(×10^{-4})$		0.05	0.1	0.5	1	5	10	50	100
阻尼比（λ）	本书值	0.020 136	0.025 194	0.047 216	0.062 994	0.114 194	0.138 785	0.186 457	0.200 495
	规范值	0.012	0.015	0.037	0.056	0.13	0.165	0.235	0.254
	差值/%	40.40	40.46	21.64	11.10	− 13.84	− 18.89	− 26.03	− 26.69

图 4-20 代表的是粉质黏土的动剪切模量比和剪应变关系曲线，图中本书曲线（绿色曲线）拟合方程为：

$$\lambda = K_1 \left\{ 1 - \left[\frac{(\gamma/\gamma_0)^B}{1+(\gamma/\gamma_0)^B} \right]^A \right\}^2 + K_2 \left\{ 1 - \left[\frac{(\gamma/\gamma_0)^B}{1+(\gamma/\gamma_0)^B} \right]^A \right\} + K_3$$

$K_1 = 0.097\ 57$ ， $K_2 = -0.257\ 6$ ， $K_3 = 0.166\ 5$

$A = 1.008\ 22$ ， $B = 0.587\ 8$ ， $\gamma_0 = 0.000\ 131\ 3$

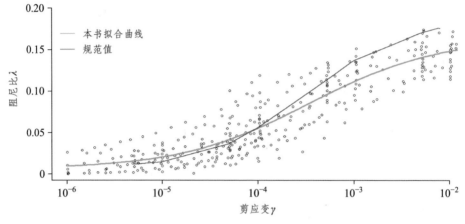

图 4-20　粉质黏土的阻尼比和剪应变关系曲线

对本书拟合曲线的分析可以看出：粉质黏土的阻尼比随剪应变的变化和黏性土阻尼比基本一致，均呈现随着剪应变的增加，阻尼比取值逐渐减小的趋势。在剪应变较小时，阻尼比的增长速率较慢，随着剪应变的增大，其增长速率增大，当剪应变增大到一定值时，曲线渐渐趋于平缓，阻尼比取值逐渐接近上限。

对图 4-20 中粉质黏土阻尼比的研究得出：规范值与本书推荐值相差较大。在剪应变为 10^{-4} 以下时，本书推荐值比规范值略大；在剪应变为 10^{-4} 以上时，本书推荐值比规范值小很多。

采用公式（本书值 – 规范值）/本书值将两条曲线的取值进行对比，可以得出：在剪应变为 10^{-2} 时，本书得到的粉质黏土的阻尼比结果为 0.148；规范值为 0.18，比本书推荐值高 21.49%。剪应变为 10^{-3} 时，本书得到的粉质黏土阻尼比结果为 0.111 5；规范值为 0.137，比本书推荐值高 22.88%。剪应变为 10^{-4} 时，本书得到的粉质黏土阻尼比结果为 0.055 4；规范值为 0.056，比本书推荐值高 1.05%。剪应变为 10^{-5} 时，本书得到的粉质黏土阻尼比结果为 0.02；规范值为 0.015，比本书推荐值低 27.49%。表 4-12 为本书和规范值的对比结果。

表 4-12　本书和规范粉质黏土的阻尼比推荐值比较结果

剪应变 $\gamma(\times10^{-4})$		0.05	0.1	0.5	1	5	10	50	100
阻尼比 （λ）	本书值	0.015 874	0.020 686	0.041 451	0.055 419	0.095 007	0.111 495	0.140 255	0.148 162
	规范值	0.012	0.015	0.037	0.056	0.112	0.137	0.17	0.18
	差值/%	24.40	27.49	10.74	−1.05	−17.89	−22.88	−21.21	−21.49

图 4-21 代表的是粉土的阻尼比和剪应变关系曲线，图中本书所得曲线（绿色曲线）拟合方程为：

$$\lambda = K_1 \left\{ 1 - \left[\frac{(\gamma/\gamma_0)^B}{1+(\gamma/\gamma_0)^B} \right]^A \right\}^2 + K_2 \left\{ 1 - \left[\frac{(\gamma/\gamma_0)^B}{1+(\gamma/\gamma_0)^B} \right]^A \right\} + K_3$$

$$K_1 = 0.097\ 57 ，\quad K_2 = -0.257\ 6 ，\quad K_3 = 0.166\ 5$$

$$A = 0.580\ 1 ，\quad B = 0.854\ 2 ，\quad \gamma_0 = 0.000\ 567\ 1$$

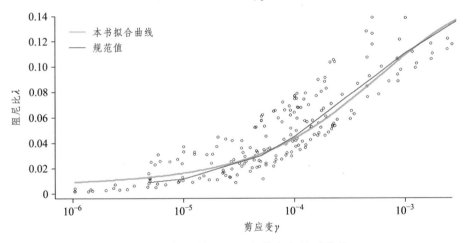

图 4-21　粉土的阻尼比和剪应变关系曲线

从本书拟合曲线可以看出：粉土的阻尼比随剪应变的变化呈现随剪应变的增加，阻尼比取值逐渐增加的趋势，其增长速率随着剪应变的逐渐增大呈现先增大、后减小的趋势。

对比图 4-21 中两条曲线可以看出：虽然粉土的试验数据较少，但 94 规范曲线与本书推荐曲线吻合较好，几乎没有偏差，仅在剪应变为 10^{-4} 以下时，本书推荐值比规范值略大，在剪应变为 10^{-4} 到 10^{-3} 之间时，本书推荐值比规范值略小。

同样，本书采用（本书值 – 规范值）/本书值这个公式来衡量二者间差值的大小，通过计算对比图 4-21 中 94 规范曲线和本书拟合曲线可以得出：在剪应变为 10^{-2} 时，本书得到的粉土的阻尼比结果为 0.155；规范值为 0.157，比本书推荐值高 1.52%。剪应变为 10^{-3} 时，本书得到的粉土阻尼比结果为 0.11；规范值为 0.111，比本书推荐值高 1.1%。剪应变为 10^{-4} 时，本书得到的粉土阻尼比结果为 0.043 7；规范值为 0.045，比本书推荐值高 2.88%。剪应变为 10^{-5} 时，本书得到的粉土阻尼比结果为 0.016 5；规范值为 0.012 5，比本书推荐值低 24.26%。表 4-13 为本书和规范值的对比结果。

表 4-13　本书和规范粉土的阻尼比推荐值比较结果

剪应变 $\gamma (\times 10^{-4})$		0.05	0.1	0.5	1	5	10	50	100
阻尼比（λ）	本书值	0.013 301	0.016 504	0.031 656	0.043 74	0.087 89	0.109 666	0.146 384	0.154 654
	规范值	0.008 5	0.012 5	0.030 5	0.045	0.091	0.111	0.148	0.157
	差值/%	36.10	24.26	3.62	− 2.88	− 3.54	− 1.22	− 1.10	− 1.52

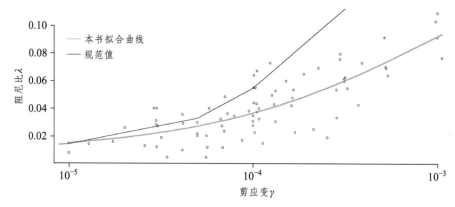

图 4-22　淤泥质土的阻尼比和剪应变关系曲线

图 4-22 代表的是淤泥质土的阻尼比与剪应变关系的曲线。比较 94 规范淤泥质土的阻尼比曲线和本书的拟合曲线可以发现，拟合曲线与规范曲线相差很大，这是因为淤泥质土本身是一种特殊土，其自身性质较大的离散性导致了阻尼比试验点的离散性很大，且以往专门研究淤泥质土阻尼比的试验较少，这就使本书获得的试验点较少，同时也直接影响了拟合结果的准确性，这是本书推荐曲线与 94 规范曲线有很大差别的主要原因。因此，对于淤泥质土的阻尼比，本书的拟合结果参考意义不大，在以后的工作中还有待完善。下面给出本书拟合曲线的方程：

$$\lambda = K_1 \left\{ 1 - \left[\frac{(\gamma/\gamma_0)^B}{1+(\gamma/\gamma_0)^B} \right]^A \right\}^2 + K_2 \left\{ 1 - \left[\frac{(\gamma/\gamma_0)^B}{1+(\gamma/\gamma_0)^B} \right]^A \right\} + K_3$$

式中　　　　　$K_1 = 0.097\ 57$，$K_2 = -0.257\ 6$，$K_3 = 0.166\ 5$

　　　　　　　$A = 0.610\ 021$，$B = 0.767\ 3$，$\gamma_0 = 0.000\ 885\ 3$

　　图 4-23 是砂土的阻尼比与剪应变变化关系的曲线，图中绿色曲线是本书的拟合曲线，其拟合方程为：

$$\lambda = K_1 \left\{ 1 - \left[\frac{(\gamma/\gamma_0)^B}{1+(\gamma/\gamma_0)^B} \right]^A \right\}^2 + K_2 \left\{ 1 - \left[\frac{(\gamma/\gamma_0)^B}{1+(\gamma/\gamma_0)^B} \right]^A \right\} + K_3$$

式中　　　　　$K_1 = 0.097\ 57$，$K_2 = -0.257\ 6$，$K_3 = 0.166\ 5$

　　　　　　　$A = 0.270\ 07$，$B = 1.62$，$\gamma_0 = 0.000\ 715\ 6$

　　红色虚线代表的是 seed 的阻尼比取值范围，蓝色、黄色、紫色实线分别代表 94 规范中密实砂、中密砂和松砂的阻尼比曲线。从这些曲线的变化趋势可以看出：砂土的阻尼比随剪应变的增加而逐渐增大，其增大速率随着剪应变的增大而呈现先增大、后减小的趋势。

　　对图 4-23 中阻尼比随剪应变变化关系曲线的研究可以发现：在剪应变小于 10^{-3} 时，本书砂土阻尼比的拟合曲线与 seed 推荐的均值曲线相差不多，当剪应变高于 10^{-3} 时本书拟合曲线中阻尼比变化趋势是逐渐趋于平稳，而 seed 推荐曲线中阻尼比增长速度变化不大。出现这种现象的原因是：砂土阻尼比试验点的离散性很大，在小应变区域试验点密集，大应变区域试验点稀疏，因此小应变区域的大多数点控制了整个曲线的走向，这就导致了在大应变区域回归曲线与试验点相差较大，所以在描述砂土阻尼比变化曲线时，最好以 10^{-3} 为界，采用分段函数对试验点进行回归分析，但由于时间仓促，只能在以后的工作中对此项工作加以完善。

　　对比本书推荐曲线与 94 规范曲线可以发现：剪应变小于 10^{-4} 时本书拟合曲线更接近 94 规范中密砂的阻尼比曲线，剪应变大于 2×10^{-4} 时本书拟合曲线比 94 推荐曲线偏高，但总体的变化趋势是一致的。

　　将图中 94 规范的三条曲线与本书的推荐曲线进行进一步对比，在此采用（本书值 – 规范值）/本书值这个公式来衡量二者间差值的大小，计算对比图中两条曲线可以得出：在剪应变为 10^{-2} 时，本书得到的砂土的阻尼比结果为 0.165 5；密实砂规范值为 0.124，比本书推荐值低 25.09%；中密砂规范值为 0.13，比本书推荐值低 21.47%；松砂规范值为 0.15，比本书推荐值低 9.39%。

剪应变为 10^{-3} 时，本书得到的砂土阻尼比结果为 0.137 8；密实砂规范值为 0.1，比本书推荐值高 27.45%；中密砂规范值为 0.103，比本书推荐值低 25.27%；松砂规范值为 0.125，比本书推荐值低 9.31%。剪应变为 10^{-4} 时，本书得到的砂土的阻尼比结果为 0.049 6；密实砂规范值为 0.035，比本书推荐值低 29.49%；中密砂规范值为 0.045，比本书推荐值低 9.35%；松砂规范值为 0.065，比本书推荐值高 30.95%。剪应变为 10^{-5} 时，本书得到的砂土的阻尼比结果为 0.014 87；密实砂规范值为 0.005，比本书推荐值低 66.37%；中密砂规范值为 0.006，比本书推荐值低 59.65%；松砂规范值为 0.015，比本书推荐值高 0.88%。表 4-14 为本书和规范值的对比结果。

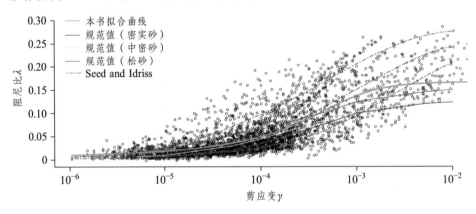

图 4-23　砂土的阻尼比和剪应变关系曲线

表 4-14　本书和规范砂土的阻尼比推荐值比较结果

剪应变 $\gamma(\times 10^{-4})$			0.05	0.1	0.5	1	5	10	50	100
γ	本书值		0.014 869	0.018 442	0.035 334	0.049 639	0.109 903	0.137 83	0.163 611	0.165 541
	规范值（密实）		0.005	0.007	0.02	0.035	0.08	0.1	0.12	0.124
	规范值（中密）		0.006	0.01	0.03	0.045	0.088	0.103	0.124	0.13
	规范值（松）		0.015	0.022	0.056	0.065	0.104	0.125	0.145	0.15
	差值 /%	密实砂	66.37	62.04	43.40	29.49	27.21	27.45	26.66	25.09
		中密砂	59.65	45.78	15.09	9.35	19.93	25.27	24.21	21.47
		松砂	− 0.88	− 19.29	− 58.49	− 30.95	5.37	9.31	11.38	9.39

图 4-24 代表的是岩石阻尼比和剪应变关系的曲线，图中蓝色曲线是 94 规范推荐曲线，绿色曲线是本书拟合曲线，拟合方程为：

$$\lambda = K_1 \left\{ 1 - \left[\frac{(\gamma/\gamma_0)^B}{1+(\gamma/\gamma_0)^B} \right]^A \right\}^2 + K_2 \left\{ 1 - \left[\frac{(\gamma/\gamma_0)^B}{1+(\gamma/\gamma_0)^B} \right]^A \right\} + K_3$$

式中　　　　　$K_1 = 0.063\,42$，$K_2 = -0.167\,4$，$K_3 = 0.108\,2$

　　　　　　　$A = 0.610\,1$，$B = 1.007\,3$，$\gamma_0 = 0.002\,404$

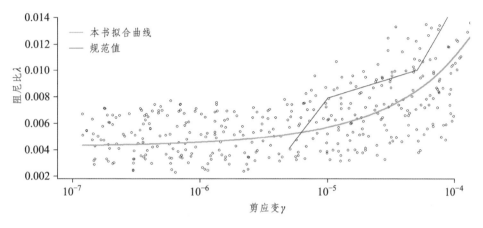

图 4-24　岩石的阻尼比和剪应变关系曲线

对岩石阻尼比的研究得到以下结果：

（1）图 4-24 所示的规范曲线是由规范给出的散点连接而成的折线，所以呈现无规则状态，而本书的推荐曲线是一条连贯的函数曲线，虽然岩石阻尼比试验点离散性很大，但拟合效果较好。

（2）利用公式（本书值 – 规范值）/本书值来对比两条曲线间差值的大小，可以得出：在剪应变为 10^{-2} 时，本书得到的岩石阻尼比结果为 0.088 77；规范值为 0.046，比本书推荐值低 48.18%。剪应变为 10^{-3} 时，本书得到的岩石阻尼比结果为 0.037 6；规范值为 0.03，比本书推荐值低 20.12%。剪应变为 10^{-4} 时，本书得到的岩石阻尼比结果为 0.011 1；规范值为 0.015，比本书推荐值高 35.54%。剪应变为 10^{-5} 时，本书得到的粉质黏土阻尼比结果为 0.005 69；规范值为 0.008，比本书推荐值高 40.49%。表 4-15 为本书和规范值的对比结果。

表 4-15　岩石动剪切模量比推荐值

剪应变 $\gamma(\times 10^{-4})$		0.05	0.1	0.5	1	5	10	50	100
阻尼比 λ	本书值	0.005 167	0.005 694	0.008 475	0.011 067	0.025 39	0.037 597	0.075 612	0.088 766
	规范值	0.004	0.008	0.01	0.015	0.02	0.03	0.036	0.046
	差值/%	22.59	− 40.49	− 17.99	− 35.54	21.23	20.21	52.39	48.18

　　总的来说，94 规范中给出的阻尼比与本书推荐值相差较大，表 4-16 列出了各类土及岩石的动剪切模量比规范值及本书推荐值。

表 4-16　各类土及岩石阻尼比推荐值

土类	参数		剪应变 $\gamma(\times 10^{-4})$							
			0.05	0.1	0.5	1	5	10	50	100
黏土	λ	规范值	0.012	0.015	0.037	0.056	0.13	0.165	0.235	0.254
		推荐值	0.020 14	0.025 19	0.047 22	0.062 99	0.114 19	0.138 78	0.186 46	0.200 5
粉质黏土	λ	规范值	0.012	0.015	0.037	0.056	0.112	0.137	0.17	0.18
		推荐值	0.015 87	0.020 69	0.041 45	0.055 42	0.095 01	0.111 49	0.140 26	0.148 16
粉土	λ	规范值	0.008 5	0.012 5	0.030 5	0.045	0.091	0.111	0.148	0.157
		推荐值	0.013 3	0.016 5	0.031 66	0.043 74	0.087 89	0.109 67	0.146 38	0.154 65
砂土	λ	规范值（密实）	0.005	0.007	0.02	0.035	0.08	0.1	0.12	0.124
		规范值（中密）	0.006	0.01	0.03	0.045	0.088	0.103	0.124	0.13
		规范值（松）	0.015	0.022	0.056	0.065	0.104	0.125	0.145	0.15
		推荐值	0.014 87	0.018 44	0.035 33	0.049 64	0.109 9	0.137 83	0.163 61	0.165 54
淤泥质土	λ	规范值	0.03	0.035	0.055	0.077	0.137	0.165	0.22	0.235
		推荐值	0.012 72	0.015 42	0.027 58	0.037 02	0.072 9	0.092 84	0.133 84	0.145 44
基岩	λ	规范值	0.004	0.008	0.01	0.015	0.02	0.03	0.036	0.046
		推荐值	0.005 17	0.005 69	0.008 48	0.011 07	0.025 39	0.037 6	0.075 61	0.088 77

4.3 动力响应特性相似的模型土设计方法

4.3.1 模型土设计概述

根据上两节的内容，我们确定了在研究土的动力响应时，保证原型土和模型土动应力动应变关系的相似是振动台试验模型土设计的关键。为此，从循环荷载作用下土体的动应力动应变关系出发，提出参考剪应变 γ_r 的相似比为 1 是保证模型土体与原型土体的 G/G_{max}-γ 关系满足相似比为 1 的必要条件，也是模型土与原型土的动力特性保持相似的关键指标。本节将以参考应变为主要参数，以动三轴试验为主要手段，对模型土的配制过程进行介绍。

4.3.2 模型土的动三轴试验

为了获得和原型土性质相似的模型土，开展了动三轴试验的研究。试验原型场地土质为粉质黏土，上节内容给出了粉质黏土 Stokoe 模型中参考应变取值为 0.000 65，参考应变的相似比为 1，因此，本次动三轴试验的目的是通过配比试验得到参考应变约为 0.000 65 的模型土。本部分试验以黏土与河砂的质量比为 1∶1.5、含水率为 14% 的土为对象开展动三轴试验研究。

1. 试样的制作

1）动三轴土样的制备

首先要对配制好的模型土含水量进行调节。测得土的风干含水率后，即可根据公式计算出 m 克风干模型土含水率达到 13.95% 时所需加水的质量 m_w：

$$m_w = \frac{m}{1+0.01w_h} \times 0.01(w-w_h)$$ （4-26）

式中　m_w——风干土达到一定含水量所需的加水质量；

　　　m——风干土的质量；

　　　w_h——风干含水率；

　　　w——土样要求含水率。

根据以上所得的结果，取一定量的风干模型土，加水拌和后即可得到所需土样。制备好的模型土样见图 4-25。

图 4-25　制备好的模型土样

　　试样密封 36 h 后，对模型土样的含水量进行测量，《土工试验方法标准》（GB/T 50123—1999）规定[81]：当试样含水率小于 40%时，试样放置后的含水率与试验设计含水率测定的差值不得大于 1%。试样放置后试样含水率 13.67%，与试验设计含水率 13.95% 相差 0.28%，小于 1%，符合标准。

　　2）试样的制备

　　本次制备试样的模具底面积是 39.1 mm²，高 80 mm，体积 96 cm³，模型土的设计密度是 1.9 g/cm³，每个试件的质量是 182.4 g。安装试样如图 4-26 所示。

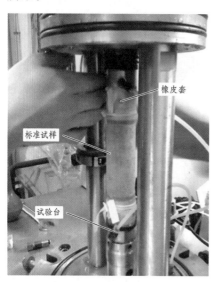

（a）　　　　　　　　　　　　　　　　　（b）

图 4-26　固定试样与注水完毕后的动三轴试验装置

2．试验条件的确定

1）动力条件

动三轴试验主要是模拟动力作用的波形、方向、频率和持时。本次试验确定的幅值如表 4-17。谐波的等效循环数 N_c 按地震的震级确定（6.5、7、7.5、8 级时循环次数分别为 8、12、20、30 次），因为本次试验对象为重要场地，所以等效循环次数选择八级地震对应的 30 次。本次试验中，为了验证地震动频率对土和岩石动剪切模量比和阻尼比取值的影响规律，频率分别选为 0.5 Hz、1 Hz、1.5 Hz、2 Hz。

2）应力条件

对试样施加围压的大小是根据土层的天然应力状态给定的，试验应力状态应尽可能真实地反映 3 m 左右深度的土层在地震荷载作用下的状态，而模型土层的重度 $\gamma = 19 \ kN/m^3$，地震前作用的应力 $\sigma_0 = \gamma_z = 57 \ kN/m^3$，所以可以认为 50 kPa 围压下所测得的试验数据能较准确地反映模型土的真实参数，故试验围压定为 50 kPa。试样破坏标准设置为 5%，即动应变为 0.05 时，认为试样已破坏，以上几点即为本次动三轴试验的应力条件。经过综合分析后可以确定试验方案如表 4-17 所示。

表 4-17　模型土动三轴试验方案

序号	试验类型	固结比（K_c）	频率/Hz	围压/kPa	幅值/N	加载级数/级	每级振动次数/次	破坏级次/[级(次)]
1	动三轴	1	0.5	50	5、10、15、20、25、30、35、40	8	30	6（24）
2		1	1	50	5、10、15、20、25、30、35、40	8	30	7（14）
3		1	1.5	50	5、10、15、20、25、30、35、40	8	30	7（24）
4		1	2	50	5、10、15、20、25、30、35、40	8	30	7（28）

4.3.3　模型土参考应变值的计算

对上述模型土样进行试验，可以得到模型土的动三轴试验数据，得到的全部试验数据和 Stokoe 模型的拟合曲线如图 4-27 所示，其形式为：

$$\frac{G}{G_{\max}} = \frac{1}{1+(\gamma/\gamma_{\mathrm{r}})^{\alpha}}$$

最终拟合结果 $\gamma_{\mathrm{r}} = 0.000\ 62$ ， $\alpha = 0.83$ 。

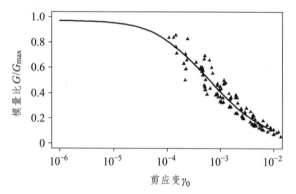

图 4-27　模型土的动剪切模量比随剪应变的变化关系

4.3.4　模型土设计效果评价

所配制的模型土材料不可能与原型材料的动应力动应变特性完全保持一致，但相差太大也不能作为最优的相似材料配比，因此，需要利用上节所提出的评价体系对本次振动台试验模型土的性质进行评价。

1. 参考应变

原型土的参考应变值为 0.000 65，模型土的参考应变值为 0.000 62，相似度为 95.2%，可以认为二者的相似比满足取值为 1 的条件。

2. 相关系数

相关系数的原型曲线和模型曲线的表达式分别为：

$$\frac{G}{G_{\max}} = \frac{1}{1+(\gamma/\gamma_{\mathrm{r}})^{0.000\ 65}} , \quad \frac{G}{G_{\max}} = \frac{1}{1+(\gamma/\gamma_{\mathrm{r}})^{0.000\ 62}} \qquad （4-27）$$

经过计算，两条曲线相关系数是 0.998，因此，原型土与模型土剪切模量比曲线的形状是一致的。

3. 不均匀系数相似比和曲率系数相似比

曲线不均匀系数 C_u 和曲线的曲率系数 C_c 依据公式对原型土和模型土的

不均匀系数和曲率系数进行计算,计算结果如下:原型土不均匀系数为 0.015,曲率系数为 1.246;模型土不均匀系数为 0.014 2,曲率系数为 1.184。根据以上结果可以计算得到不均匀系数相似比和曲率系数相似比分别为:

$$\begin{cases} C_{Cu} = C_{u\text{m}}/C_{up} = 0.95 \\ C_{Cc} = C_{c\text{m}}/C_{cp} = 0.95 \end{cases} \tag{4-28}$$

由上述结果可知:原型土及模型土的不均匀系数相似比 C_{Cu} 和曲率系数相似比 C_{Cc} 符合其取值为 1 的要求。

从上述研究成果可知:参考应变、相关系数、不均匀系数相似比、曲率系数相似比四个指标相似比为 1,可以保证动剪切模量比随剪应变变化关系曲线的相关性、均匀程度和整体形态保持一致,同时还能保证关键点剪应变取值保持一致,而 $G/G_{\max}$-γ 关系曲线的相似性又可以保证原型土和模型土动应力动应变关系的相似。至此,可以认为本书所配制的模型土完全可以满足动力特性相似的要求,将用于地下管线与土相互作用的振动台试验。

4.4　破坏特性相似的振动台试验模型土设计方法

4.4.1　概　述

含软弱夹层土质滑坡是一种常见的滑坡形式,本节以含软弱夹层土质滑坡为例进行破坏性振动台试验模型土设计方法的探讨。以往的设计方法中,描述模拟原型土体的剪切破坏状态时,一般采用整体相似模拟设计路线,这种方法需要将含软弱夹层土质滑坡所有物理力学参数进行统一考虑,这种设计路线没有考虑滑坡内部各部分在物理力学性质上的差异性,在设计土体时也不容易分清主次参数,这样就造成了破坏性振动台试验模型土体设计的失真。因此在设计破坏性振动台试验模型土时,本书提出了破坏性振动台试验模型土体的分离相似设计方法,将破坏性土体系统模型由下而上拆分为三个互相影响的部分:基岩部分、剪切破坏面部分、整体滑动土体部分。之后根据第 3 章提出的分离相似理论对破坏性土体系统模型的三个部分根据各自的物理力学性质分别进行相似设计,对原型土的破坏过程进行力学分析,找出控制土体破坏过程的物理参量,之后将这些物理参量作为基本参量,由基本参量导出其他影响土体性质的次要参量,再根据所求出各参量的相似常数对破坏性振动台试验模型土进行相似设计,详细过程见下文所述。

4.4.2 含软弱夹层土质滑坡动力响应系统参数分析

地震未发生时，滑坡体仅受重力作用，重力起到的效果可分解为平行于潜在滑带方向的下滑力 F_1、垂直于潜在滑带方向的压力 F_2，另外滑坡体还受到潜在滑带下层土体表面提供的平行于潜在滑带的摩擦阻力 f，此时滑力 $F_s = F_1$，$f = kF_2$，滑力 F_s 和抗滑力 F_R 达到受力平衡，土体保持稳定。地震发生时，震源发出的地震波首先传播至基岩位置，然后基岩将地震波传递至滑坡上部的滑带和滑体内（地震波波速为 V_s）。在地震波的作用下，滑体受到水平方向的惯性力作用，该作用的效果可分解为平行于潜在滑带方向的下滑力 F_3、垂直于潜在滑带方向的拉力 F_4，此时下滑力 $F_s = F_1 + F_3$，抗滑力 $F_R = f + F_4$，摩擦阻力 $f = k(F_2 + F_4)$。当潜在滑动土体的下滑力 F_s 大于潜在滑裂面土体表面提供的抗滑力 F_R 时，土体发生剪切破坏，这也是震害发生时土体的典型受力特点。根据以上对地震作用下滑坡的受力分析可知，地震发生时，土质滑坡破裂过程的地震反应分析模型可分为三部分：基岩部分为第一部分，主要作用是将地震波传递至滑坡上部的滑带和滑体，反映基岩传播地震波的主要参数是剪切波速 V_s；剪切破坏面部分为第二部分，剪切破坏面将地震波传递至滑体，反映剪切破坏面的主要参数是土体的动态抗剪强度 τ_f；剪切破坏面上方滑体部分为第三部分，反映滑体的主要参数是惯性力 ma 和重力 mg。这样三部分组成土质滑坡破裂过程的地震反应分析模型，依据此模型对地震作用下的模型土相似材料进行设计。

对含软弱夹层土质滑坡的振动台试验进行参数分析，所有相关的物理力学参数有：重力加速度 g、几何尺寸 L、密度 ρ、剪切模量 G、剪应力 τ、剪应变 γ、参考应变 γ_r、倾角 θ、剪切波速 V_s、动黏聚力 c、动摩擦角 φ、力 F、质量 m、应力 σ、应变 ε、加速度 a、时间 t、静摩擦系数 μ、动抗剪强度 τ_f。输入地震动的参数包括有：加速度时程的增幅 a、持续时间 t 和频率成分 ω。

进行分离相似分析，与基岩相似设计有关的物理参量为几何尺寸 L、密度 ρ、重力加速度 g、剪切波速 V_s、剪切模量 G。与软弱夹层相似设计有关的物理参量为几何尺寸 L、密度 ρ、重力加速度 g、剪应力 τ、剪应变 γ、剪切模量 G、动黏聚力 c、动摩擦角 φ、力 F。与积覆土层相似设计有关的物理参量为几何尺寸 L、密度 ρ、重力加速度 g、力 F、质量 m、加速度 a、静摩擦系数 μ、倾角 θ。输入地震动的参数包括有：加速度时程的增幅 a、持续时间 t 和频率成分 ω。

将以上所有物理参数进行整理，形成包含各物理参数的量纲方程：

$$f(L,\rho,g,\tau,G,\gamma,\gamma_\mathrm{r},\theta,V_\mathrm{s},c,\varphi,F,m,\sigma,\varepsilon,\alpha,t,\mu,\tau_\mathrm{f},\omega)=0 \qquad (4\text{-}29)$$

利用量纲分析法得到原型与模型的相似关系，采用[L]、时间[T]、质量[M]为基本量纲，将特征方程中所有单值条件物理量用基本量纲表示，用矩阵法导出用基本量纲表示的其他物理量。

得到各物理量相似比之间的数学关系后，在各物理量中选定 3 个物理量作为基本参量，并根据试验条件确定基本参数的相似比。之后根据基本参数的相似比，推导得到其他参数的相似比。在本次破坏性模型土设计中，为了后续推导方便，选取几何尺寸 L 为基本参量，考虑到振动台试验条件的限制，确定几何尺寸 L 的相似常数 $C_L = 70$。另外，在常规振动台试验中（ $l\text{-}g$ shaking table），模型的重力加速度 g 即为现实普通条件下的加速度 g，那么可以选取重力加速度 g 为基本参量，同时可得出重力加速度 g 的相似常数为 $C_g = 1$。同时在振动台模型试验中，为了使试验更贴近现实，尽量使原型土和模型土的重力场一致，那么在重力加速度 g 的相似常数为 $C_g = 1$ 的情况下，原型和模型的密度 ρ 也应保持一致，因此密度 ρ 也应选取为基本参量，且密度 ρ 的相似常数为 $C_\rho = 1$。

4.4.3 破坏性振动台试验模型土分离相似设计

整体土质滑坡模型根据物理力学性质可以分为 3 个子系统：基岩、软弱夹层和积覆土层。基岩在地震动作用时会将地震波传递到上方土层，以剪切波速 V_s 为控制参量。与基岩相似设计有关的物理参量为 L、ρ、g、V_s、G（表 4-18）。

表 4-18 基岩模型参量及其相似常数

物理量	相似常数
几何尺寸 L	$C_L = 70$
密度 ρ	$C_\rho = 1$
重力加速度 g	$C_g = 1$
剪切波速 V_s	$C_{V_\mathrm{s}} = 8.37$
剪切模量 G	$C_G = 70$

软弱夹层通常是一个边坡破坏的启动面，由抗剪强度所控制。与软弱夹层相似设计有关的物理参量为 L、ρ、g、τ、γ、G、c、φ、F（表 4-19）。

表 4-19 剪切破坏面模型参量及其相似常数

物理量	相似常数
几何尺寸 L	$C_L = 70$
密度 ρ	$C_\rho = 1$
重力加速度 g	$C_g = 1$
剪应力 τ	$C_\tau = 70$
剪应变 γ	$C_\gamma = 1$
剪切模量 G	$C_G = 70$
动黏聚力 c	$C_C = 70$
动摩擦角 φ	$C_\varphi = 1$
力 F	$C_F = 343\,000$

上方积覆土层发生整体性运动，会对破裂面产生拉裂作用效应，同时，上方土体重力引起体向下滑动力之外，上方土体与剪切破坏面之间的阻尼对土体向下滑动有阻滞作用。与积覆土层相似设计有关的物理参量为 L、ρ、g、F、m、a、μ、θ（表 4-20）。

表 4-20 积覆土层模型参量及其相似常数

物理量	相似常数
几何尺寸 L	$C_L = 70$
密度 ρ	$C_\rho = 1$
重力加速度 g	$C_g = 1$
力 F	$C_F = 343\,000$
质量 m	$C_m = 343\,000$
加速度 a	$C_a = 1$
摩擦系数 μ	$C_\mu = 1$
倾角 θ	$C_\theta = 1$

4.4.4 破坏性振动台试验模型土相似材料设计过程

根据前述破坏性振动台试验模型土设计方法，对土质滑坡模型内各部分分别选取基本参量和导出参量,对破坏性典型振动台试验-土质滑坡模型土进行分离相似设计以及配制,下面即对破坏性典型振动台试验模型土设计实例进行说明。

1. 原型概况

本书所选破坏性振动台试验模型土的案例是基于土质滑坡模型的,针对此类模型,选取凤凰山某边坡作为试验原型,该边坡第一层为人工填土,第二层为粉质黏土碎块石,第三层为强风化泥质页岩,第四层为中风化泥质页岩,第五层为中风化粉砂质页岩。第一层至第五层厚度分别为 3 m、6 m、8 m、20 m、55 m,第一层至第五层重度分别为 21 kN/m^3、20 kN/m^3、22 kN/m^3、23.5 kN/m^3、23.5 kN/m^3。原型边坡全景如图 4-28 所示。

图 4-28　原型边坡全景

2. 基岩相似材料设计

基岩部分相似设计的目标是使模型基岩相似材料能对凤凰山中风化粉砂质页岩在地震下的动力响应特性进行准确模拟,根据对基岩部分的分析,基岩在地震动作用时会将地震波传递到上方土层,故本次基岩设计选择表征地震波传递的参数剪切波速 V_s 为控制参数,剪切波速 V_s 与土体的动剪切模量 G 之间关系可由下式表达:

$$G = \rho V_s^2 \qquad (4\text{-}30)$$

式中:剪切模量 G 的相似比为尺寸相似比 C_L;密度 ρ 相似比为 1;剪切波速 V_s 的相似比为 $\sqrt{C_L}$。

在周期循环荷载的作用下,岩体的动剪切模量比 G/G_{max} 是随着土体剪应变变化而变化的,而土体的剪切模量 G 和剪切波速 V_s 是相关的,那么在振动台试验中岩体的剪切波速 V_s 也是会随着振动过程的进行而不断改变的。为了达成基岩部分相似设计的目标，必须保证在振动台试验中岩体的剪切波速V_s时刻与原型基岩的动力特性保持相似，这就需要动剪切模量比G/G_{max}随剪应变γ的变化关系、最大动剪切模量G_{max}和基岩密度ρ时刻保证相似。

当岩体相似材料的最大剪切模量G_{max}、动剪切模量比G/G_{max}和密度ρ与凤凰山中风化粉砂质页岩符合相似关系时，岩体相似材料的剪切波速V_s在振动台试验中也将满足和原型的相似关系，从而所设计的岩体相似材料能对凤凰山中风化粉砂质页岩在地震下的动力响应特性进行精确模拟。而在Stokoe模型中，动剪切模量比G/G_{max}随剪应变γ变化关系曲线形状主要由参考应变γ_r决定。所以，基岩相似材料设计的关键参数在于最大剪切模量G_{max}、参考应变γ_r和密度ρ。根据基岩相似材料和凤凰山中风化粉砂质页岩相似比要求，基岩原型和相似材料相似参数计算如表4-21所示。

表4-21　基岩原型和相似材料相关参数

参　数	密度 $\rho/(kg/m^3)$	最大剪切模量 G_{max}/MPa	参考应变 γ_r	剪切波速 $V_s/(m/s)$
相似比	1	70	1	8.37
原　型	2 350	1 332	0.001 8	744.98
相似材料	2 350	19.03	0.001 8	89

本次基岩相似材料选取为重庆地区的黏土，密度为$1.9 \sim 2.2$ g/cm^3。土质滑坡模型采用重庆黏土、石膏、重晶石粉和水来配制模型土的基岩部分。鉴于基岩相似原材料的多样性，以及由此带来的平行试验中较多的各物理参数水平数，采用正交试验法对基岩相似材料配比进行探究，第1次正交试验设计的主要变量为基岩相似材料的质量比，选用3因素4水平方案。配置好各平行试验的试验后，对各组试样分别进行动三轴试验。在各动三轴试验中获得各试样的最大动剪切模量G_{max}、参考应变γ_r和密度ρ，试验结束后对结果进行统计分析，得到不同原材料配比下基岩相似材料最大动剪切模量G_{max}、参考应变γ_r和密度ρ的变化情况，对统计出的各组变化情况总结分析，以期对第2次正交试验进行指导。第2次配比试验根据第1次正交试验的结果，继续缩小正交试验因变量的数值区域，不断试验优化，从而确定最终用于振动台试验的基岩相似材料各原材料的配比。

正交试验设计的主要因变量为基岩相似材料原材料的质量比，亦即重庆黏土、重晶石粉、石膏质量比，配比方案试验如表4-22所示。

表 4-22　相似材料原材料的质量比

试验组数	黏土	重晶石粉	石膏
1	7	2	2
2	7	3	3
3	7	4	4
4	7	5	5
5	8	2	3
6	8	3	4
7	8	4	5
8	8	5	2
9	9	2	4
10	9	3	5
11	9	4	2
12	9	5	3
13	10	2	5
14	10	3	2
15	10	4	3
16	10	5	4

注：为了在拌和原材料时使含水率满足要求，需要在试验开始前对各成分开
展含水率测试试验，本试验最终确定含水率为 14%。

在本次试验中，开展动三轴试验和配制好基岩相似材料之间有 7 d 的时
间差，那么在这 7 d 内为了保证基岩相似材料不会变质，需要将提前配置好
的基岩相似材料进行养护，养护方法如图 4-29 所示。动三轴试验的荷载幅值
设定在 10 ~ 80 N，每 10 N 一个荷载级别，共计 8 个荷载级别。荷载类型为
水平剪切波，频率为 1 Hz，周期循环次数设置为 30 次，试验中判定模型土
发生剪切破坏的限值为模型土动应变超过 5%。

图 4-29　试样制备

根据第 1 次正交试验的结果，得到不同原材料配比下基岩相似材料最大动剪切模量 G_{max}、参考应变 γ_r 和密度 ρ 的变化情况，之后继续缩小正交试验因变参量的数值区域，继续开展第 2 次配比试验。岩体原型的材料参数为：密度 2 350 kg/m³，初始剪切模量 1 332 MPa，参考应变 γ_r 为 0.001 8。根据正交试验结果，基岩相似材料最终配比确定为重庆黏土：重晶石粉：石膏 = 5：3：2（质量比）。

3. 软弱夹层试验设计

软弱夹层原型为强风化泥质页岩，在原型土所在场地采集软弱夹层土样，对这些土样进行物理力学性质土工试验，黏聚力 c 约为 19 kPa，内摩擦角 φ 约为 30°，根据原型试验土的水泥比配制软弱夹层相似材料。

以 70 的相似常数对原型土缩尺后，模型土的黏聚力 c 为 271 kPa，内摩擦角 φ 相似常数 1。因此需要配制出黏聚力 c 很小、内摩擦角为 30° 的模型土。通过直剪试验配制符合条件的软弱夹层模拟材料。

经过直剪试验测定，模型软弱夹层可采用黏聚力 c 接近于 0、摩擦角为 35° 的粗砂作为模型夹层。

4. 积覆土层试验设计

与积覆土层相似设计有关的物理参量为 L、ρ、g、F、m、a、μ、θ。除几何尺寸 L、力 F、质量 m 相似常数不为 1 外，其余物理参量密度 ρ、重

力加速度 g、加速度 a、摩擦系数 μ、倾角 θ 相似常数皆为 1，因此根据相似体系，模型中采用原状土作为振动台模型试验土即可满足所有参数相似比要求。原型第一层为人工填土，第二层为粉质黏土碎块石，这两层均视为积覆土层，第一层人工填土的重度为 21 kN/m³，第二层粉质黏土夹碎块石的重度为 20 kN/m³。

本节以土质滑坡模型为例对破坏性振动台试验模型土的设计理论和方法进行了研究，根据试验要求，选取的原型为凤凰山某边坡，提出了破坏性振动台试验模型土体的分离相似设计方法，将破坏性土体系统模型由下而上拆分为三个互相影响的部分：基岩部分、剪切破坏面部分、整体滑动土体部分。之后根据分离相似理论对破坏性土体系统模型的三个部分依据各自的物理力学性质分别进行相似设计，为之后开展破坏性振动台试验奠定了理论基础，也对其他类型的破坏性振动台试验提供了一定的参考意义。

4.5 破坏性振动台试验模型相似材料设计方法验证

为了验证上节提出设计方法的合理性，开展了凤凰山某边坡场地破坏性振动台试验。在振动台试验中，常用的模型箱有以下几种：刚性模型箱加柔性内衬、层状剪切模型箱、柔性模型箱等。刚性模型箱边界面对振动波的反射较强，其边界作用往往会较大影响振动台的试验结果，为了减小边界作用造成的模型试验失真，可在刚性模型箱壁内衬吸波材料（如橡胶等）。

根据本试验模型尺寸及刚度情况，制作便于观察试验现象的一侧透明刚性模型箱，其中钢板为四壁，型钢为支撑，侧面配有有机玻璃。刚性模型箱边界效应较为明显，在模型箱四周内衬泡沫板和海绵，在荷载方向的模型箱壁上布置厚度为 50 mm 的泡沫垫层，减小试验中振动波在模型箱边界上的反射，增强试验结果可信度，如图 4-30 所示。

模型箱壁对土体的摩擦也会对试验结果造成影响，本试验中模型箱壁材料为光滑的钢板，因此可以不考虑这一问题。

在凤凰山某边坡选取 315 m×91 m×91 m 的区域作为试验原型，根据试验场地的限制以及 3.2 节和 3.3 节的研究，模型土几何尺寸相似常数为 70，那么本试验中模型土的几何尺寸为 4.5 m×1.3 m×1.3 m，观察原型坡度，对模型土的坡度进行处理。综上考虑，模型箱的几何尺寸选定为 6 m× 2.5 m×2.2 m。

图 4-30　模型箱构造及泡沫垫层的设置示意

　　布置传感器时容易造成物理含义上的人为结构面，影响整个模型的物理力学性质和动力特性，因此布置传感器时要控制数量，在满足试验数据采集要求的前提下尽量少布置传感器。

　　对于传感器的布置方案，文献里有大量的研究者们提供的经验，在确定传感器布置方案时应充分考虑这些经验，使传感器的布置能更好地采集和统计振动台模型土的动力响应数据。

　　本次试验选用激光位移计为 CD33-250NV 位移计，分辨率 75 μm，线性度 ±0.1%F.S.，测量范围（250±150）mm，生产公司为上海思信科学仪器有限公司；加速度传感器有两种，分别为江苏东华公司生产和日本进口；应变片型号为 BE120-4BB，应变阻值（120.3±0.3）Ω，为陕西汉中公司生产。如图 4-31 所示为激光位移计。

图 4-31　激光位移计的安装

　　激光位移计分两组布测，其中含水率为天然状态的为一组，编号为 D1～D9，含水率为饱和状态的为一组，编号为 D10～D18。D1～D18 分为三层，均匀布置于模型坡体。

应变带也分两组布置，其中含水率为天然状态的为一组，组内两条应变带分别布置于模型中部以及坡体模型拐角处，编号为 S1～S14；含水率为饱和状态的为一组，组内两条应变带布测位置同上，编号为 S17～S32。

加速度传感器布测位置在坡体模型的两个纵向剖面上，每个纵向剖面布置三列加速度传感器，具体位置如下所述：坡体模型边界处纵向均匀布置 5 个加速度传感器；在坡体模型坡面中心线处，纵向均匀布置 4 个加速度传感器；在振动台中心线位置纵向布置 5 个加速度传感器。除此之外，还需要考虑在振动台试验条件下，坡体模型内部加速度相对于坡体原型所处自然场地的差异，那么就在坡体模型的坡脚处各布置 1 个加速度传感器。与激光位移计和应变带的布置类似，加速度传感器的布置也需考虑土体含水率的不同，加速度传感器也分两组布置，其中含水率为天然状态的为一组，编号为 A1～A30，水率为饱和状态的为一组，编号为 A31～A60。（注：采集数据以 A1～A15、A31～A45 号传感器为主，A16～A30、A46～A60 号传感器主要用于修正数据。）

传感器具体布测位置如图 4-32 所示。模型地层分布如图 4-33 所示。

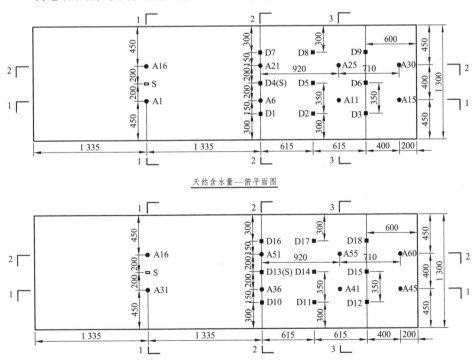

天然含水量—俯平面图

饱和含水量—俯平面图

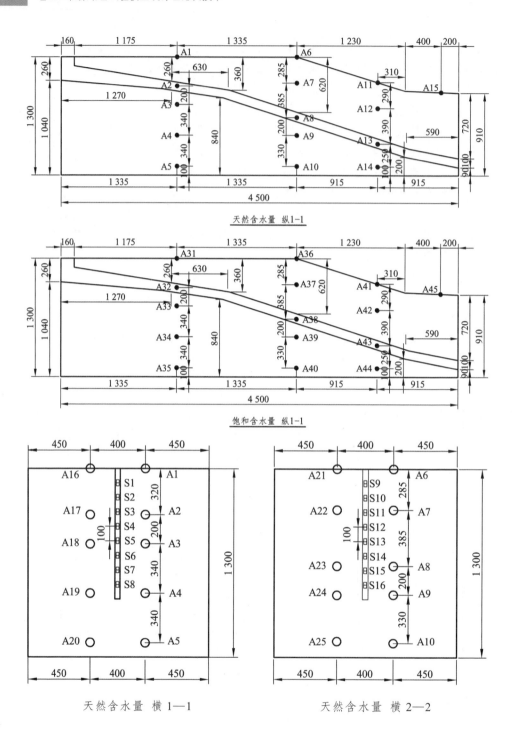

天然含水量 纵1-1

饱和含水量 纵1-1

天然含水量 横1—1

天然含水量 横2—2

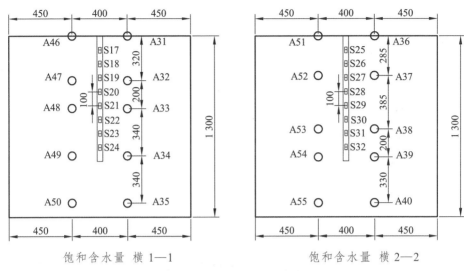

饱和含水量 横1—1　　　　　饱和含水量 横2—2

图 4-32　场地振动台试验元器件的布置

图 4-33　模型地层分布

在本试验中，模拟材料包括基岩模拟材料、软弱夹层模拟材料、积覆土层模拟材料。

1．基岩模拟材料

根据正交试验结果，基岩相似材料最终配比确定为重庆黏土：重晶石粉：石膏＝5：3：2（质量比）。配制好基岩相似材料后放进模型箱内，分层打夯压实，保证每层土体的重度符合设计方案，如图4-34所示。

重庆黏土　　　　　　　　　石膏　　　　　　　　　重晶石粉

图 4-34　基岩相似材料

2. 软弱夹层模拟材料

坡体模型内软弱夹层由河砂和水拌和而成，如图 4-35 所示。

图 4-35　试验所用河砂及软弱夹层示意

3. 积覆土层模拟材料

积覆土层模拟材料选取原型土，即凤凰山某边坡土体，含水率 23%，如图 4-36 所示。

图 4-36 积覆土层及成型后全貌

加载地震波及加载工况如下:振动台每次加载过程中有 7 种加载工况,第 1 个工况为白噪声,这一工况幅值为 0.05g,在白噪声环境下检测坡体模型的自振频率,得到坡体模型的初始动力响应特性;第 2 个工况为 EL Centro 地震波,工况幅值为 0.15g,测试坡体模型在 EL Centro 地震波作用下的动力响应特性;第 3 个工况为汶川地震清屏波,工况幅值为 0.15g,测试坡体模型在汶川地震清屏波作用下的动力响应特性;第 4 个工况为白噪声,检测地震波作用过后坡体模型的自振频率;第 5 个工况和第 6 个工况分别为 EL Centro 波和汶川清屏波,幅值均为 0.33g,测试坡体模型在 0.33g 地震波作用下的动力响应特性;第 7 个工况为幅值为 0.05g 的白噪声测试。在每次施加地震波荷载之间做好数据记录工作,如表 4-23 和图 4-37~图 4-40 所示。

表 4-23　振动台试验加载工况

工况序号	记录文件名称	施加地震波类型	幅值	压缩比
1	WN-1	白噪声	0.05g	
2	EL-1	EL Centro 地震波	0.15g	8.37
3	WC-1	汶川地震清屏波	0.15g	8.37
4	WN-2	白噪声	0.05g	
5	EL-2	EL Centro 地震波	0.33g	8.37
6	WC-2	汶川地震清屏波	0.33g	8.37
7	WN-3	白噪声	0.05g	

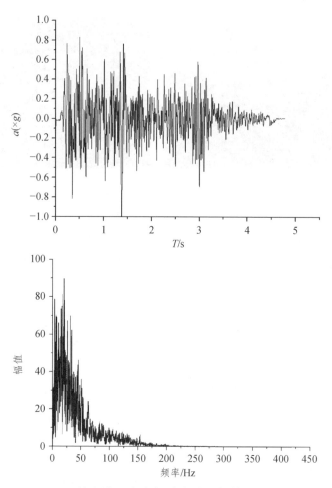

图 4-37　EL Centro 地震波 X 方向加速度时程与傅氏谱（归一化为 $1g$）

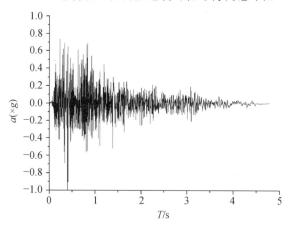

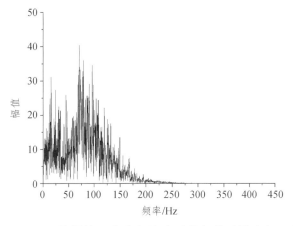

图 4-38　EL Centro 地震波 Z 方向加速度时程与傅氏谱（归一化为 $1g$）

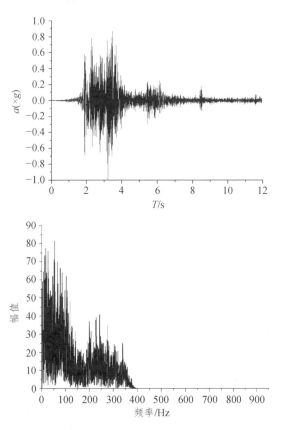

图 4-39　汶川地震清屏地震波 X 方向加速度时程与傅氏谱（归一化为 $1g$）

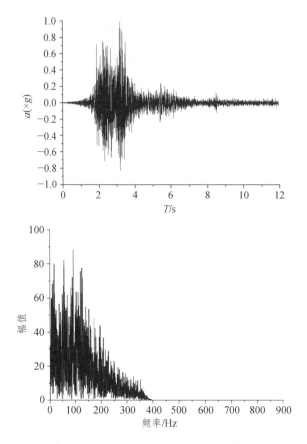

图 4-40　汶川地震清屏地震波 Z 方向加速度时程与傅氏谱（归一化为 $1g$）

在所述 7 个工况依次施加后，模型箱中坡体模型尚未发生剪切破坏，因此加大荷载继续观察。继续施加的工况为正弦波，按 $0.05g$ 的幅值递增，当工况幅值达到 $0.6g$ 时，坡体模型发生剪切破坏。观察箱体如图 4-41 所示。

图 4-41　观察箱体

坡体模型破坏时的具体现象如图 4-42、图 4-43 所示。

图 4-42 破坏过程

图 4-43 破坏现象

根据坡体模型破坏现象，可绘出示意图如图 4-44、图 4-45 所示。

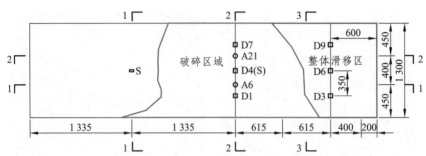

图 4-44　破坏区域模拟图（平面）

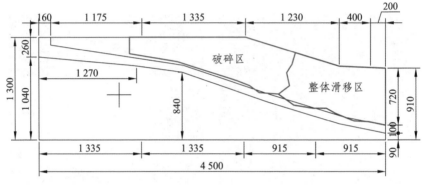

图 4-45　破坏区域模拟图（剖面）

破坏现象如下：

坡体模型的破坏部分可分为破坏区和整体滑移区两个部分，这两个部分都在软弱夹层上方。

破碎区在远离模型箱壁一侧破碎程度较大，空间尺寸占比为 52%，在模型箱壁附近破碎程度小，空间尺寸占比为 33%，整个破碎区面积约占平台总面积的 37%，在形状上破坏曲面总体上呈不规则分布。

整体滑移区沿软弱夹层面向下滑落，在整体滑移区内部分布着一些裂缝。

试验模型振动台试验破坏模式表现为拉裂—剪切—滑移以及拉裂—剪切—破碎两种形式。

在加载工况不断加大至 0.6g 时，积覆土层逐渐开始松动，另外由于加速度有垂直放大效应，坡体模型的斜面位置逐渐出现拉应力裂隙，积覆土层变得更加不稳定。在荷载作用下，坡体模型的坡面部分出现应力集中现象，使得坡体内部的压张裂隙不断扩展，造成破碎区的分离，之后，随着持续的地震波作用，积覆土层和软弱夹层中的裂隙贯通，在惯性力的作用下积覆土层沿着软弱夹层面向下滑动，这一滑动的部分即为整体滑移区。另外，积覆土层受到惯性力和重力影响，土体相互高速碰撞而破碎，形成破碎区域。

对于土质滑坡原型，李安洪等[82]对顺层边坡进行了大量研究，总结出顺层边坡的 8 种破坏模式。徐光明等[83]研究了基岩上有软弱夹层的边坡模型，根据其研究，边坡破坏时土体会沿着软弱夹层滑动破坏。董金玉[84]等设计并制作了一个坡角大于岩层倾角的顺层边坡模型，试验模型几何尺寸为 $1.6 \text{ m} \times 1.75 \text{ m} \times 0.8 \text{ m}$，在振动台上进行模型试验，其所总结的边坡模型地震破坏模式为：地震动开始—坡肩拉裂张开—坡面中部出现裂缝—裂缝贯通—坡体高位发生滑坡—产生碎屑流—滑坡土体堆积坡脚。

综上所述，含软弱夹层顺层土质边坡在地震动作用下的破坏模式常见为拉裂—剪切—滑移式。对比通过本书所述破坏性振动台试验的试验模拟的破坏现象，证明了整个破坏性振动台模型土分离相似设计方法合理。

4.6 液化特性相似的模型土设计方法

4.6.1 砂土液化特性机理分析

美国土木工程师协会岩土工程分会土动力学委员会 1978 年对"液化"一词的定义是："任何物质转化为液体的行为或过程。"[85]1936 年，Casagrande 最早试图用临界孔隙比的概念解释砂土的液化现象[86]。1966 年，Seed 和 Lees 首次在饱和密砂固结不排水动三轴试验中证明了循环流动性的存在，提出了"初始液化"的概念[87]。我国学者对液化土的研究始于 20 世纪 60 年代。1961 年，黄文熙在国内最早提出了用动三轴试验研究砂土液化的途径[88]。1964 年，汪闻韶对饱和砂土振动孔隙水压力产生、扩散与消散方面进行了研究[89]。1997 年，汪闻韶指出了初始剪应力对液化的影响[90]，开辟了我国土动力和抗震工程的研究领域。

液化，泛指土体在现场表现出的各种类似液体性态的现象，人们对这一点的认识并不存在分歧。但是，在对土体液化机理的认识，却有着不同的观点。美国西部的 Seed、Idriss 等人和美国东部的 Casagrande、Cadtro 和 Dobry 等人的研究成果可视为两种观点的典型代表。一种以 Seed、Idriss 为代表的观点[91]，即从液化的应力状态出发，强调液化标志着土的法向有效应力等于零，土不具有任何抵抗剪切的能力。另一种是以 Casagrande 和 Dobry 为代表，强调土的液化流动特征的观点。认为工程中的破坏，归根结底表现为过量的位移、变形或应变，而不完全取决于应力条件，研究液化问题的核心是防止土体出现具有液化性态的流动破坏，而不在于必须达到初始液化的应力条件。综上所述，饱和砂土的液化机理大致可分为流滑（Flow Slide）、循环活动性（Cyclic Mobility）和砂沸（Sand Boil）三种类型[92]：

（1）流滑，即"实际液化"，是疏松而排水不畅的饱和砂土在单程剪切或循环剪切作用下发生不可逆的体积持续剪缩，孔隙水压力单程上升和抗剪强度骤降而造成无限制的流动大变形。地震时，这种现象大都发生在海岸或河岸以及土坝的饱和砂土边坡中。

（2）循环活动性，也被称为"循环液化"。中密以上的饱和砂土在循环剪切作用下，当剪应变较小时有剪缩现象，引起孔隙水压力上升；随着剪应变的增大，又会出现剪胀现象，此时孔隙水压力相应下降。剪缩与剪胀交替作用下引起孔隙水压力时升时降而造成的间歇性液化和有限制的流动性变形现象即为循环活动性。

（3）砂沸，即当砂土下部孔隙水压力达到或超过上覆砂层和水的重量时，砂土就会因丧失颗粒之间的摩擦阻力而上浮，承载能力也全部丧失。砂沸主要来自渗透水压力的作用，在土力学中常把它列入渗透稳定问题的范畴，但从它的物质状态评价也属于液化范围，常见于地面无载荷的天然条件下的砂层，也可发生于开挖基坑底面。其主要取决于土中渗流水头场的分布，可以是无地震液化情况的正常渗流水头场，也可以是地震造成土中孔隙水压力变化后的非正常渗流水头场。

上述三种液化机理虽然是从不同的角度描述了液化问题，但是它们之间又有一定联系，应该全面考虑。

4.6.2 液化模型试验土的选取

当前研究人员对液化类振动台试验用土的选取主要以原型土为主。陈国兴等[93]利用南京细砂对主震、余震作用下地铁车站结构地震破坏特性进行了研究；凌贤长等在模拟唐山地震中倒塌的胜利桥原型时，采用了普通上海黄砂作为振动台试验的模型砂[94]，开展了1/10模型的自由场地基液化的大型振动台模型试验研究，再现了自然地震触发地基砂土液化的各种主要宏观震害现象。同济大学王天龙等[95]在研究砂和粉土的液化特性时，采用了福建标准砂和上海内环线工地砂作为模型试验用砂；黄春霞等[96]选用了北京细河砂对饱和砂土的大型振动台试验技术进行了试验研究。众多研究成果表明，利用原型砂进行模型试验可以取得较为满意的效果，所以在进行液化类模型试验时，可直接采用原型场地的砂土，同时需要保证原型土及模型土的颗粒级配、相对密实度和孔隙水压力尽量满足相似要求。

4.6.3　模型的成形过程

用扰动土制备模拟地震液化的模型地基，需满足：① 试样充分饱和；② 试样内部均匀；③ 控制干密度。

目前，振动台液化试验制备饱和土样的方法主要有水沉法和干装法两种。

1．水沉法

先在模型箱内加入一定量的水，然后将风干砂在箱口高度处筛落至模型箱中。继续加水，装下一层，直到预定标高为止。制备过程中保持箱内水面始终高于土面适当距离，以使砂土全部浸没在水中，达到饱和。

2．干装法

称取一定质量的砂土，装入试验箱，并且均匀捣实，达到预定体积为止。继续称量砂土，重复以上工作，直到达到预定高度。然后把试验箱的顶盖封好，对试验箱抽真空，当真空度达到不低于 95 kPa 时，从试验箱底部的进水管向砂土中缓慢注水，使砂土充分饱和，直到水面超过砂面。停止注水 2 h后，吸去试样顶部多余的水至砂样面与水面齐平，将砂面刮平，测记砂样表面与箱底的垂直距离，计算出砂土的体积，由于干砂的质量已知，即可得到实际制得的饱和砂土的干密度。

试验结果表明：水沉法制成土样的饱和度比干装法要稍高。但是水沉法制备土样的密实度与水面浸没土样表面的高度有关系，实际操作中较难控制其达到试验要求。

4.7　波传播特性相似的模型基岩设计方法

4.7.1　基岩设计的关键参数及其相似比

土及岩石介质传播地震波的特性常用场地的剪切波速来表示，剪切波速与土体的动剪切模量之间存在的关系可由式（4-30）表示。保证参考应变、最大动剪切模量、密度满足相似比的要求是模型基岩配制的关键参数。本节以第 3 章所示地下管线与土动力相互作用振动台试验为例，在第 4 章破坏性振动台试验基岩相似材料设计的基础上，对基岩相似设计过程进行详细说明。根据地下管线与土动力相互作用振动台试验案例相似比要求，可以得到岩体原型和相似材料各关键参数的取值如表 4-24 所示。

表 4-24　软岩原型和相似材料相关参数

参　数	密度/(kg/m³)	初始剪切模量 G_{max} /MPa	参考应变 γ_r	剪切波速 V_s /(m/s)
相似比	1	10	1	3.16
原　型	2 400	1 332	0.001 8	744.98
相似材料	2 400	133.2	0.001 8	235.75

4.7.2　基岩相似材料的正交试验

1. 相似材料的选择

常用于配制基本材料的原材料包括黏土和河砂，本次试验选用黏土为基本材料，黏土天然密度为 $1.9 \sim 2.2 g/cm^3$，动剪切模量比随剪应变变化关系的曲线参见 Stokoe 模型对黏土动剪切模量比的拟合结果。

由于岩体的强度高，所以在模型材料配制过程中要加入适当的胶结材料来调节相似材料的强度，常用的胶结材料主要有石膏、水泥、石灰、碳酸钙和重晶石粉等。本次试验选择石膏材料为胶结材料，石膏材料属于脆性材料，其性质与混凝土类似，抗压强度大于抗拉强度，泊松比为 0.2 左右，通过调节水膏比，可以得到的相似材料弹性模量范围一般为 1 ~ 5 GPa。

应该注意的是，从工厂购买的石膏，因其煅烧工艺、产地及磨细度的不同，其力学性能会有所差异，因此，对每批石膏都应进行专门的物理力学性质测试，以保证模型制作的精度。

天然岩体的重度较大，需要在相似材料中加入铁粉、重晶石粉等以改变相似材料的重度。本次试验选用重晶石粉用于调节相似材料重度，其天然密度为 $3.4 \sim 3.8 \ g/cm^3$。

最终确定本次模型基岩相似材料配制的原材料为黏土、重晶石粉、石膏和水。

2. 正交试验设计

本试验影响相似材料物理力学性质的因素较多，且各因素的水平数较多，常采用正交试验方法进行试验优化。相似材料配比的确定思路如下：

第 1 次正交试验：选用 3 因素 4 水平方案，以黏土、重晶石粉、石膏含量作为正交设计的因素，根据现场勘察资料，含水率控制在 14%。制作试样，进行动三轴试验，主要测试各种原材料配比对最大动剪切模量 G_{max}、参考应变 γ_r 和密度等参数的影响规律，并对正交试验结果进行评估，同时将评估结果作为下一次配比试验的依据。

第 2 次配比试验：为确定模型材料的最终配比，以第 1 次正交试验评估结果为依据，根据模型相似材料的要求，缩小试验因素的取值范围，进行配比试验，最终确定相似材料配比。

以黏土、重晶石粉、石膏含量作为正交设计的 3 个因素，每个因素设置 4 个水平，设计的配比方案见表 4-25，内容为各成分的质量比。

表 4-25 相似材料原材料的质量比

试验组数	黏土	重晶石粉	石膏
1	7	2	2
2	7	3	3
3	7	4	4
4	7	5	5
5	8	2	3
6	8	3	4
7	8	4	5
8	8	5	2
9	9	2	4
10	9	3	5
11	9	4	2
12	9	5	3
13	10	2	5
14	10	3	2
15	10	4	3
16	10	5	4

注：表中为各相似材料的质量比，在试验开始前，对各材料进行含水率测试，从而确定拌和加入的水量。初步预计各组配比材料的含量如下表所示(黏土风干含水率为 2%，最终相似材料含水率为 14%)。

3．试验过程介绍

对于振动台模型试验，基岩施工开始时间距试验模型振动数据采集之间约有 7 d 时间，所以本次试验事先制备好圆柱状试样，然后放入保鲜袋里进行 7 d 的养护，随后对试样进行动三轴试验。本次试验幅值最终确定为 10～80 N，共 8 个级别，等效循环次数选择八级地震对应的 30 次。频率的选择为 1 Hz，地震方向按水平的剪切波考虑。基岩的容重 $\gamma = 24\ \text{kN}/\text{m}^3$，地震前作用的竖向应力 363 kPa，水平应力 290.9 kPa，所以试验围压确定为 300 kPa。当试样的动应变超过 5% 时，认为试样已经发生破坏。试验条件准备完毕后即可开展试验。

4．正交试验结果

第 1 次相似材料正交试验主要是明确黏土、重晶石粉、石膏含量对参考应变的影响趋势。通过开展动三轴试验得到上述 16 组不同配比相似材料的试验结果可列于表 4-26 中。

表 4-26　相似材料配比第 1 次正交试验结果

试验组数	密度 /(g/cm³)	γ_r	G_{max} /MPa
1	2.355	0.001 833	129.5
2	2.423	0.001 873	157.5
3	2.473	0.001 953	169.4
4	2.512	0.002 071	200.2
5	2.371	0.001 793	130.9
6	2.393	0.001 845	167.3
7	2.441	0.001 925	149.1
8	2.527	0.001 790	158.9
9	2.313	0.001 773	142.8
10	2.371	0.001 853	152.6
11	2.447	0.001 662	135.8
12	2.488	0.001 910	146.3
13	2.300	0.001 830	141.4
14	2.367	0.001 707	123.2
15	2.417	0.001 819	137.9
16	2.458	0.001 868	162.4

多指标正交试验的极差分析法是通过每一因素的极差大小来研究各因素的取值变化对相似材料相应性质的影响程度，极差大的因素就是对相似材料相应性质影响明显的关键因素。各因素的极差 R 可由式（4-31）计算得到：

$$R = \max\{K_{ij}\} - \min\{K_{ij}\} \qquad (4\text{-}31)$$

式中：i 为正交试验水平数；j 为正交试验因素数；K_{ij} 为在 i 水平下的 j 因素试验结果之和。

为了评估多指标正交试验中各因素的作用效果，可通过计算动三轴试验数据的误差平方和与偏差平方和，再对检验统计量进行计算，这种检验方法也即方差分析。

为了评估多指标正交试验结果的总差异，使用总离差平方和 SS_T 指标进行判断，总离差平方和 SS_T 越大，说明试验结果之间的差异越大。总离差平方和 SS_T 数学表达式为：

$$SS_T = \sum_{i=1}^{n} y_i^2 - \frac{1}{n}(\sum_{i=1}^{t} y_i)^2 \qquad (4\text{-}32)$$

各因素的偏差平方和 SS_j 为：

$$SS_j = \frac{t}{n}\sum_{i=1}^{t} K_{ij}^2 - \frac{1}{n}(\sum_{i=1}^{t} K_{ij})^2 \qquad (4\text{-}33)$$

式中：t 为各试验因素的水平数；n 为各因素 j 在 i 水平下的试验次数。

试验误差的离差平方和可由下式求出：

$$SS_j = \frac{t}{n}\sum_{i=1}^{t} K_{ij}^2 - \frac{1}{n}(\sum_{i=1}^{t} K_{ij})^2 \qquad (4\text{-}34)$$

任一列离差平方和对应的自由度可由下式求出：

$$\mathrm{d}f_j = 因素水平数 - 1 = r - 1 \qquad (4\text{-}35)$$

各因素的均方为：

$$MS_j = \frac{SS_j}{df_j} \qquad (4\text{-}36)$$

试验误差的均方为：

$$MS_\mathrm{e} = \frac{SS_\mathrm{e}}{df_\mathrm{e}} \qquad (4\text{-}37)$$

各影响因素对应的统计量 F 为：

$$F_j = \frac{MS_j}{MS_e} \qquad (4\text{-}38)$$

1）密度敏感性分析

分别计算各因素水平下的密度平均值、各因素对密度影响性的极差和方差，如表 4-27、表 4-28 所示。

表 4-27　密度极差分析　　　　　　单位：g/cm³

水平组数	黏　土	重晶石粉	石　膏
1	2.441	2.335	2.424
2	2.43	2.388	2.425
3	2.405	2.445	2.409
4	2.386	2.496	2.405
极差	0.044	0.161	0.002 0

表 4-28　密度方差分析

项　目	黏　土	重晶石粉	石　膏
离差平方和	0.001 95	0.014 62	0.000 28
平均离差平方和	0.000 65	0.004 87	0.000 094
试验误差的均方	0.001 87		
F 值	0.347	2.602	0.050

以上分析可以发现，各影响因素对相似材料的密度的敏感性由大到小依次为：重晶石粉、黏土、石膏。石膏和黏土的极差和方差都较小，重晶石粉的极差和方差较大，说明重晶石粉含量是影响相似材料密度的主要因素。为了更加直观地分析各因素对相似材料密度的影响，根据表 4-28 作出密度敏感性因素分析图，如图 4-46 所示。可以看出：材料密度随着黏土和石膏含量的增加略微减小，随着重晶石粉含量的增加而增大。

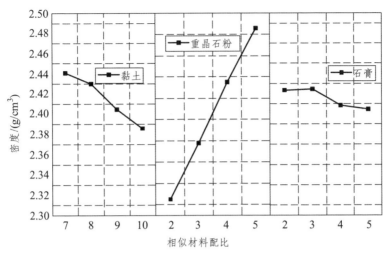

图 4-46　相似材料的密度敏感性分析图

2）参考应变 γ_r 敏感性分析

分别计算各因素水平下的参考应变平均值、各因素对参考应变影响性的极差和方差，如表 4-29 和表 4-30 所示。

表 4-29　γ_r 极差分析

水平组数	黏　土	重晶石粉	石　膏
1	0.001 933	0.001 808	0.001 748
2	0.001 838	0.001 820	0.001 849
3	0.001 800	0.001 840	0.001 860
4	0.001 806	0.001 910	0.001 920
极差	0.001 330	0.001 020	0.001 720

表 4-30　γ_r 方差分析

项　目	黏　土	重晶石粉	石　膏
离差平方和	1.129×10^{-8}	6.266×10^{-9}	1.520×10^{-8}
平均离差平方和	3.765×10^{-9}	2.089×10^{-9}	5.065×10^{-9}
试验误差的均方	3.640×10^{-9}		
F 值	1.034	0.574	1.392

以上分析可以发现，石膏和黏土的极差和方差明显较大，故石膏和黏土对相似材料的参考应变 γ_r 影响较为明显。为了更加直观地分析各因素对相似

材料 γ_r 的影响，根据表 4-30 作出 γ_r 敏感性因素分析图，如图 4-47 所示。可以看出：相似材料的参考应变 γ_r 随着黏土含量的增加而减小，随着石膏和重晶石粉含量的增加而增大。

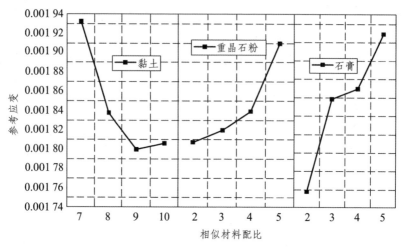

图 4-47　似材料的参考应变 γ_r 敏感性分析图

3）最大剪切模量 G_{max} 敏感性分析

分别计算各因素水平下的最大剪切模量平均值、各因素对 G_{max} 影响性的极差和方差，如表 4-31 和表 4-32 所示。

表 4-31　G_{max} 极差分析　　　　单位：MPa

水平组数	黏　土	重晶石粉	石　膏
1	164.15	136.15	136.85
2	151.55	150.15	143.15
3	144.38	148.05	160.48
4	141.23	166.95	160.83
极差	22.92	30.8	23.98

表 4-32　G_{max} 方差分析

项　目	黏　土	重晶石粉	石　膏
离差平方和	310.69	482.53	446.54
平均离差平方和	103.56	160.84	148.85
试验误差的均方	137.75		
F 值	0.75	1.17	1.08

从以上分析可知，黏土、重晶石粉和石膏的含量对相似材料的初始动剪切模量 G_{max} 的影响都较为明显。为了更加直观地分析各因素对相似材料初始动剪切模量 G_{max} 的影响，根据表 4-32 作出 G_{max} 敏感性因素分析图，如图 4-48 所示。可以看出：相似材料的 G_{max} 随着黏土含量的增加而减小，随着重晶石粉和石膏含量的增加而增大。

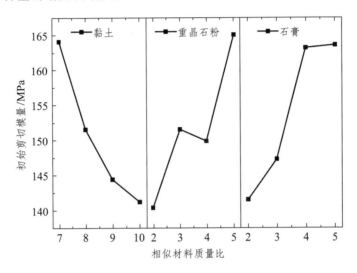

图 4-48　相似材料的初始动剪切模量 G_{max} 敏感性分析图

4.7.3　基岩相似材料最终配比的确定

基于第 1 次正交试验，确定了原材料配比对密度、参考应变 γ_r 及最大剪切模量 G_{max} 的影响趋势，选取第 1 次正交试验中配比结果与相似材料目标配比参数相近的配比作为初始配比，继续开展第 2 次配比试验。根据振动台试验的要求，岩体原型的材料参数应为：密度 2 400 kg/m³，初始剪切模量 1 332 MPa，参考应变 γ_r 为 0.001 8。结合第 1 次正交试验的结果选取第 5 组配比，即各原材料质量比黏土：重晶石粉：石膏 = 8：2：3，作为第 2 次配比试验的起始配比，随后可以通过微调重晶石粉、黏土、石膏的含量来进行相似材料的精确配比。第 2 组试验各原材料质量比情况如表 4-33 所示。

表 4-33 原材料最终配比试验

试验组数	黏　土	重晶石粉	石　膏
1	7.6	1.9	2.95
2	7.6	2.0	3.0
3	7.6	2.1	3.05
4	7.6	2.2	3.1
5	7.7	1.92	3.0
6	7.7	2.0	3.05
7	7.7	2.1	3.1
8	7.7	2.2	2.95
9	7.8	1.9	3.05
10	7.8	2.0	3.1
11	7.8	2.1	2.95
12	7.8	2.2	3.0
13	7.9	1.9	3.1
14	7.9	2.0	2.95
15	7.9	2.1	3.0
16	7.9	2.2	3.05

继续开展相似材料配比的动三轴试验，经过对 16 组试样的试验，可以测得第 2 次配比的试验结果如表 4-34 所示。

表 4-34 最终配比试验结果

试验组数	密度/(g/cm^3)	参考应变 γ_r	G_{max}/MPa
1	2.389	0.001 854	131.6
2	2.395	0.001 848	133.7
3	2.413	0.001 868	137.9
4	2.424	0.001 873	142.8
5	2.384	0.001 826	129.5
6	2.393	0.001 851	135.1
7	2.407	0.001 848	140.7
8	2.418	0.001 840	135.8
9	2.381	0.001 806	130.9

续表

试验组数	密度/(g/cm³)	参考应变 γ_r	G_{max}/MPa
10	2.390	0.001 820	137.2
11	2.405	0.001 809	132.3
12	2.412	0.001 817	135.1
13	2.377	0.001 806	131.6
14	2.386	0.001 798	126.7
15	2.401	0.001 804	134.4
16	2.407	0.001 823	137.2

　　将表 4-33 所示的目标参数与最终配比进行对比，可以看出第 15 组试验的结果与基岩相似材料的密度、参考应变和最大剪切模量取值比较接近，其动三轴试验结果如图 4-49 所示，二者的动剪切模量比曲线几乎是重合的。故选定第 15 组配比为模型基岩的最终配比，即黏土 : 重晶石粉 : 石膏为 7.9 : 2.1 : 3。

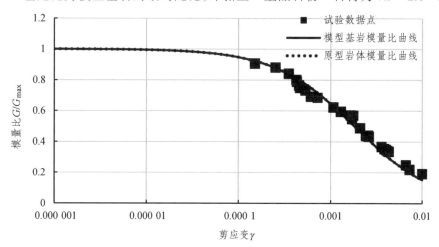

图 4-49　软岩相似材料和软岩原型的动应力动应变曲线

　　最终确定的基岩相似材料最大剪切模量为 134.4 MPa，密度为 2.401 g/cm³，则相似材料初试的剪切波速为 236.6 m/s，与目标剪切波速 235.75 m/s 几乎一致。同时，在整个循环荷载作用过程中，模型材料动剪切模量比的变化时刻与原型岩体模量比的变化趋势保持一致，这就保证了剪切模量实时的相似性，进而保证了所配制的基岩相似材料剪切波速，也就是岩体传播地震波时表现出来的动力特性满足相似性要求。

5 岩土工程振动台试验 常用模型结构设计方法

岩土工程振动台模型试验中常见的模型结构包含抗滑桩、挡土墙、锚杆、锚索及隧道等地下结构，模型结构能否根据其相似判据要求进行准确的设计是影响振动台模型试验结果的重要内容之一，本章将对岩土工程振动台模型试验常用的结构相似材料类型及配制方法进行介绍，以帮助读者了解掌握模型结构设计的基本做法。

5.1 常用模型结构相似材料介绍

振动台模型试验常需要研究结构及其周围介质（岩体或土体）从弹性阶段到破坏阶段的全过程，因此需要根据不同的试验目的研制不同的相似材料。常用于设计振动台试验模型结构的材料包含微粒混凝土、铁粉、石膏、石灰、碳酸钙等。微粒混凝土是由胶凝材料水泥、水和人工配制的连续级配骨料，按适当的比例配合拌制而成的混合物，经一定时间硬化而成的人造石材，其配制技术可参见文献[97]。石灰是一种脆性材料，在相似材料中起脆性作用，其压拉强度比很大，一般为 30.9 ~ 39.2 kPa，强度较高，一般为 0.97 ~ 1.4 MPa，强度随水含量的减小而增大，对含水量的变化敏感，例如生石灰（CaO）在溶解时会吸收较大量的水并释放大量热量。碳酸钙一般作为低强度脆性材料的胶结料，或与石膏等高强度原料合用，起调节强度的作用，强度低，一般为 0.045 ~ 0.07 MPa。强度随含水量的减小而增大，但强度的绝对值随含水量的减小增加很慢。

5.2 抗滑桩结构设计

抗滑桩是岩土工程中一种常见的结构，作为加固滑坡体的一种有效措施，其主要是利用稳定地层的锚固作用和被动抗力来平衡滑坡推力。相比较其他抗滑工程如抗滑挡墙、锚杆，抗滑桩具有抗滑能力强、适用条件广泛、不易恶化滑坡状态、施工安全简便、能进一步核实地质条件等突出优点。

抗滑桩结构在地震作用下常会因自身过大弯曲而失去被动抗力，导致结构失效，因此对桩结构安全起控制作用的是抗弯刚度，模型相似也应以抗弯刚度为主，将抗滑桩视为弹性结构，采用梁弯曲的控制方程来推导相似关系。根据弹性地基梁理论，列出桩结构在地震荷载下的受力方程，该方程可表示为直角坐标系中梁弯曲的微分方程：

$$\frac{\mathrm{d}^4 x}{\mathrm{d}y^4} = \frac{-P}{EI} \tag{5-1}$$

其中：P 为土作用于桩上的水平反力；E 为桩的钢筋混凝土弹性模量；I 为桩的截面惯性矩；x 为桩上各点的水平位移；y 为桩上一点到地面的距离。

列出其在模型中的方程为：

$$\frac{\mathrm{d}^4 x_{\mathrm{m}}}{\mathrm{d}y_{\mathrm{m}}^4} = \frac{-P_{\mathrm{m}}}{E_{\mathrm{m}} I_{\mathrm{m}}} \tag{5-2}$$

以及在原型中的方程：

$$\frac{\mathrm{d}^4 x_{\mathrm{p}}}{\mathrm{d}y_{\mathrm{p}}^4} = \frac{-P_{\mathrm{p}}}{E_{\mathrm{p}} I_{\mathrm{p}}} \tag{5-3}$$

采用方程分析法中的积分类比法，可得：

$$C_E C_I EI \frac{C_x}{C_y^4} \frac{\mathrm{d}^4 x}{\mathrm{d}y^4} = C_P P \tag{5-4}$$

经过化简（ρ 为钢筋混凝土密度）：

$$\frac{C_E C_I}{C_l^3} EI \frac{\mathrm{d}^4 x}{\mathrm{d}y^4} = C_\rho C_l^2 C_a P \tag{5-5}$$

在试验模型中，一般采用原型材料，故取 $C_\rho = 1$，可以解得：

$$\frac{C_E}{C_l C_a} = 1 \qquad\qquad (5\text{-}6)$$

本式反映了模型和原型中钢筋混凝土弹性模量比尺和振动台台面加速度比尺、长度比尺间的关系，对比式（5-1）及式（5-5）可获得结构设计中桩结构的相似关系设计结果如表 5-1 所示。

表 5-1　桩结构相似关系

桩结构设计参数	相似比计算公式
台面加速度 a	$C_a = C_g$
土作用于桩上的水平反力 P	$C_P = C_\rho C_a C_l^2$
桩的截面惯性矩 I	$C_I = C_l^4$
桩上各点的水平位移 x 桩上一点到地面的距离 y	$C_x = C_y = C_l$
钢筋混凝土弹性模量 E	$C_E = C_l C_a$

5.3　桩板墙结构设计

桩板墙由悬臂锚固桩在桩间挂板或搭板而形成，此结构由于具有抗滑能力强、施工安全简便、速度快、工程量小、投资少等优点，被广泛应用于滑坡治理中。桩板墙由悬臂桩和挡土板组合而成，设计规范认为其结构设计关键方程与悬臂型挡土墙以及抗滑桩的设计方程类似，而在实际试验过程中，一般也在桩板墙设计中采取与悬臂桩相近的设计方法，故在岩土工程振动台试验设计中，桩板墙设计以上一节相似比尺作为设计相似准则。

5.4　锚索（杆）结构设计

锚索是一种主要承受拉力的索状构件，在岩质高边坡的治理过程中经常使用，通过外端固定于坡面，另一端锚固在滑动面以内的稳定岩体中穿过边坡滑动面的预应力钢绞线，直接在滑面上产生抗滑阻力，增大抗滑摩擦阻力，使结构面处于压紧状态，以提高边坡岩体的整体性，达到整治顺层滑坡、危岩及危石的目的。

锚索是一种主要承受拉力的索状构件，其外端定于坡面，另一端锚固在滑动面以内的稳定岩体中，这样就可在滑面上产生抗滑阻力，增大抗滑摩擦阻力，使结构面处于压紧状态。在地震荷载作用下，其结构安全性主要取决于其受力稳定性，因此，在进行锚索相似材料的设计时首先应分析其结构形式，锚索的结构图如图 5-1 所示。

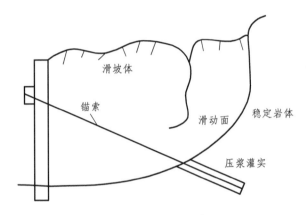

图 5-1　锚索结构受力图

以上述结构模型为基础，可建立力学平衡方程：

$$nN = \frac{W\sin\alpha - W\cos\alpha\tan\varphi - cl^2}{\cos\theta} + ma\cos\theta' \tag{5-7}$$

式中：N 为锚杆轴力；n 为锚杆根数；W 为下滑体自重；α 为滑动面倾角；φ 为下滑面的摩擦角度；c 为下滑面的土体黏聚力；l 为下滑体长度；θ 为下滑力和锚杆夹角；θ' 为地震力与锚杆夹角；m 为下滑体质量；a 为地震加速度。

列出其在原型和模型中的方程，采用相似转化法可得：

$$nNC_E C_l^2 = \frac{W\sin\alpha C_\gamma C_l^3 - W\cos\alpha\tan\varphi C_\gamma C_l^3 - cl^2 C_c C_l^2}{\cos\theta} +$$

$$ma\cos\theta' C_\rho C_l^3 C_a \tag{5-8}$$

根据相似定律，将杆轴力表达为抗拉强度标准值和截面面积的乘积，考虑各分项系数之间为非线性关系，为了保证模型原型的结构相似，解得：

$$\frac{C_\gamma C_l}{C_E}=1 \ , \ \frac{C_c}{C_E}=1 \ , \ \frac{C_\rho C_l C_a}{C_E}=1 \tag{5-9}$$

在试验模型中，一般选用尺寸、密度和加速度为已知选定、故有 C_γ，C_ρ 以及 C_a 表达为某一常数，由此可得：

$$C_E=C_l C_\gamma \ , \ C_c=C_E \tag{5-10}$$

本式反映了模型和原型中土体弹性模型比尺、黏聚力比尺和长度比尺间的关系，进而可获得锚索结构设计的常用相似关系如表 5-2 所示。

表 5-2　锚索结构相似关系

锚索结构设计参数	相似比计算公式
弹性模量 E	$C_E=C_\gamma C_l$
锚杆轴力 N	$C_N=C_E C_l^2$
下滑体自重 W	$C_W=C_\gamma C_l^3$
滑动面倾角 α，下滑面的摩擦角度 φ，下滑力和锚杆夹角 θ，地震力与锚杆夹角 θ'	$C_\alpha=C_\varphi=C_\theta=C_{\theta'}=1$
下滑面的土体黏聚力 c	$C_c=C_E$

5.5　隧道与地铁车站结构设计

隧道是埋置于地层内的工程建筑物，是利用地下空间的一种形式。其结构包括主体建筑物和附属设备两部分。地铁车站由站台层、站厅层、设备层以及出入口组成，其中应容纳主要的技术设备和运营管理系统，从而保证城市轨道交通的安全运行。

隧道等地下结构通常采用反应位移法进行抗震设计，反应位移法假设地下结构地震反应的计算可以简化成平面应变问题，结构在地震时的反应加速度、速度及位移不同，地下结构在不同层面深度上必然产生位移差，因此在结构设计时，其应作为地震荷载下结构安全的控制因素。在横向水平地震作用下，结构顶板与上覆地层接触处由二者相互作用产生的剪切力的作用图可表示为如图 5-2 所示。

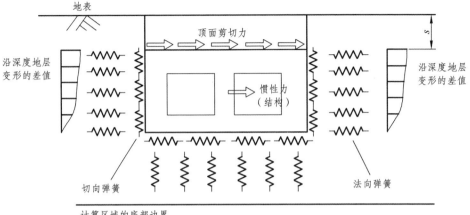

图 5-2　力作用图

由此可列出剪切力的表达公式，表示为：

$$\tau = \frac{G}{\pi h} S_v T_s \qquad (5\text{-}11)$$

式中：τ 为作用在顶板上表面单位面积上的剪切力；G 为地层的动剪切模量；h 为顶板上方地层的厚度；S_v 为作用在计算区域底部边界上的速度反应谱；T_s 为顶板以上地层的固有周期。

列出其原型为：

$$\tau_P = \frac{G_P}{\pi h_P} S_{vP} T_{sP} \qquad (5\text{-}12)$$

以及其在模型中的方程：

$$\tau_M = \frac{G_M}{\pi h_M} S_{vM} T_{sM} \qquad (5\text{-}13)$$

采用相似转化法，结合原型、模型的方程，可得：

$$C_\tau \tau = \frac{C_G G}{\pi C_h h} \frac{C_l}{C_t} S_v C_t T_s \qquad (5\text{-}14)$$

其中，根据 τ 的力学性质，C_τ 可表示为 $C_\rho C_l C_a$，C_h 和 C_l 均为长度比尺，在试验设计中相等，结合相似第一定律可得：

$$C_\rho C_l C_a = C_G \qquad\qquad (5\text{-}15)$$

又因在振动台试验中，一般采用原型材料，故取 $C_\rho = 1$，由此可得：

$$\frac{C_a C_l}{C_G} = 1 \qquad\qquad (5\text{-}16)$$

本式反映了模型和原型中动剪切模量比尺和振动台台面加速度比尺、长度比尺间的关系。可获得结构设计中隧道车站结构的相似关系设计如表 5-3 所示。

表 5-3　隧道车站结构相似关系

隧道车站结构设计参数	相似比计算公式
作用在顶板上表面单位面积上的剪切力 τ	$C_\rho C_l C_a = C_\tau$
顶板上方地层的厚度 h	$C_h = C_l$
作用在计算区域底边界上的速度反应谱 S_v	$C_{S_v} = \dfrac{C_l}{C_t}$
顶板以上地层的固有周期 T_s	$C_{T_s} = C_t$

6 岩土工程振动台试验测量元件及实施过程

　　振动测试是十分复杂的问题,其主要内容包含动态变形和各种力的测量,实现方式是借助各种不同类型的数字采集系统和传感器,解析电压、电流、光等不同信号,借此得到各种振动信号的数值。本章内容将对振动台试验设备及不同类型的传感器加以介绍,对设备和传感器介绍后,将进行典型岩土工程振动台模型试验主要实施过程的介绍,主要包含:模型试验研究目标与内容的确定、模型相似条件的确定、模型箱的选择、模型材料的选择(其中包括土和结构相似材料的选择)、测量设备的选择与布设方式的确定、模型施工工艺的确定、地震动加载工况的确定及数据的处理与分析。

6.1 试验设备的选择

6.1.1 振动台设备及可靠性验证

　　振动台性能的评价指标一般包括台面自振频率、最大承载力、波形相似度、背景噪声和非主震方向分量等[98]。岩土工程振动台试验最关心的是波形相似度,其中波形相似度(Similarity of Input and Output Motion,SIOM)指的是台面设定输入的地震激励与振动台台面实际输出激励之间的差异,计算公式为:

$$SIOM = \frac{\sum(x-\bar{x})(y-\bar{y})}{\sqrt{\sum(x-\bar{x})^2\sum(y-\bar{y})^2}} \tag{6-1}$$

　　计算结果越接近 1,表明振动台对地震动的模拟效果越好。

6.1.2 模型箱选择及可靠性验证

　　目前常用的振动台试验模型箱一般可分为 3 种类型:

（1）刚性模型箱[99]：刚性箱的特点是土箱整体刚度较大，振动时整个箱体的侧向变形都非常小。箱壁常用工字钢和槽钢等材料固定刚架。这类土箱在国内外早期振动台试验中应用较多。箱壁侧向变形刚度很大，导致边界上地震波的反射强烈，因此需要在模型内衬垂直于加振方向的边壁上设置海绵、橡胶垫等柔性材料来减轻箱壁对高频波的反射。这种模型箱的缺点是不允许土体有水平剪切变形，这和水平剪切地震作用下土体的变形情况不符，而且边壁垫层材料的厚度直接影响试验的效果，垫层太薄无法消除边界反射波，垫层太厚则会使土体发生弯曲变形。

（2）圆筒柔性模型箱[100]：这种模型箱是由上部固定在钢圆环、下部固定在刚性支座上的圆筒形橡胶膜构成，模型试样能够在水平方向自由变形，橡胶膜外部由上到下每隔一段距离套有钢丝束以约束其径向变形。这种模型能够用于研究地基-上部结构的相互作用，但问题出在约束模型径向变形的钢丝束上，钢丝束间距太小，模型箱与刚性模型箱类似，钢丝束间距太大，则土体发生弯曲变形，不能模拟真实土体的水平剪切变形。

（3）堆叠剪切式模型箱[101,102]：这种模型箱是由多层矩形钢框架上下堆叠而成，叠层之间设置轴承，使得相邻叠层之间能够发生相对水平剪切位移，以模拟地震作用下上下土层的相对水平剪切变形。堆叠剪切式模型箱既可模拟真实地震波作用于土体的水平剪切力，又能最大限度地允许土层之间的相对水平剪切位移，试验效果明显好于上述两种类型模型箱。

振动台试验中的模型箱应尽量提供与原型场地类似的振动环境，因此，模型箱的设计和制作需要满足一定的要求：

（1）几何尺寸按照振动台模型试验的要求制定，一方面满足模型试验的相似比要求，另一方面满足振动台台面尺寸的要求，同时必须满足台面固定孔和模型箱的吊装要求，因此需要对吊环焊缝的抗拉强度进行验算。

（2）原型土体的侧向土压力从浅到深是逐渐变大的，因此模型箱最好可以按照刚度变化的要求，从上到下进行变刚度设计，以便符合土体剪切变形的规律。

（3）模型箱的结构应安全可靠，连接底板与箱体的螺栓、焊缝和侧壁连接处要满足振动台台面输入最大峰值加速度时的抗剪强度要求，底板要满足模型箱满载时的承重要求。

（4）箱体的刚度应该满足要求，防止因模型箱的自振频率与模型土自振频率接近而发生共振现象。

理想的模型箱边界条件应可以模拟土体在地震作用下的变形响应，Whiteman 和 Zeng[103]等认为理想模型箱的边界应该满足以下要求：

（1）模型箱的边壁应为等效剪切梁，且与边界的模型土有相同的动剪切刚度，以满足变形协调，减小对土层边界自由运动带来的限制，同时还可以减少 P 波的反射。

（2）模型箱边壁的摩擦系数应与土体保持一致，以保证基底振动产生的剪应力与原型土保持一致，进而保证与原型一致的受力状态。

（3）模型箱边壁应具有一定的刚度，保证土体处于 k_0 状态。

但在岩土工程振动台模型试验中，模型箱造成的边界效应几乎是不可避免的，而且会直接影响试验精度。考察边界响应采用的方法是以同层土中心点响应为标准，与边界处相应点的振动与之比较，两处响应信号相似度越高，边界效应越小，相似度越低，边界效应越明显。通常可以比较边界点加速度峰值相对于土层中心点的加速度放大系数，放大系数越接近 1，边界效应越小。

6.2 模型试验测试元件

6.2.1 应变片

电阻应变片是一种传感元件，它能将应变变化量转化为电阻变化量。其结构简单、稳定性能好、测试精度高，适合动态和静态测量，易于实现测量过程自动化和多点同步测量，现已成为工程结构试验和监测技术中应用最广泛、最有效的应力测量手段。

1. 基本结构

电阻应变片由敏感栅、基底、覆盖层、引线和黏结剂构成。敏感栅是实现应变-电阻转化，起测量输出作用的敏感元件，处于核心地位；基底是固定敏感栅，实现与构件同步变形，提供绝缘度的薄状物；覆盖层主要起保护作用；引线是连接敏感栅与测量线路的金属导线；黏结剂把覆盖层、敏感栅、基底以及被测构件粘连在一起，形成传递应变的骨架[104]，如图 6-1所示。

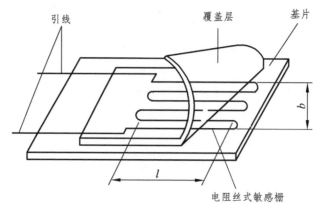

图 6-1　电阻应变片基本结构

2. 工作原理

电阻应变片的工作原理是基于导体或半导体材料产生弹性线应变时，其电阻将会随之发生变化，也就是所谓的应变-电阻效应。

由物理学知识可知，一根长为 L、截面面积为 A、电阻率为 ρ 的金属丝，其初始电阻值为：

$$R = \rho \frac{L}{A} \tag{6-2}$$

对式（6-2）两边同时取对数可得：

$$\ln R = \ln \rho + \ln L - \ln A \tag{6-3}$$

对式（6-3）两边分别求导可得：

$$\frac{\mathrm{d}R}{R} = \frac{\mathrm{d}\rho}{\rho} + \frac{\mathrm{d}L}{L} - \frac{\mathrm{d}A}{A} \tag{6-4}$$

金属丝在应变作用下长度和面积发生改变，$\dfrac{\mathrm{d}A}{A} = -2\mu \dfrac{\mathrm{d}L}{L} = -2\mu\varepsilon$；同时金属丝本身的电阻率 ρ 也发生变化，可令 $\lambda E\varepsilon = \dfrac{\mathrm{d}\rho}{\rho}$，则式（6-4）可简化为：

$$\frac{\mathrm{d}R}{R} = (\lambda E + 1 + 2\mu)\varepsilon \tag{6-5}$$

式中：λ 为压阻系数；E 为金属丝的弹性模量；μ 为泊松比；ε 为金属丝的应变。

令 $K = (\lambda E + 1 + 2\mu)$，则式（6-5）可写为：

$$\frac{\mathrm{d}R}{R} = K\varepsilon \qquad\qquad (6\text{-}6)$$

式中：K 为应变片的灵敏系数，物理意义是发生单位应变时电阻的变化率。其值通过实验测得，常用应变片的 K 值为 1.7 ~ 3.6。

3. 应变片的分类与选择

常用的电阻应变片有金属电阻应变片和半导体应变片两类，其中金属电阻应变片又可分为丝绕式、短线式、箔式三种形式。金属箔式应变片具有灵敏系数稳定性好、横向效应小、绝缘性好、蠕变和机械滞后小、测量精度高等优点，因此在工程中应用最广。

（1）根据被测应力状态、所处的环境温度和测量精度等因素选择合适的应变片结构形式。若构件的测点处于单轴应力状态，可选择单轴应变片；对于处于主应力方向已知的平面应力状态下的构件，可选择二维直角应变片；如果构件的测点处于复杂应力状态，则必须选用多栅应变花。

（2）根据被测构件的材料、应力分布状况和动静态测量等因素选择合适的应变片尺寸。当测量"点"应变时，应选用标距为 0.15 ~ 2 mm 的小应变片；对于不均匀材料（如混凝土、石灰膏），应选用标距为 30 ~ 120 mm 的大应变片，以得到较精确的平均应变值；对于木材、玻璃等材料，可选用标距为 5 mm 的应变片，而金属材料一般选用 1 ~ 6 mm 标距的应变片；当构件处于动态应变过程时，所用应变片标距一般为 0.2 ~ 1 mm。

（3）根据测试目的选择合适的应变片电阻值。电阻应变片的电阻值有 60 Ω、120 Ω、350 Ω、500 Ω 和 1 000 Ω 等多种规格，以 120 Ω 最为常用。考虑弯曲应力的补偿问题，需用 60 Ω 规格的应变片；传感器中使用 350 ~ 1 000 Ω 的应变片，在条件许可的情况下，应尽量选择高阻值应变片。

4. 应变片的粘贴技术

1）检查应变片

（1）外观检查：应变片丝栅有无折痕，片内有无气泡、斑锈点等缺陷。

（2）电阻值检查：用数字万能表测定电阻值，同一电桥中各应变片之间阻值相差不得大于 0.5 Ω。

2）修整应变片

（1）对没有标出中心线标记的应变片，要给予标记。

（2）对基底较光滑的应变片，要用细砂纸轻轻打磨，并用溶剂洗净。

3）构件表面处理

（1）用砂轮或纱布打磨掉测点表面的氧化层和污垢，打磨面积至少为应变片的两倍。再用棉球蘸丙酮清洗贴片处，到棉球无黑迹为止。

（2）划粘贴应变片的定位线。

4）粘贴应变片

（1）将 502 胶水均匀涂抹在粘贴位置和应变片基底上，一手捏住应变片的引出线，把应变片轴线对准定位线，一手在片上盖一层玻璃纸，用手指轻轻均匀滚压（注意：要用垂直力，不要用推力，以免把引出线拉断），把气泡和多余的胶水挤出。

（2）贴片完毕后，检查应变片干净、位置准确，粘合层是否有气泡，胶层是否均匀。

5）应变片的干燥处理

（1）利用胶合剂的干燥固化条件进行干燥处理，有自然干燥和热烘干燥两种处理方法。

（2）检查应变片与试件之间的绝缘电阻是否达到要求，一般大于 200 MΩ。

6）引出线的固定保护

（1）把导线和应变片焊接在一起，焊接点下面要垫上底垫，以免造成接触短路。焊接质量要好，避免假焊。

（2）导线焊接好后，要用胶带纸进行固定。最后用万能电表检查线路是否接通。

7）应变片的防潮处理与保护

应变片粘贴固化和接通后，要在应变片表面和周围涂以防潮剂（例如 704 硅橡胶），以避免潮湿引起绝缘电阻和粘合强度的降低。

5. 测量电路

1）惠斯通电桥原理

测量电路最常用的就是惠斯通电桥。如图 6-2 所示，R_1、R_2、R_3、R_4 是电桥的 4 个桥臂电阻，电阻应变片可以充当其中任意一个纯电阻。U 为电源电压，U_0 为输出电压。

根据克希霍夫定律可得：

$$U_0 = U \frac{R_1 R_3 - R_2 R_4}{(R_1 + R_2)(R_3 + R_4)} \qquad (6\text{-}7)$$

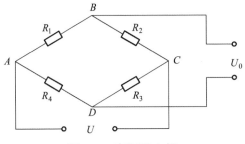

图 6-2　惠斯通电桥

若 $R_1R_3 = R_2R_4$ 或 $R_1 = R_2 = R_3 = R_4$ 时，无论输入多大电压，输出电压 $U_0 = 0$，这种状态称为平衡状态。如果平衡被破坏，就会产生与电阻变化相对应的输出电压。

被测构件受力，各应变片相应产生电阻变化量为 ΔR_1、ΔR_2、ΔR_3、ΔR_4，略去高阶微量，可得：

$$U_0 = U \frac{\Delta R_1 + \Delta R_3 - \Delta R_2 - \Delta R_4}{4R} = \frac{UK}{4}(\varepsilon_1 + \varepsilon_3 - \varepsilon_2 - \varepsilon_4) \qquad （6\text{-}8）$$

2）电桥接线方式

（1）1/4 桥接线法：电桥中的任意一个桥臂用应变片相连，其他桥臂可接温度补偿片。

（2）半桥接线法：有两个应变片参与测量，双应变片可实现温度自补偿，同时灵敏度比 1/4 桥提高 1 倍。

（3）全桥接线法：4 个桥臂上都接上应变片，实现温度自补偿的同时，灵敏度是 1/4 桥的 4 倍。

3）测量电路中的温度误差分析

在测量过程中，工作环境的温度变化将引起构件和应变片产生温度变形，而且各应变处的温度变化也不一定相同。于是，测量的应变值将包含温度变化的影响，而导致测量误差。

（1）应变片自补偿法[105]

当工作环境温度变化为 ΔT 时，则

$$\frac{\Delta R}{R} = \alpha_R \Delta T + K[(\beta_s - \beta_g)\Delta T + \varepsilon] \qquad （6\text{-}9）$$

式中　β_s——构件材料线膨胀系数；

　　　β_g——应变片敏感栅线膨胀系数；

　　　α_R——应变片敏感栅的电阻应变系数；

ε——应变片在不受温度影响下，由荷载作用引起的变形。

令 $\varepsilon = 0$，将式（6-9）进一步化简，可得：

$$\varepsilon_T = \left[\frac{\alpha_R}{K} + (\beta_s - \beta_g) \right] \Delta T \qquad (6\text{-}10)$$

如果能使 $\varepsilon_T = 0$，即被测构件和应变片的物理参量满足 $\alpha_R = (\beta_g - \beta_s)K$ 时，便实现了应变片的温度自补偿。

（2）温度补偿片法[106]

如图 6-3（a）所示，测量过程中可使相邻两臂的应变片粘贴在处于同一温度环境下的相同材料的表面上，当温度发生变化时，工作片 R_1 和补偿片 R_2 的电阻都发生变化，但它们的温度变化是相同的，即 $\varepsilon_{1T} = \varepsilon_{2T}$。$R_1$ 和 R_2 连在相邻的桥臂上，由于电桥的和差特性，所以对电桥输出的影响相互抵消，从而起到温度补偿的作用。

图 6-3（b）中构件表面相互垂直的两个应变片作为 R_1 和 R_2，则

$$\varepsilon_R = \varepsilon_1 + \varepsilon_2 = (\varepsilon_{1F} + \varepsilon_{1T}) - (-\nu \varepsilon_{1F} + \varepsilon_{2F}) = (1 + \nu)\varepsilon_{1F} \qquad (6\text{-}11)$$

式中：ν 为材料的泊松比。按照这种接线法虽未单独设置温度补偿片，但温度变化的影响已自动消除，称为自动补偿。这种自动补偿的方法，将变形扩大了一定的倍数，也提高了测量的灵敏度。

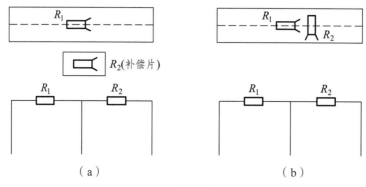

（a）　　　　　　　　　　　　（b）

图 6-3　温度补偿示意图

6.2.2　应变测量与实际工程应用

1. 应变测量与数据处理

根据构件的受力状态，可分为单轴应力状态、主应力方向已知的二维应

力状态、主应力方向未知的二维应力状态和复杂的三维应力状态四种。前两种状态比较简单，只需沿主应力方向贴片，运用胡克定律进行数据处理即可。下面只对后两种情况做简单介绍。

（1）若构件的测点处于主应力方向未知的平面应力状态，如图 6-4 所示，可以运用二维应变花进行测试。已知一点处 3 个应力分量分别为 σ_x、σ_y 和 τ_{xy}，相应的 3 个应变分量依次为 ε_x、ε_y 和 γ_{xy}。为测量该点处的主应变及其方向，先在该点处分别测量与 x 轴的夹角为 β_1、β_2 和 β_3 的任意方向上的线应变 ε_a、ε_b 和 ε_c。

平面内任意方向的线应变可以由下式得到：

$$\varepsilon_\beta = \frac{1}{2}(\varepsilon_x + \varepsilon_y) + \frac{1}{2}(\varepsilon_x - \varepsilon_y)\cos 2\beta + \frac{1}{2}\gamma_{xy}\sin 2\beta \qquad (6\text{-}12)$$

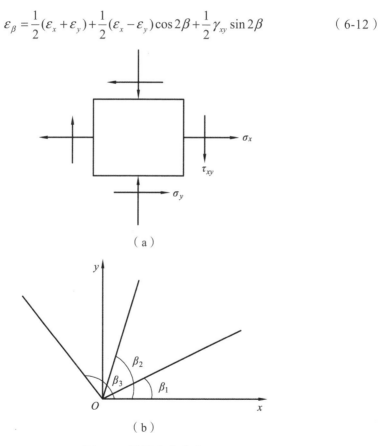

（a）

（b）

图 6-4　平面应力状态

将 β_1、β_2 和 β_3 分别代入式（6-12），联立求解此方程组，就可得 ε_x、ε_y 和 γ_{xy}，然后代入下式：

$$\varepsilon_1 = \frac{1}{2}[(\varepsilon_x + \varepsilon_y) + \sqrt{(\varepsilon_x - \varepsilon_y)^2 + \gamma_{xy}^2}]\tag{6-13}$$

$$\varepsilon_2 = \frac{1}{2}\left[(\varepsilon_x + \varepsilon_y) - \sqrt{(\varepsilon_x - \varepsilon_y)^2 + \gamma_{xy}^2}\right]\tag{6-14}$$

$$\beta_0 = \frac{1}{2}\arctan\frac{\gamma_{xy}}{\varepsilon_x - \varepsilon_y}\tag{6-15}$$

这样便求出了测点处主应变 ε_1 和 ε_2，以及 ε_1 的方向与 x 轴的夹角 β_0。

常用的有直角（45°）应变花和等角（60°）应变花两种，如图 6-5 所示。当采用 45° 应变花时，$\beta_1 = 0°$、$\beta_2 = 45°$、$\beta_3 = 90°$；当采用 60° 应变花时，$\beta_1 = 0°$、$\beta_2 = 60°$、$\beta_3 = 120°$，分别代入上式计算即可[7]。

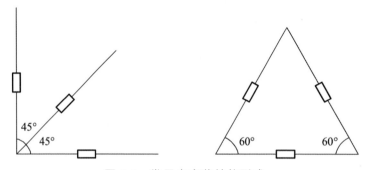

图 6-5　常用应变花结构形式

（2）对于物体内部某点的三维空间应力状态 σ_{ij}，它包括 6 个独立的应力分量，如图 6-6 所示。上述二维应变花是无法进行直接测试的，可以用一种新型三维应变花进行测试。三维应变花测试必须要满足两个基本条件：三维应变花必须由 6 个应变片组成；应变片轴线不能重合。

考虑三维空间中的一条直线 OA，如图 6-7 所示。该直线在 x、y、z 方向的方向余弦 l、m、n 分别为 $l = \sin\delta\cos\varphi$、$m = \sin\delta\sin\varphi$、$n = \cos\delta$。式中：$\delta$ 为直线与 z 轴的夹角；φ 为直线在平面 xOy 的投影与 x 轴的夹角。若已知一点的应变状态为 ε_{ij}，则 OA 方向的线应变为：

$$\varepsilon = \varepsilon_x l^2 + \varepsilon_y m^2 + \varepsilon_z n^2 + \varepsilon_{xy}lm + \varepsilon_{yz}mn + \varepsilon_{xz}nl\tag{6-16a}$$

可见，如果知道一点的应变，就可利用上式求出任意方向的线应变。相反，如果用三维应变花求得 6 个不同方向的线应变，就可以建立一个 6 阶应变矩阵关系式，如式（6-16b）所示。利用矩阵解方程组，就可得到此点的空间应力状态。

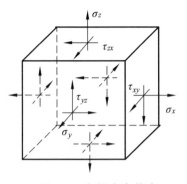

图 6-6　空间应力状态

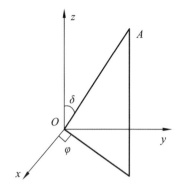

图 6-7　空间中直线 OA

$$\begin{Bmatrix} \varepsilon_1 \\ \varepsilon_2 \\ \varepsilon_3 \\ \varepsilon_4 \\ \varepsilon_5 \\ \varepsilon_6 \end{Bmatrix} = \begin{Bmatrix} l_1^2 & m_1^2 & n_1^2 & l_1 m_1 & m_1 n_1 & n_1 l_1 \\ l_2^2 & m_2^2 & n_2^2 & l_2 m_2 & m_2 n_2 & n_2 l_2 \\ l_3^2 & m_3^2 & n_3^2 & l_3 m_3 & m_3 n_3 & n_3 l_3 \\ l_4^2 & m_4^2 & n_4^2 & l_4 m_4 & m_4 n_4 & n_4 l_4 \\ l_5^2 & m_5^2 & n_5^2 & l_5 m_5 & m_5 n_5 & n_5 l_5 \\ l_6^2 & m_6^2 & n_6^2 & l_6 m_6 & m_6 n_6 & n_6 l_6 \end{Bmatrix} \begin{Bmatrix} \varepsilon_x \\ \varepsilon_y \\ \varepsilon_z \\ \varepsilon_{xy} \\ \varepsilon_{yz} \\ \varepsilon_{zx} \end{Bmatrix} \qquad (6\text{-}16b)$$

　　目前，有学者设计的三维应变花有以下两种结构形式。直角式三维应变花结构中 a、b、c 和 e、f、d 两组应变片不处于同等地位，实用中具有局限性；正四面体使三维应变花，由于 6 个应变片具有等效性，具有较好的实用性[107]，如图 6-8、图 6-9 所示。

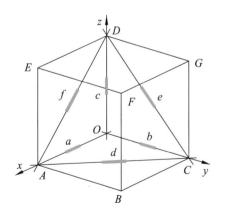

图 6-8　直角式三维应变花

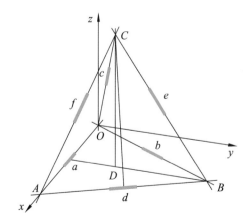

图 6-9　正四面体式三维应变花

2．应变片的工程应用实例

1）通过在桩身上布设应变片，测动力 P-Y 曲线

为了实测 P-Y 曲线，对于横向受荷桩，在桩身同一高度的对称位置布置适当的应变片，然后沿桩深度方向依次布设多组，如图 6-10 所示。

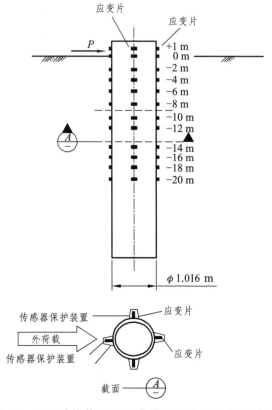

图 6-10　现场试桩获取 P-Y 曲线所需的仪器布设示意图

对于横向受荷桩，认为在同一高度处的对称位置的两应变片满足纯弯曲，则一侧应变片测量压缩时另一侧则测量拉伸。以某一高度的对称应变片 S_1 和 S_2 为例，认为测得的应变量是由桩的轴向变形和弯曲引起的压（拉）变形组成，满足如下关系：

$$\varepsilon_1 = \varepsilon_{\text{axial}} + \varepsilon_0 \tag{6-17}$$

$$\varepsilon_2 = \varepsilon_{\text{axial}} - \varepsilon_0 \tag{6-18}$$

根据材料力学理论，等直梁在纯弯曲时横截面上任一点处正应力的计算公式为：

$$\sigma = \frac{My}{I_z} \qquad (6\text{-}19)$$

式中：y 为所求应力点的纵坐标（以中性轴为原点）。

基于胡克定律最后可得到（对于圆管桩）：

$$\frac{M}{EI} = \frac{\varepsilon_1 - \varepsilon_2}{2d} \qquad (6\text{-}20)$$

式中：d 为外半径。

在一级横向荷载作用下，不同深度处的应变片通过上述关系可得到对应的弯矩，因而可得到沿桩身方向弯矩的离散分布数据 M_{ii}（第一个下标对应第 i 级荷载，第二个下标对应应变片的位置编号）。

根据离散的 M_{ii}，采用拟合方法得到沿深度 z 方向分布的弯矩 $M(z)$，推荐采用 Wilson 建议的经验公式：

$$M = a + bz + cz^{2.5} + dz^3 + ez^4 + fz^5 \qquad (6\text{-}21)$$

式中：z 为桩身方向的深度；a、b、c、d、e、f 为拟合待定系数。

按照如下公式计算即可得到该级荷载作用下，P 和 Y 沿深度分布的数据：

$$y(z) = \iint \frac{M(z)}{EI} \mathrm{d}z^2 \qquad (6\text{-}22)$$

$$p(z) = \frac{\mathrm{d}^2 M(z)}{\mathrm{d}z^2} \qquad (6\text{-}23)$$

式中得到 y 时需进行两次积分，因而会多出两个未知参数，需要有两个边界条件来确定这两个待定参数。通常可利用桩顶加载处测得的横向位移作为一个边界条件。对于长度较大的柔性桩，可近似地认为其桩端嵌固段的横向位移为零，由此得到第二个边界条件。

按照上述方法，每施加一级外荷载即可得到某一深度处的一组 P 和 Y 数据。施加多级荷载即可得到多组离散的 P 和 Y 数据点，从而得到了该深度处的 P-Y 曲线。

2）振动台试验中测量土体分层应变的实用新型应变带

（1）应变带组成

条形的柔性防水带；在柔性防水带表面纵向粘贴一排应变片，应变片的表面涂覆防水涂层；应变片的敏感栅方向与柔性防水带的长度方向一致。

（2）试用方法和工作原理

在土体振动台测试中，将应变带竖向置于分层土体中，夯实土体使应变带和土体接触良好，如图 6-11 所示。向土体施加振动，土体产生分层剪切变形，从而使柔性防水带变形，应变片随柔性防水带的变形产生微应变，应变片的微应变即为土体的剪切形变。通过测量应变片的微应变即可得到土体分层应变。

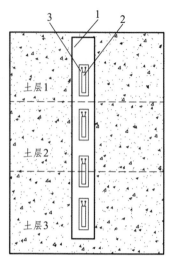

1—条形柔性防水带；2—应变片；
3—防水涂层。

图 6-11　应变带应用于分层
土体测量的截面示意图

6.2.3　加速度传感器

加速度传感器是一种能够测量加速力的电子活动监测器，它能感受加速度并转换成可用输出信号。在 1 ~ 64 Hz 的设备频率下典型的加速度测量范围为（0.1 ~ 10）g。通过对加速度的测量，可以了解物体的运动状态。采用硅微机械加工技术（MEMS）制作的加速度传感器得到了迅速发展。这种加速度传感器与传统加工方法制造的加速度传感器相比具有体积小、成本低、质量小、功耗低、性能稳定等特点。而且，加工工艺一定程度上与传统的集成电路工艺兼容，易于实现数字化、智能化和批量生产。目前，这种加速度传感器在工业、军事、航天和民用领域检测中有着广泛的应用。

1．分类及工作原理

加速度传感器的种类繁多，从测试原理上可分为压电式、电容式、压阻式、伺服式、谐振式等。

1）压电式

压电效应：对于不存在对称中心的异极晶体加在晶体上的外力除了使晶体发生形变以外，还将改变晶体的极化状态，在晶体内部建立电场，这种由于机械力作用使介质发生极化的现象称为压电效应。

压电式加速度传感器又称压电加速度计，属于惯性式传感器。压电式加速度传感器就是利用压电陶瓷或石英晶体在机械力作用下产生压电效应的原理工作的。在加速度计受振动时，质量块加在压电元件上的力也随之变化，内部的晶体随之产生变形。由于这个变形会产生电压，所以只要计算出产生电压和所施加的加速度之间的关系，就可以将加速度转化成电压输出。当被测振动频率远低于加速度计的固有频率时，力的变化与被测加速度成正比。

2）电容式

基于世界领先的 MEMS 硅微加工技术制作的微电容式加速度计具有一系列优点。在电容式加速度传感器中，采用一个惯性质量块作为敏感检测质量，检测电容的一个极板制作在惯性质量块上。它的工作原理是基于电容原理的极距变化，当有加速度作用时，惯性质量块会沿检测敏感方向运动，从而改变质量块上可动极板与衬底上固定极板之间的电容值，通过对该电容值的测量即可得到加速度的值。

3）压阻式

压阻效应：半导体单晶硅材料在受到外力作用时，会产生肉眼察觉不到的极微小应变，其原子结构内部的电子能级状态发生变化，从而导致其电阻率剧烈地变化，由其材料制成的电阻也就出现极大变化，这种物理效应叫压阻效应。

压阻式加速度传感器的工作机理就是基于弹性元件的压阻效应。弹性元件一般采用硅梁外加质量块，质量块由悬臂梁支撑，并在悬臂梁上制作电阻，连接成测量电桥。在惯性力作用下质量块上下运动，悬臂梁上电阻的阻值随应力的作用发生变化，引起测量电桥输出电压变化，以此实现对加速度的测量。

4）伺服式

伺服式加速度传感器是一种闭环测试系统，具有动态性能好、动态范围大和线性度好等特点。传感器的振动系统由"$m\text{-}k$"系统组成，与一般加速度计相同，但质量 m 上还接着一个电磁线圈，当基座上有加速度输入时，质量块偏离平衡位置，该位移大小由位移传感器检测出来，经伺服放大器放大后转换为电流输出，该电流流过电磁线圈，在永久磁铁的磁场中产生电磁恢复力，力使质量块保持在仪表壳体中原来的平衡位置上，所以伺服加速度传感器在闭环状态下工作。

该传感器有反馈作用，增强了抗干扰的能力，提高了测量精度，扩大了测量范围，因此伺服加速度测量技术被广泛应用于惯性导航和惯性制导系统中，在高精度的振动测量和标定中也有应用。

5）谐振式

一种新型微谐振式加速度传感器由一个支撑框架、一个质量块以及双端固定在质量块与框架之间的两根支撑梁及两组谐振器组成。谐振梁刚度小于支撑梁刚度，且谐振梁厚度小于支撑梁厚度，当质量块受加速度作用时，通过这种支撑梁与谐振梁厚度不同的特殊设计，加速度作用于质量块的惯性力转换为谐振梁的轴向应力并得到放大，提高了传感器的灵敏度。

传感器采用电磁激励电磁拾振来检测谐振频率，外加永磁体在谐振梁周围提供一个均匀磁场，当谐振梁激振电极上通过交变电流时，受安培力作用谐振梁做受迫振动，而拾振梁在激振梁带动下同频振动切割磁场线，形成幅值与拾振梁振幅相关的拾振电流。当器件受垂直于器件平面的加速度作用时，谐振梁谐振频率随梁所受轴向应力而变化，通过检测其谐振频率变化即可得到待测加速度。

2. 应 用

加速度传感器应用范围广泛，一般来讲它有 6 种检测感应功能：倾斜度检测、运动检测、定位检测、震动检测、振动检测和自由落下检测[108]。

案例：

1）加速度传感器应用于地震检波器设计

地震检波器是用于地质勘探和工程测量的专用传感器，是一种将地面振动转变为电信号的传感器，能把地震波引起的地面震动转换成电信号，经过模/数转换器转换成二进制数据，进行数据组织、存储、运算处理。加速度传感器是一种能够测量加速力的电子设备，典型应用在手机、笔记本式计算机、步程计和运动检测等。

2）加速度传感器技术应用于车祸报警

在汽车工业高速发展的现代，汽车成为人们出行的主要交通工具之一，但是交通事故的伤亡数量也十分巨大。在信息化时代利用高科技去挽救人的生命将会是重大研究的主题之一，基于加速度的车祸报警系统正是基于这种设计理念，相信这种系统的推广，会给汽车行业带来更多的安全。

3）加速度传感器应用于监测高压导线舞动

目前，国内对导线舞动监测多采用视频图像采集和运动加速度测量两种主要技术方案。前者在野外高温、高湿、严寒、浓雾、沙尘等天气条件下，不仅对视频设备的可靠性、稳定性要求很高，而且拍摄的视频图像的效果也会受到影响，在实际使用中只能作为辅助监测手段，无法定量分析导线运动参数；而采用加速度传感器监测导线舞动情况，虽可定量分析输电导线某一点上下振动和左右摆动的情况，但只能测出导线直线运动的振幅和频率，而对于复杂的圆周运动，则无法准确测量。所以我们必须加快加速度传感器的发展来适应诸如此类环境的应用。

3. 技术指标

（1）灵敏度方面的技术指标：对于一个仪器来说，一般都是灵敏度越高越好的。因为灵敏度越高，对周围环境发生的加速度的变化就越容易感受到，加速度变化大，很自然地，输出的电压的变化相应地也变大，这样测量就比较容易实现，而测量出来的数据也会比较精确。

（2）带宽方面的技术指标：带宽指的是传感器可以测量的有效频带，比如，一个传感器有上百赫兹带宽就可以测量振动，一个具有 50 Hz 带宽的传感器就可以有效测量倾角。

（3）量程方面的技术指标：测量不一样的事物的运动所需要的量程都是不一样的，要根据实际情况来衡量。

4. 前景展望

加速度传感器作为一种成熟技术在各种检测感应功能方面的研究已经日趋深入和广泛，经过几十年的发展，加速度传感器在工作原理及测试技术等方面已趋于完善。但是目前国内对加速度传感器的理论研究及工程应用与国际先进水平相比仍然还有一定差距，今后高分辨率和大量程的 MEMS 加速度传感器应成为研究的重点，多维加速度传感器[109]的开发也应成为重要的研究方向，另外要选择利于操作的工艺手段，降低制作成本，简化工艺。

6.2.4 土压力盒

土压力的测量是土力学理论和实验研究的一个重要内容，是土工测试技术中的重要环节。通过土压力传感器即土压力盒获取有关土压力信息是最直接的手段。土压力传感器的研制和使用在国内外已有几十年的历史，广泛应用于沉井、挡土墙、隧道、土坝及路基等工程结构测试中，可进行长期监测和自动化测量。本书主要介绍两种典型的土压力盒：振弦式土压力盒和电阻应变式土压力盒。

1. 土压力盒基本构造

土压力盒的形状为扁平圆形盒状金属结构，压力盒的外壳采用钢质，并制作成封闭结构。埋入土体中的状态如图 6-12 所示。

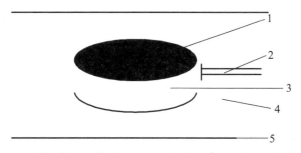

1—承压膜；2—导线；3—土压力盒；4—细砂；5—地基。

图 6-12　土压力盒外部结构图

2. 土压力盒的分类

土压力盒一般采用电测传感元件，按其测量荷载分类有静态和动态，按受压面工作状态分类有薄板式和活塞式，按埋入方式分类有埋入式和边界式，按外形分类有立式和卧式，按膜片数量分类有一次膜和二次膜，按其测试原理可分为电阻应变式、变磁阻式、振弦式等类型[110]。

1）振弦式土压力盒

振弦式土压力盒主要由振子、拾振元件、激振元件和放大电路四部分组成。其中振子即钢弦是核心元件，其本质就是一根张紧的钢丝；而传感器中的线圈、软铁块及永久磁铁则扮演两个角色，既是拾振元件又是激振元件。其采用机械振弦原理，具有长期稳定性好、环境适应力强、导线灵敏度高、蠕变小、适于长期观测等优点，缺点就是输出频率与外部荷载的非线性不易计算。

振弦式土压力盒是基于张紧钢弦频率随钢弦张力、应变的变化而变化这一基理工作的。当受到环境压力作用时，弹性钢板受力挠曲，钢弦上就会产生一定的张力，同时弦的自振频率也发生了相应的变化。钢弦的自振频率和弦的张力之间满足一定的数量关系，即张力与固有频率的平方成正比。

$$F = kf^2 \tag{6-24}$$

式中 F——张力值；

  k——系数，一般取 8.417×10^{-4}；

  f——自振频率。

在整个测量过程中，传感器输入量为压力，输出量则为频率，在振弦式压力传感器内置入某种智能芯片，就能够直接换算出压力值，读数仪直接读取的就是应变或压力。

土压力盒测量过程中，要考虑温度对测试结果的影响。在土压力盒装置中内置温度传感器并保存温度修正系数，则可以实现温度智能化修正。如果装置中没有温度传感器，也可以通过人工修正，修正后压力 F_x 为：

$$F_x = F - (T - T_0)(m - m_0) \tag{6-25}$$

式中 F——测量压力值；

  T——测量温度；

  T_0——起始温度；

  m——测量温度系数；

  m_0——起始温度系数。

不同型号的土压力盒技术指标也存在差异，但它们都包括了以下几个主要方面：规格、精度、分辨率、测试的温度范围、零点漂移、温度漂移以及外形尺寸。下面为 JXY-2 型振弦式压力盒的技术指标：

规格：0.1~1.0 MPa；精度：小于 2%FS；分辨率：不大于 0.2%FS；温度范围：−10~50 ℃；零点漂移：3~5 Hz/3 个月；温度漂移：3~4 Hz/10 ℃；外形尺寸：114 mm×28 mm。

2）电阻应变式土压力盒[111]

电阻应变式土压力盒主要由受力板、工作膜片、箔式应变片、连接板、压盖、O 形圈、引线等几部分构成。其最大特点是，当压力盒受力时，弹性敏感元件的变形比弹性传力元件大若干倍，提高了压力盒的灵敏度。

电阻应变式土压力盒是基于一般箔式电阻应变片电阻的变化率随弹性元件表面应变的变化而变化的关系制成的电测传感器。当土压力作用在工作膜片上时，膜片产生挠曲变形，粘贴在膜片上的应变片随之产生伸长或压缩，从而引起自身电阻的改变。电信号传输到应变仪，由事先标定的"压力-应变"关系即可得土压力值。

$$F = (\mu\varepsilon - A)K \tag{6-26}$$

式中　$\mu\varepsilon$——微应变；

　　　A——标定参数；

　　　K——应变片的灵敏度系数。

土压力盒在使用时会产生误差，误差原因如下：

（1）在测量过程中，由土压力盒中应变片的粘贴方位不精确造成的误差是主要方面。经数据统计，一般情况下，电阻应变片粘贴不准确所产生的测量误差一般占力传感器测量误差的 5%~10%，因此提高粘贴精确度是很有必要的。

（2）温度变化对电阻值的变化率会产生一定影响，因此要采用适当的方法进行温度补偿，提高测量精度。

以 BY-3 型电阻应变计式压力盒为例，其主要工作指标如下。

规格：0.1~1.0 MPa；超载能力：20%；输出灵敏度：满量程时为 1 mV/VFS；输出阻抗：350 Ω；绝缘电阻：大于 500 MΩ；使用温度：−30~60 ℃；接桥方式：全桥；外形尺寸：30 mm×15 mm。

3. 土压力盒的选择原则[112]

（1）实用性原则：主要考虑结构形式、安装尺寸、灵敏度、工作量程、输出入阻抗、绝缘特性等要求。

（2）可靠性原则：尽可能选取成熟先进的传感器，以保证工作与循环寿命以及长时间储存信息的稳定性。

（3）耐久性原则：主要考虑外界环境对装置工作性能的影响程度，振动、冲击、温度、磁场等对测量造成的误差。

（4）经济性原则：在满足工作要求的情况下，尽可能选用比较经济的测量手段。

4．土压力盒的标定方法[113]

实验室常用的标定方法一般有：气压标定、液压标定（油标）、土介质中标定（砂标）以及现场模拟标定等。

（1）气压标定：已知压强的压缩气体对放入密闭压力缸中的压力盒加压，通过频率仪测定土压力盒的输出频率，建立压力与频率之间的对应关系，得出标定曲线。

（2）液压标定：液压标定与气压标定的区别仅在于加压方式换成了液压。

（3）土介质中标定：考虑土压力盒实际工作状态下受力不均匀，存在拱效应和应力集中等因素，将土压力盒置于土压力标定罐中进行实验标定。

（4）现场模拟标定：以上三种均为实验室标定方法，当室内标定不能完全反映土压力盒在应用过程中的实际工作状况时，可以进行现场的标定实验。但现场标定实验由于各种难以预测的因素，标定结果一般不是很稳定，经常得不到满意的结果，并且不经济，一般工程中很少采用。

5．土压力盒测量的埋设[114]

（1）测试两种材料的接触应力时，应尽量减小土压力盒埋深，并注意在压力盒受力测试面上埋设 5 cm 左右的标准砂，以避免应力集中，便于应力分布。

（2）测试土中某点应力时，由于从土的侧面开挖，较好地保持了土的原性状，并最大限度地避免了土的扰动，因而更好地测出土的实际压强。

（3）土压力盒上覆土要尽量密实，尽可能保持和原状土相符合。

6．影响土压力盒测量的因素[115]

（1）嵌入效应：将土压力盒置于土体内部或结构物表面进行测试时，由于土压力盒的嵌入效应，势必对原结构的应力场产生扰动，从而改变原有的应力分布。经研究表明：对于测量土体内部应力的土中土压力盒，要使厚径比尽可能小，也就是土压力盒越薄越好。一般取厚径比 0.1~0.2；对于测量结构物表面土压力的土压力盒来说，不需要考虑它的嵌入效应。

（2）周围土与土压力盒的相互作用：在土压力作用下，压力盒的感应膜都会变形挠曲，由于压力盒刚度和土体的刚度是不一致的，受膜面的变形挠曲影响，压力盒周围的应力场出现重分布，从而影响了土压力的测量精度。因此必须尽量减小土与盒的相互作用，提高土压力盒本身的性能品质。

（3）集中应力的影响：在土中土压力盒埋置过程中，上覆土层的填筑压实会扰动土体，使土压力盒过多承担土体中的应力，造成所谓的应力集中。

（4）环境的影响：环境温度是土压力测量过程中最突出的影响因素。另外，压力盒被腐蚀、土中水分迁移会影响压力盒的测量精度。

6.2.5　位移传感器

位移传感器又称线性传感器，是一种金属感应的线性器件。它可以把位移量转换为电量，从而实现对位移量的检测。位移的测量一般分为实物形状测量和机械位移测量两种。由于实际工程应用的各个领域涉及军事、工业、科研等都存在位移这一物理因素，位移传感器成为应用最广泛的传感器之一。

1.　位移传感器的发展

位移传感器的发展经历了两个阶段：经典位移传感器阶段和半导体位移传感器阶段。20 世纪 80 年代以前，人们以经典电磁学为理论基础，把不便于定量检测和处理的位移、速度、位置、尺寸、液位、振动、流量等物理量转换为易于定量检测、便于做信息传输与处理的电学量[116]。近 30 年来，位移传感器应用领域不断扩大，同时越来越多的创新技术被运用到传感器中，如超声波技术、磁致伸缩技术、光纤光栅技术等，位移传感器技术已取得了突破性进展。

2.　位移传感器的分类及工作原理

按测量原理的不同，位移传感器主要可分为电位器式、电阻应变式、电容式、电感式、磁敏式以及光电式六大类。

1）电位器式

电位器式位移传感器的可动电刷与被测物体相连，电刷被待测量位移部分拖动，输出与位移成正比的电阻或电压的变化。阻值的变化量反映了位移的量值，阻值的增加和减小，则表明了位移的方向。

电位器式位移传感器分为绕线电位器和非绕线电位器两种：绕线电位器一般由电阻丝绕制在绝缘骨架上，由电刷引出与滑动点电阻对应的输入变化；

非线绕式电位器位移传感器是在绝缘基片上制成各种薄膜元件,如合成膜式、金属膜式、导电塑料和导电玻璃釉电位器等。

2)电阻应变式

该传感器是由弹性敏感元件和电阻应变片构成,当测量杆随试件产生位移时,带动敏感元件产生变形,敏感元件表面的电阻应变片将应变信号转化为电信号,并且其产生的应变与测量杆的位移成线性关系。这种传感器具有线性好、分辨率较高、结构简单和使用方便等特点,其位移测量范围较小,通常为 0.1 μm ~ 0.1 mm,测量精度小于 2%,线性度为 0.1% ~ 0.5%。

3)电容式

电容传感器的敏感元件由两个具有共用电极的电容器组成。差动式电容传感器当一个电容增加时,另一个电容减少。准差动电容式传感器由一个固定电容器和一个可变电容器组成,通过检测电容的变化就可测得传感器感受的物理量(即位移)的变化。它具有稳定性好、功率小、分辨率高、动态特性好、环境适应性好、可进行非接触测量等特点,但是电容传感器存在寄生电容和分布电容,会影响测量精度,且常用的变隙式电容传感器存在测量量程小,且存在非线性误差等缺点。一般使用极距变化型电容式位移传感器和面积变化型电容式位移传感器。

4)电感式

电感式位移传感器是利用电磁感应原理,把被测位移量转换为线圈的电感变化,输出的电感变化量再经应变仪放大后用光线示波器记录,即可测得位移变化。该传感器的优点是结构简单可靠、没有摩擦、灵敏度高、输出功率大、测量精度高、测量范围宽、有利于信号的传输。其主要缺点是灵敏度、线性度和测量范围相互制约,传感器本身频率响应低,不宜高频动态测量,对传感器线圈供电电源的频率和振幅稳定度要求较高。在实际应用中,差动电感式位移传感器应用比较广泛。这种传感器是将两个相通的电感线圈按差动方式连接起来,利用线圈的互感作用将机械位移转换为感应电动势的变化。

5)磁敏式

磁敏式传感器包含有磁致伸缩扭转波式、霍尔式、磁栅式、感应同步器四种类型。

(1)磁致伸缩扭转波位移传感器是利用磁致伸缩扭转波效应进行的。磁致伸缩是指,当铁磁材料置于磁场中时,它的几何尺寸会发生变化的现象。相反,极化了的铁磁棒发生形变时,会在棒内引起磁场强度的变化,这种效应就是磁致伸缩逆效应。通常利用磁致伸缩效应引发磁致伸缩材料的机械振动,向周围介质发射超声波,利用逆效应通过接收线圈就可接收该超声信号。这种位移传感器安装很简单、方便，能承受高温、高压和高振荡的环境。最重要的一点是它具有其他位移传感器所不能达到的测量大位移、高精度的特点，在国外被广泛应用于各个部门，特别是易燃、易爆、易挥发、有腐蚀的场合。

（2）霍尔位移传感器主要由两个半环形磁钢组成的梯度磁场和位于磁场中心的锗材料半导体霍尔片（敏感元件）装置构成。此外，还包括测量电路（电桥、差动放大器等）及显示部分。霍尔片置于两个磁场中，调整它的初始位置，即可使初始状态的霍尔电势为零。当霍尔元件通过恒定电流时，在其垂直于磁场和电流的方向上就有霍尔电势输出。霍尔元件在梯度磁场中上下移动时，输出的霍尔电势 V 取决于其在磁场中的位移量 x。测得霍尔电势的大小便可获得霍尔元件的静位移。磁场梯度越大，灵敏度越高；梯度变化越均匀，霍尔电势与位移的关系越接近于线性。霍尔位移传感器的惯性小、频率响应高、工作可靠、寿命长，常用于将各种非电量转换成位移后再进行测量的场合。

（3）磁栅也是一种测量位移的数字传感器，它是在非磁性体的平整面上镀一层磁性薄膜，并用录制磁头沿长度方向按一定的节距 K 录上磁性刻度线而构成的，因此又把磁栅称为磁尺。磁栅可分为单面型直线磁栅、同轴型直线磁栅和旋转型磁栅等。磁栅主要用于大型机床和精密机床的位置或位移量的检测元件。磁栅位移传感器具有结构简单、使用方便、测量范围大（1~20 m）和磁信号可以重新录制等优点。其缺点是需要屏蔽和防尘。

（4）感应同步器是利用电磁感应原理把位移量转换成数字量的传感器。它有两个平面绕组，类似于变压器的初级绕组和次级绕组，位移运动引起两个绕组间的互感变化，由此可进行位移测量。按测量位移对象的不同感应同步器可分为直线型感应同步器和圆盘型感应同步器两大类，前者用于直线位移的测量，后者用于角位移的测量。感应同步器具有测量精度高、抗干扰能力强、非接触性测量、可根据需要任意接长等优点。直线型感应同步器已广泛应用在各种机械设备上，圆盘型感应同步器应用于导弹制导、雷达天线定位等领域。

6）光电式

光电式位移传感器有激光式、光栅式、光纤式。

（1）激光传感器是一种非接触式的精密激光测量装置。它是根据激光三角原理设计和制造的，由半导体激光机发出一定波长的激光光束，经过发射光学系统后会聚在被测物体表面，形成漫反射。该漫反射像经过光学系统后成像在 CCD 上，并被转换成电信号。当被测面相对传感器在 Y 方向移动时，漫反射像将移动，在 CCD 光敏面上的成像也将跟着移动位置，这样即输出不同的电信号后，再将位移量最终转换成电信号，与其他设备进行接口。

（2）光栅传感器属于数字式传感器，可以将位移转换为数字量输出。其原理是利用计量光栅的莫尔条纹现象进行位移测量的，它通常由光源、标尺光栅、指示光栅和光电器件组成。发光二极管经聚光透镜形成平行光，平行光以一定角度射向裂相指示光栅，由标尺光栅的反射光与指示光栅作用形成莫尔条纹，光电器件接收到的莫尔条纹光强信号经电路处理后可得到两光栅的相对位移。

（3）光纤位移传感器分为元件型和反射型两种形式。元件型位移传感器通过压力或应变等形式作用在光纤上，使光在光纤内部传输的过程中，引起相位、振幅、偏振态等变化，只要能测得光纤的特性变化，即可测得位移，在这里光纤是作为敏感元件使用的。反射式光纤位移传感器工作原理是入射光纤的光射向被测物体，被测物体反射的光一部分被接收光纤接收，根据光学原理可知反射光的强度与被测物体的距离有关，通过测得反射光的强度，可知物体位移的变化。

7）超声波位移传感器

超声波位移传感器是利用超声波在两种介质分界面上的反射特性而制作的。如果从发射超声波脉冲开始，到接收换能器接收到发射波为止的这个时间间隔为已知，就可以求出分界面的位置，从而对位移进行测量。根据发射和接收换能器的不同功能，传感器又分为单换能器和双换能器。一般在空气中超声波的传播速度 V 主要与温度 T 有关，即 $V = 33\ 115 + 01\ 607T$，所以当温度已知时，超声波的速度是确定的，只需记录从发射到接收超声波的时间即可求出被测距离。该传感器操作简单，价格低廉，在恶劣环境下也能保持较高的精度，安装和维护方便，但易受温度的影响。

3. 各类位移传感器性能比较

表 6-1 为各类传感器工作性能比较表。从表中可以看出，不同的位移传感器在结构、测量范围、精度、线性度、抗干扰能力、适应工作环境等方面都有其特点。因此，在具体应用中，应根据实际情况来选择适合类型的传感器。

表 6-1　各类传感器的工作性能比较表

类　　型		测量范围	精确度	线性度	特　　点
电位器式	线绕式	1~300 mm	0.1%	±0.1%	结构简单，使用简单。存在摩擦和磨损
	非线绕式	1~1 000 mm	0.5%	±0.5%	分辨率低，电噪声大。机械结构牢固
电阻应变式		0.1 μm~0.1 mm	小于2%	0.1%~0.5%	线性好、分辨率高。但对温度敏感、测量范围小

续表

类 型	测量范围	精确度	线性度	特 点
自感式	±25 μm ~ ±50 mm	0.1 μm	—	精度高、灵敏度高、频响低
电旋涡式	0 ~ 100 mm	±1% ~ 3%	< 3%	灵敏度高、响应快
激光式	2 m	—	—	分辨率为 0.2 μm
光纤式	0.5 ~ 5 mm	1% ~ 3%	0.5% ~ 1%	灵敏度高、抗干扰、制作工艺高
电容式	0.001 ~ 10 mm	0.005%	±1%	分辨率高、易受温度湿度变化影响
霍尔效应	±5 mm	0.5%	1%	动态特性好、分辨率高
光 栅	0.001 mm ~ 10 m	3 μm/m	—	分辨率高
磁 栅	1 ~ 20 m	5 μm/m	—	工作速度快
感应同步器	0.001 ~ 10 mm	3 μm/m	—	模拟和数字混合系统、分辨率高

4. 主要技术指标[117]

位移传感器的主要技术指标包括分辨率、测量误差、工作环境、通信方式、供电形式等几个方面。例如，某电容式位移传感器的技术指标如下：

（1）分辨率：0.01 mm。

（2）测量误差：不大于 0.1 mm。

（3）工作环境：温度为 – 20 ~ 70 ℃，湿度小于 100%。

（4）通信方式：RS-485 接口，内嵌 NIS1.0 通信协议或 MODBUS 通信协议。

（5）供电形式：采用 7.5 ~ 15 V 宽电压范围的直流供电，或 9 ~ 12 V 的交流供电。

6.2.6 孔隙水压计（渗压计）

孔隙水压力计也常称为渗压计，是一种用于测量建筑基础、挡土结构、沉井、船坞、桥梁墩台、隧道等地下结构的孔隙水压力传感器。它由传感器、透水石和开口钢管等部件组成，把水压力从测量的总土压力中分测出来。孔隙水压力计形式多种，一般分为竖管式、水管式、气压式和电测式四大类。电测式又因传感器不同分为差别电阻式、振弦式、电阻应变式和压阻式等。

孔隙水水压计的技术指标如下：

规格：2、4、6、8、10、16、25、40、60。

测量范围：0.2、0.4、0.8、1.0、1.6、2.5、4.0、6.0 MPa。

分辨率：≤0.08%F. S；综合误差：≤1.5% F. S.。

工作温度：−25 ~ +60 °C。

6.2.7　拉力传感器

拉力传感器又叫电阻应变式传感器，属于称重传感器系列，是一种将物理信号转变为可测量的电信号输出的装置，广泛运用在工业称重系统、建筑行业和运动器材等测力场合。拉力传感器是以弹性体为中介，通过力作用在传感器两边的电阻应片上使它的阻值发生变化，再经过相应的电路转换为电信号，从而实现后面的控制。它的优点是精度高、测量范围广、寿命长、结构简单、频响特性好。工作环境对于正确选用拉力传感器至关重要，它不仅关系到拉力传感器能否正常工作以及它的安全和使用寿命，甚至关系到整个平衡器的可靠性和安全性。

拉力传感器的技术指标如下：

额定载荷：5、10、20、30、100、200、300、500 kg，1、2、3、5、10、15、20 t；

精度等级：C2；

绝缘电阻（MΩ）：≥5 000（DC 100 V）；

综合误差（%F.S）：0.03；

激励电压（V）：9 ~ 12（DC）；

灵敏度（mV/V）：2.0 ± 0.02；

温度补偿范围（°C）：−10 ~ +40；

非线性（%F.S）：0.03；

使用温度范围（°C）：−35 ~ +65；

滞后（%F.S）：0.03；

零点温度影响（%F.S/10 °C）：0.03；

重复性（%F.S）：0.01；

灵敏度温度影响（%F.S/10 °C）：0.03；

蠕变（%F.S/30 min）：0.02；

安全过载范围（%F.S）：150；

零点输出（%F.S）：±1；

极限过载范围（%F.S）：200；

输入阻抗（Ω）：700±7；

防护等级：IP65；

输出阻抗（Ω）：700±7。

6.2.8　光纤光栅

　　光纤（光导纤维）是一种由玻璃或塑料制成的，可用来传递光的纤维。从广义上讲，凡是采用了光纤的传感器都属于光纤传感器。光纤光栅传感器与传统电测传感器（例如：电阻应变计）相比具有一系列的优点：① 光纤质轻径细，能埋入智能结构；② 抗电磁干扰能力和耐腐蚀能力强；③ 可单线多路复用，构成传感网络和阵列；④ 灵敏度高、频带宽、动态范围大；⑤ 使用寿命长；⑥ 传输信息损耗小，可用于远程监测。诸多优点使光纤光栅传感器成为在工程传感和健康监测领域应用最广的光纤传感器，拥有非常可观的发展前景。

1. 光纤光栅结构及分类

　　光纤由内纤芯和外包层两部分组成,包在包层外面的涂敷层起保护作用。一般掺杂纤芯折射率大于包层折射率。根据光学原理可知，光在掺杂纤芯和包层的边界发生全反射，可以使光在纤芯中传播。利用掺锗光纤材料的光敏性，通过紫外光曝光的方法将光栅的栅格结构嵌入光纤内部，其作用实质上是在纤芯内形成一个窄带的（透射或反射）滤波器或反射镜，这样便形成了基本的光纤光栅结构，如图 6-13 所示。

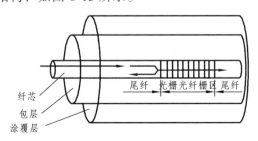

图 6-13　光纤光栅结构图

光纤光栅主要分为两大类：Bragg 光栅和透射光栅。光纤光栅从结构上可分为周期性结构和非周期性结构，从功能上还可分为滤波形光栅和色散补偿型光栅。

2. 光纤光栅传感器的工作原理[118]

光纤布拉格光栅（Fiber Bragg Grating，FBG）传感系统的工作机理、制作工艺研究较为成熟，已成为国内外光纤光栅应用领域中的研究热点。下面以 FBG 传感器为代表展开介绍，如图 6-14 所示。

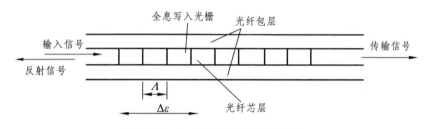

图 6-14　布拉格光栅折射率变化

$$\lambda_{\mathrm{B}} = 2 n_{\mathrm{eff}} \Lambda \tag{6-27}$$

式中　λ_{B}——反射光的中心波长；

　　　n_{eff}——光栅的有效折射率；

　　　Λ——光栅折射率调制周期。

当光源发出的一束宽光谱光进入光纤时，满足光纤光栅布拉格条件的波长将在栅区产生反射，其余的波长透过光纤光栅继续传输。当被测物理量（如温度或应变）发生变化时，光栅折射率或调制周期随之发生变化，这都将导致 FBG 波长的改变，如图 6-15 所示。

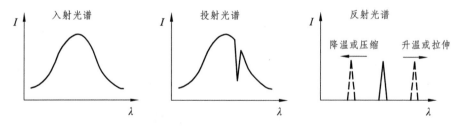

图 6-15　布拉格光栅光纤频谱特性

在荷载作用下，结构与 FBG 传感器一同变形。当光栅受到拉伸或者受热膨胀时，λ_{B} 增大；当光栅压缩或者遇冷时，λ_{B} 减小。对于采用标准单模石英光纤制成的光纤光栅，波长的改变量与温度、应变的关系如下：

$$\frac{\Delta\lambda_B}{\lambda_B} = (1 - P_e)\Delta\varepsilon + (\alpha + \zeta)\Delta T \qquad (6\text{-}28)$$

式中：$\Delta\lambda_B$ 和 λ_B 分别为中心波长的变化量和没受外力、温度影响时的初始中心波长；α 和 ζ 分别为光纤的热膨胀系数和热光系数；ΔT 为温度变化量；P_e 为有效光弹系数，$P_e = (n_{eff}^2/2)[P_{13} - \mu(P_{11} - P_{12})]$，其中 P_{11}、P_{12} 为纤芯材料的弹光系数，μ 为光纤泊松比。一般的掺锗石英光纤，$P_{11} = 0.121$，$P_{22} = 0.270$，$\mu = 0.17$，$n_{eff} = 1.46$。

波长改变量 $\Delta\lambda_B$ 可以从光栅的反射光谱中通过光谱分析仪检测出来，并且将这个改变的布拉格波长与以前没受影响时的布拉格波长进行比较，可以直接获知待测量的变化信息。

图 6-16 为 FBG 系统工作机理图示。

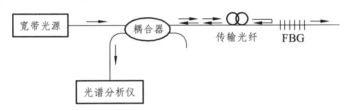

图 6-16　FBG 系统工作机理图示

3. 光纤光栅传感器在工程中的应用

在传统的工程结构中埋入光纤光栅材料作为传感元件对结构进行温度、应力、应变、压力、振动、位移和施工质量的监测，并将传感元件与信息处理系统相结合，形成具有传感系统的智能化结构[119]，从而实现对工程结构的健康状态参数和安全可靠性进行在线、实时、动态监测与控制，目前在工程的健康监测如边坡内部应力监测、高速公路交通监测、水坝寿命检测以及矿场、隧道的健康监测、桥梁健康监测中得到了应用。

1）应变传感器（图 6-17）

图 6-17　光纤光栅应变传感器

当温度不变时，应变 $\Delta\varepsilon$ 直接影响光纤光栅的波长变化量，并与波长变化量成线性关系。如下式：

$$\Delta \lambda_{B} = (1 - P_{e}) \lambda_{B} \Delta \varepsilon \qquad (6-29)$$

基于这一原理制成的光纤光栅应变传感器已应用于桥梁裂缝信息监测、桥梁主梁和索塔的应力监测、基坑开挖的地质预警系统等各个领域，成为应用最广泛、技术最成熟的光纤传感器。

2）温度传感器（图 6-18）

图 6-18　光纤光栅温度传感器

温度也是直接影响光纤光栅波长变化的因素，当应变为零时，ΔT 与 $\Delta \lambda_{B}$ 之间有较好的线性关系。

$$\Delta \lambda_{B} = (\alpha + \zeta) \lambda_{B} \Delta T \qquad (6-30)$$

根据中心波长的漂移量，就可以得出被测温度的变化量。基于光纤光栅技术的温度传感器弥补了传统热电偶温度传感器和热敏电阻温度传感器无法进行大数据采集传递和长期监测的不足，采用一根光缆、多个光纤光栅组成的温度传感系统，可实现准分布式测量。

3）位移传感器

悬臂梁结构如图 6-19 所示，假设该梁为理想的等强度悬臂梁（即悬臂梁均匀等厚，梁表面任意截面的最大弯曲应力 σ 相同）。将光纤布拉格光栅（FBG）刚性粘结于悬臂梁表面，自由端在力 F 的作用下光纤光栅随之发生拉伸或压缩，从而使 FBG 波长发生漂移。x 为光栅粘贴点与梁的固定端的距离，L 为梁长，h 为梁高，$\omega(L)$ 为悬臂梁自由端的挠度[120]。

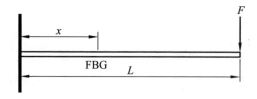

图 6-19　悬臂梁结构求解位移图示

由力学知识结合光纤光栅应变传感原理，推导出反射波长中心位移公式为：

$$\frac{\Delta\lambda_{B}}{\lambda_{B}} = \frac{(1-P_{e})h\omega(L)}{L^{2}}$$ （6-31）

所以，波长相对变化量与悬臂的挠度 $\omega(L)$ 呈线性关系，与光栅在梁上的位置 x 无关。根据悬臂梁自由端挠度的大小，就可确定波长的改变量。

目前，国内商品化的位移传感器，可用于建筑物、桥梁、大坝等的施工裂缝、混凝土内部拉缝等的监测，如图 6-20 所示。

图 6-20　光纤光栅位移传感器

4）压力传感器

中国船舶重工集团公司第七一五研究所何少灵等工程师们研制了一种可实现温度自补偿的新型高精度光纤光栅压力传感器[121]，如图 6-21 所示。

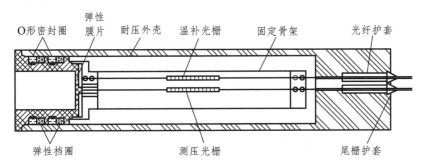

图 6-21　光纤光栅压力传感器结构示意图

传感器基于弹性膜片结构，测压光栅（PS FBG）和弹性膜片直接连接，膜片在外界压力的作用下其中心挠度发生改变，从而引起测压光栅的伸长或缩短，造成中心波长的漂移，通过检测该漂移量就可以计算出压力的变化量。温补光栅（TC FBG）与弹性膜片分离，使之对环境的温度敏感，用以作为测压光栅的温度补偿。

这样在压力的测量过程中，测压光栅受外力和温度作用，而温补光栅只受温度影响，两者数据做差，便实现了温度的自动补偿。为了使两根光栅对环境温度的响应基本相同,测压光栅和温补光栅都施加了一定大小的预拉力。

5）加速度传感器

利用光纤光栅的应变效应设计光纤光栅加速度计。通过一个弹性元件将环境加速度的变化转化为光纤光栅应变的变化，继而引起布拉格反射波长的漂移。检测漂移量就可以得到加速度的变化。

比较常用的弹性元件有梁式、竖直式和扭转式三种结构形式，其核心原理都是一个惯性体在惯性力的作用下，使埋在复合材料中的光纤光栅受到横向力作用产生应变，从而导致光纤光栅的布拉格波长变化。如今在水下目标监测、地震波监测、航空航天等诸多应用领域都需要多维的振动加速度信息，因此能够实现多维加速度测量的光纤光栅加速度传感器是今后的一大研究热点。

除以上介绍的光纤光栅传感器外，光纤光栅传感器研究人员和设计人员基于光纤光栅的传感原理，还设计出光纤光栅流量传感器、光纤光栅液位传感器、光纤光栅伸长计、光纤光栅曲率计、光纤光栅湿度计、光纤光栅倾角仪、光纤光栅连通管等多种传感器。此外，人们还通过光纤光栅应变传感器制成用于测量公路运输情况的运输计，用于测量公路施工过程中沥青应变的应变计等。

6）光纤光栅传感器的应用实例

（1）1993 年加拿大卡尔加里的 Beddington Trail 大桥共安装了 18 个光纤光栅传感器对桥梁结构进行长期健康监测，是最早使用光纤光栅传感器进行应力测试的桥梁。

（2）在"水立方"的钢膜结构进行健康安全监测项目中，欧进萍院士、李惠教授和滕军教授提出了"水立方"钢膜结构健康监测系统方案。在整个结构上布置了 260 个光纤光栅类应变及温度传感器，总计 1 万多米长的光缆将各组传感器组织成一个有机的整体。定期采集"水立方"钢膜结构的温度场并考虑气固耦合效应的风荷载、关键构件的应力应变、钢膜结构的振动等有关数据，根据采集的数据和有限元模型，获得国家游泳中心的整体受力状况和振动水平，对监测期间的安全状态进行评估和预测。

（3）哈尔滨四方台松花江大桥监测项目组在桥上共布设了 60 只光纤光栅传感器，历经近 3 年的考验，光纤光栅应变和温度传感器的成活率达到 90% 以上。在大桥成桥试验和运营阶段，该监测系统较好地监测了结构的局部应变，为成桥质量评价和运营阶段的安全评价提供了可靠数据。

（4）南京三桥深水基础施工监测项目中共布设了 197 个光纤光栅应变传感器和 225 个温度传感器，是目前国际上施工控制中布设光纤光栅应变和温度传感器最多的桥梁基础。该监测项目在将光纤光栅温度传感器应用于南京三桥承台大体积混凝土温度场监测中取得了良好的控制效果，带来了显著的社会效益和经济效益，具有重要的推广应用价值。

4．光纤光栅传感器在应用中存在的问题[122]

1）安装布设问题

一般情况下，工程现场的检测环境相对恶劣，而光纤光栅比较脆弱，这对传感器的安装与布设提出了更高的要求。一方面要选择性能优良的黏结剂，使传感器与构件充分粘合，以保证传感器与结构件之间良好的应变传递；另一方面要采用优良的埋设技术（如光纤光栅传感器自动埋设技术），并用特殊材料制作的外壳对传感器进行封装，以保证传感器的使用寿命满足长期监测的目的。目前常用的封装方式主要有基片式、管式、基于管式的两端夹持式和聚合物封装方式。

2）温度与应变的交叉敏感问题

光纤布拉格光栅的中心波长的漂移量与温度和应变两个变量有关。在实际的工程实践中，不可避免地存在温度和应变对光纤光栅的交叉影响。它们产生的双重作用对光纤光栅中心波长的影响在精度要求比较高的情况下就不能忽略了。

当检测温度时，采用特殊的布设方法，使光纤光栅处于不受力状态，便可消除应变对温度的干扰；当检测应变时，可以采用双光栅构造，即测量光栅和温补光栅，利用温度自补偿的方法，消除温度对传感器的中心波长的影响，得到应变单独作用引起的波长变化。

3）传感信号的解调问题

光纤光栅传感系统中，信号解调一部分为光信号处理，完成光信号波长信息到电参量的转换；另一部分为电信号处理，完成对电参量的运算处理，提取外界信息，并显示出来。

目前研究的光纤光栅传感解调技术很多，如滤波解调法、干涉解调法、色散解调法、可调谐窄带光源解调法等，但是能实际应用的解调产品并不多，而且价格昂贵。因此要想让光纤光栅传感器走向实用化，就必须加大力度对光纤光栅解调方法的软硬件研究，提高精度，降低造价。

5．前景展望

经上述介绍，光纤光栅传感器以各方面的优势必会成为工程监测领域的主流。但当前存在一系列不成熟、待发展的应用问题需要做进一步研究。

（1）进一步研究光纤光栅传感器的埋设工艺。

（2）进一步完善光纤光栅传感器的温度补偿和信号调谐技术。

（3）提高光纤光栅传感器的复用能力，组成分布式测量的传感网络，努力实现对结构更大面积的准分布式监测。

（4）大力探索以光纤光栅为主导的人工智能和网络传感技术在工程实践中的应用。

6.3　振动台试验实施

本节将以地下管线多点激励振动台试验的实施过程为例，对振动台试验的实施过程进行介绍。

6.3.1　台面防护

在进行模型制作工作以前，首先需要对振动台台面进行防护。岩土工程振动台试验的实施通常需要开展动土作业，为防止试验用土掉落至振动台台面引起台面锈蚀或者掉落至台面的螺纹孔中而进入台面箱体内部，影响台面正常工作，需要对台面进行防护。防护措施主要包括振动台台面铺设硬质防水薄膜和台面螺纹孔封堵两个方面，具体实施过程如图 6-22 所示。在进行后续工作时，应尽量防止模型箱吊装等操作对防护薄膜的破坏。

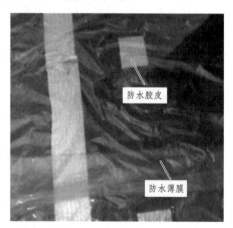

图 6-22　振动台台面防护

6.3.2　模型箱的处理与吊装

地下管线等结构在进行振动台试验时，只能将其置于土箱内，但模型箱边界对地震波的反射会使管线结构响应与原型地震响应之间产生差异，这就是"模型箱边界效应"。为减小模型箱的边界效应，可采用堆叠剪切式模型箱，并在模型箱四周满铺一层厚 10 cm 的泡沫板，用以创造吸波边界，通过以上两种措施，尽可能减小边界效应的影响，如图 6-23 所示。

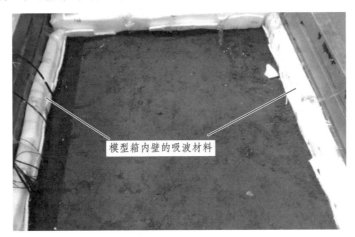

图 6-23　用作吸波材料的聚苯乙烯泡沫塑料板

模型箱的内壁作为施工期间的主要参照面，还需要对其进行放线操作，以指导和衡量试验模型的主要施工分界点。放线主要用水平尺、卷尺进行定位，然后用墨盒或标记笔将定位点连接。通过放线确定模型的主要分层面、管线的高程、每个传感器的布测位置及模型内部的分区。放线完成的模型箱内壁如图 6-24 所示，放线完成后将模型箱内壁粘贴至减小模型箱边界效应的吸波材料表面即可。

图 6-24　放线完成的模型箱内壁

模型箱处理完成后，开始进行模型箱的吊装工作。吊装过程如图 6-25

所示，本次试验中因为两个振动台有最小间距要求，所以两个模型箱均需要外悬一部分。

图 6-25　模型箱的吊装

6.3.3　试验前测量元件的标定

在振动台试验开展之前，保证测量元件的准确性是十分必要的，因此在每个测量元件安装前均应对测量元件的精确性进行检测与标定，之后才能进行后续工作。常见的用于加速度传感器标定的仪器为校准台，用于土压力盒标定的仪器为精密压力室，如图 6-26 所示。

图 6-26　校准台和精密压力室

有些测量元件需要埋设在有一定含水率的土壤中，因此对此类测量元件还需要进行防水处理，如本次振动台试验中布设在钢管上的应变片和埋置在土中的加速度传感器等。常用作传感器防水的材料有硅酮胶密封胶（商用名玻璃胶）和环氧树脂胶（商用名 AB 胶）等，其中硅酮胶密封胶为柔性防水材料，环氧树脂胶为刚性防水材料。

加速度传感器的防水主要用硅酮胶密封胶，做防水时应注意重点防护采集头和接线的连接部位，且不能让防水层遮挡住传感器表面的原始编号和坐标轴方向。应变片的防水常用环氧树脂胶，在防水时应将应变片本身和接线端同时进行防护，防水层处理完毕后要对应变片的阻值进行校核，防止出现防水层影响应变片工作性能的情况，如图6-27、图6-28所示。

图 6-27　加速度传感器的防水

图 6-28　应变片的防水

6.3.4　模型制作

由于岩土工程振动台试验规模通常较大，工作量较多，综合考虑各种因素，试验的实施过程按照下述程序进行：

（1）准备模型材料的原材料，并利用搅拌机按照规定配比将原材料混合均匀，之后便可进行模型的填筑过程。模型的建造采用分层填筑方法，每

20 cm 左右填筑一层，填筑标准由质量和重度进行控制，然后利用打夯机将填土夯实，并用环刀法测量夯实密度，一层完成之后，对模型表层进行刮毛处理，之后进行下一层的填筑过程，如图 6-29 所示。

图 6-29　模型的填筑过程

（2）填筑过程中同时进行传感器的埋设工作，加速度传感器因为体积较小，安装前需要用 502 胶水将其固定在一个较大的正方形钢片上，以保证其稳定性，并将土体下挖 10 cm 左右后，即可进行埋设传感器的工作。其余传感器用 502 胶水粘贴至规定位置即可，如图 6-30 所示。

（3）本次模型制作的关键点在模型管线的布设。试验前先将模型箱的两侧打孔，预留出管线穿越的孔位，施工到规定高程时，将应变片的导线粘贴在管线周围，将管线小心吊装至模型土上部。吊装完成后，对应变片的性能再次进行校核，如图 6-31 所示。

（4）施工完成后模型如图 6-32 所示。安置好激光位移计和摄像装置等外围测量设备，即可开始连接数据采集器并开展振动台试验。

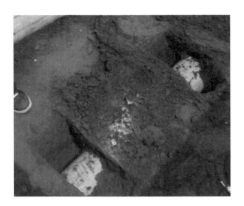

图 6-30　传感器的埋设

图 6-31　模型管线的吊装

图 6-32　施工完成后模型全景

在模型制作的过程中还有一些事项需要注意：

（1）模型吊装之前应进行模型质量的预估，进行吊装验算，防止试件在吊装过程中发生破坏。

（2）模型箱与振动台的安装应牢固，对安装螺栓的抗剪强度应进行验算。

（3）试验人员在上下振动台台面时应注意，台面、基坑和地面之间存在较宽的间隙，应注意防止发生坠人或摔伤事故。

（4）保证固定的传感器与试件牢固连接，并应采取预防掉落的措施，避免因振动台输入波形幅值过大而引起传感器掉落或损坏。

（5）对于破坏性振动台试验，应在模型可能发生破坏地点周围将传感器导线弯折一段；这样可以保证模型发生垮塌时，弯折段提供充足的拉伸长度，保护传感器的核心部件不受模型破坏的影响。

（6）对于破坏性振动台试验，应进行更加精细的摄像工作和试验现象的记录工作，防止破坏现象描述出现误差。

（7）试验过程中应设置好警戒标志，防止与试验无关的人员进入试验区。

6.3.5　模型土剪切波速的测试

在需要测试土动力特性的振动台试验中，模型土体的剪切波速是重要的物理量之一，在试验之前需对模型的剪切波速进行测试，剪切波速的计算公式如下式所示：

$$V_s = \sqrt{\frac{G}{\rho}} \qquad (6\text{-}32)$$

通常，对于某种特定土体，原位试验可以直接测得土体的剪切波速，常用的原位试验有单孔法、跨孔法等。本次试验中，我们采用类似单孔法测试原理的方法测算土体剪切波速，即在场地表面制造一系列冲击荷载，利用加速度传感器的布置位置、接收到冲击信号的时间差，可计算出模型场地土体的剪切波速。

本次试验中，测试模型土剪切波速的方法与现场原位测试原理类似：布置好管线结构、测试元件、填埋好土体之后，加载地震动力激励之前，在模型土体表面中间位置放置一块木板；木板上放置重物，使木板与土体紧密接触，然后用小锤水平敲击木板，使木板与土体表面产生水平摩擦冲击，形成水平剪切波；剪切波在土体中向四周传播，到达不同位置的加速度传感器存在时间差，利用不同位置加速度传感器的到达时间，得到波的传播距离和时间，两者相除便可得到剪切波速。

本次试验具体的测试示意图如图 6-33 所示，在模型箱正中间位置处放置一块木板，用小锤敲击木板，产生图中所示剪切波，采用右侧模型箱中间断面未过线加速度传感器进行计算土体剪切波速。由于产生剪切波的木板放置在模型箱正中间，即 a26 测点的正上方，中间仅相隔 5 cm 厚覆土，故可认为 a26 测点接收到的冲击信号等同于冲击荷载发生时刻，即通过计算剪切波传播到 a10、a16、a35、a36 与 a26 之间的时间差 t_i，外加已知测点之间的距离 $s_i = \sqrt{x^2 + h_i^2}$ 便可得到剪切波速为：

$$V_{si} = \frac{\sqrt{x^2 + h_i^2}}{t_i} \qquad (6-33)$$

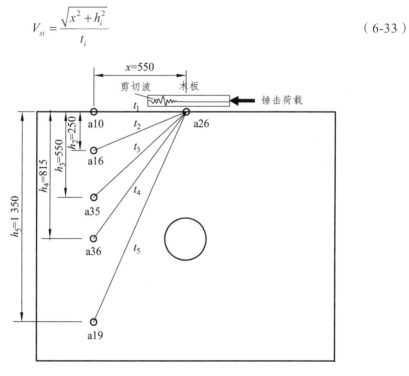

图 6-33　模型箱土体剪切波速测试示意图（单位：mm）

提取 a26、a10、a16、a35、a36 测点加速度传感器在多次敲击下产生的时程曲线如图 6-34 所示。

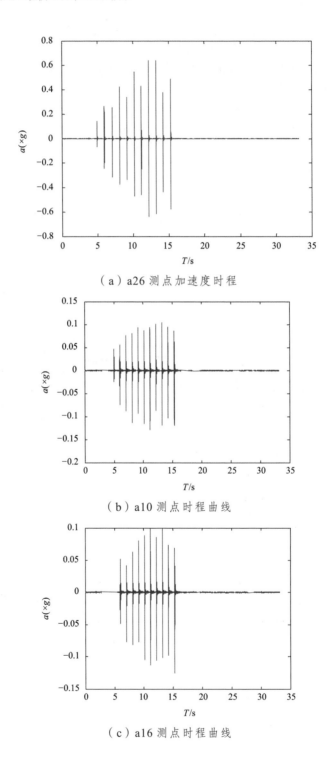

（a）a26 测点加速度时程

（b）a10 测点时程曲线

（c）a16 测点时程曲线

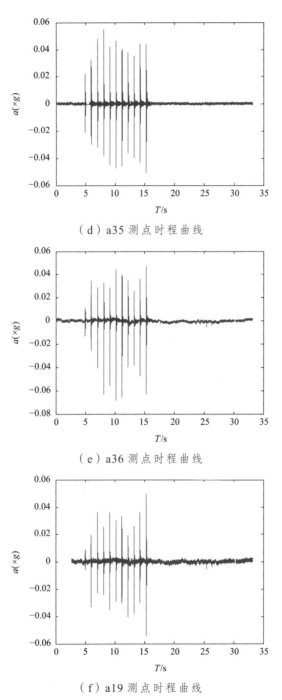

（d）a35 测点时程曲线

（e）a36 测点时程曲线

（f）a19 测点时程曲线

图 6-34　模型土敲击试验形成的时程曲线

对比 5 个测点时程曲线，发现第 11 次敲击信号非常明显，可以提取任意一次敲击产生的时间差进行计算。本次计算采用第 1 次敲击计算，提取第 1 次敲击在各个测点处接收到的剪切波时程曲线，如图 6-35 所示，分别以剪切波加速度时程峰值所在位置代表到达时间，由此可以得到时间差 t_i，并按照公式（6-33）计算，如表 6-2 所示。根据计算结果绘制土体剪切波速沿深度方向分布曲线如图 6-36 所示。

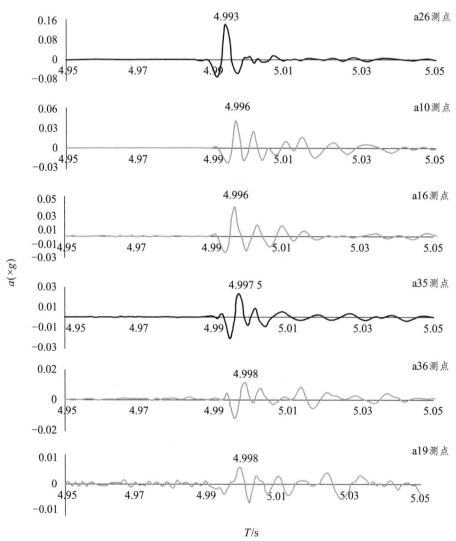

图 6-35　第 1 次敲击后各测点的时程曲线

表 6-2　剪切波速计算表格

测点号	到达时间差 t_i/s	水平距离 x/m	竖向距离 h_i/m	剪切波速 v_i/(m/s)
a10	0.003	0.55	0	183.33
a16	0.003	0.55	0.250	201.38
a35	0.003 5	0.55	0.550	222.23
a36	0.004	0.55	0.815	245.81
a19	0.005	0.55	1.350	291.55

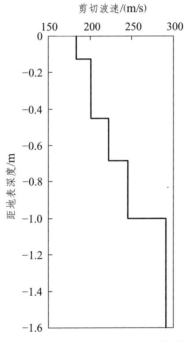

图 6-36　土体剪切波速分布曲线

7 振动台试验的数据处理

7.1 数据处理异点剔除

测试系统在数据采集的过程中，由于各种各样的原因会导致一些失真无效数据点的产生，即所谓的异点，这些异点可能会对后续数据的分析造成一定的影响，故在预处理环节应该采用一定的数据处理方法将这些异点识别出来，进而将其剔除。国内外学者针对该问题做了较多工作，由于该问题的复杂性，目前仍然没有一个普遍使用的方法可以解决这一问题，下面基于目前的研究成果，简要介绍异点剔除技术的基本思想。

异点剔除技术首先假设在理想状态下采集的振动信号是"平滑"的，但含有异点的振动信号却不是"平滑"的，其在异点处是"突变"的。基于这样的假设，异点剔除的第一步便是运用低通滤波、"中位数"均值、滑动平均法等信号处理技术，提取实际采样序列的平滑估计。第二步是根据实际采样数据的统计特性，合理估计各个时间点上的正常值范围。第三步便是剔除处理，将各个时间点上的实际采样数据点与该时间点上数据的正常值范围相对比，若采样点不在正常范围内，那就要将其剔除，并将该时间点上采样的数据用内插值或外推值代替，同时必须控制内插或外推次数。

7.2 数字滤波

振动台试验直接采集到的振动信号，往往含有噪声等干扰成分，这些成分会对后续信号的分析产生不良的影响，必须通过一定的技术手段，将这些噪声信号从原始信号中剥离。其中一种经受了实践检验的方法便是运用数字滤波器，首先按照一定的技术指标设计数字滤波器，而后用该滤波器对原始振型信号进行滤波。

滤波器可分为有高通滤波器（HPF）、低通滤波器（LPF）、带阻滤波器

（BSF）、带通滤波器（BPF）和梳状滤波器。根据不同的数学运算方式，数字滤波可分为频域滤波方法和时域滤波方法。

根据滤波定义，有下式：

$$Y(z) = H(z)X(z) \tag{7-1}$$

其中：$X(z)$ 为输入信号；$Y(z)$ 为输出信号。

数字滤波器用传递函数表示：

$$H(z) = \frac{Y(z)}{X(z)} \tag{7-2}$$

7.2.1 数字滤波的频域方法

数字滤波的频域方法为基于快速傅里叶变换的一种滤波方法。其首先对输入信号进行离散傅里叶变换，将其由时域变换到频域，而后根据滤波要求，将需要剔除的频带直接设置为零，或加窗后设置成零，然后对滤波后的数据进行离散傅里叶逆变换，将其恢复到时域，即完成了数据的滤波过程。数字滤波的频域方法的表达式为：

$$y(r) = \sum_{k=0}^{N-1} H(k)X(k)e^{j2k\pi r/N} \tag{7-3}$$

式中：X 为输入信号；H 为频响函数。

设 f_u 为上限截止频率，f_d 为下限截止频率，Δf 为频率分辨率，在理想情况下，低通滤波器的频响函数为：

$$H(k) = \begin{cases} 1 & (k\Delta f \leqslant f_u) \\ 0 & (其他) \end{cases} \tag{7-4}$$

高通滤波器的频响函数为：

$$H(k) = \begin{cases} 1 & (k\Delta f \geqslant f_u) \\ 0 & (其他) \end{cases} \tag{7-5}$$

带通滤波器的频响函数为：

$$H(k) = \begin{cases} 1 & (f_d \leqslant k\Delta f \leqslant f_u) \\ 0 & (其他) \end{cases} \tag{7-6}$$

带阻滤波器的频响函数为：

$$H(k) = \begin{cases} 1 & (k\Delta f \leqslant f_d, \ k\Delta f \geqslant f_u) \\ 0 & (其他) \end{cases} \tag{7-7}$$

7.2.2 数字滤波的时域方法

数字滤波的时域方法是基于差分运算的一种滤波方法。实现方法主要有两种：IIR 数字滤波器（无限长冲激响应滤波器）和 FIR 滤波器（有限长冲激响应滤波器）。

7.2.3 IIR 数字滤波器

IIR 数字滤波器（Infinite Impuloe Response Digital Filter），即为无限长冲激响应，它的显著特点是冲激响应能够不中断地一直延续下去。其滤波表达式为：

$$y(n) = \sum_{k=0}^{M} a_k x(n-k) - \sum_{k=1}^{N} b_k y(n-k) \tag{7-8}$$

式（7-8）是一个差分方程，式中：$x(n)$ 为输入时域信号序列；$y(n)$ 为输出时域信号序列；a_k、b_k 为滤波系数。其传递函数如下：

$$H(z) = \frac{\displaystyle\sum_{k=0}^{M} a_k z^{-k}}{1 + \displaystyle\sum_{k=1}^{N} b_k z^{-k}} \tag{7-9}$$

式中：N 为滤波器阶数；M 为滤波器传递函数零点数；a_k、b_k 为权函数系数。

IIR 数字滤波器的设计往往基于模拟滤波器原型，常用的模拟低通滤波器原型有以下几种：贝塞尔滤波器原型、椭圆滤波器原型、切比雪夫 I 型和 II 型滤波器原型、巴特沃斯滤波器原型等。

IIR 数字滤波器的设计步骤如下：

（1）首先明确滤波的目的，根据滤波的目的确定数字滤波器的技术参数，而后根据特定规则,把这些参数等效转化为相应模拟低通滤波器的技术参数。

（2）基于上步得到的模拟低通滤波器的技术参数，设计模拟低通滤波器 $H(s)$。

（3）按一定规则，将模拟滤波器 $H(s)$ 转换成数字滤波器 $H(z)$。

（4）若要设计高通、带通或带阻滤波器，首先将高通、带通或带阻的技术参数转化为低通模拟滤波器的技术参数，然后按一定规则设计出低通滤波器 $H(s)$，再将 $H(s)$ 转换成 $H(z)$。

本书利用 MATLAB 设计带通滤波器，部分代码如下：

```
clear all
clc
%%%%%%%%%%%%%%%%%%%%  读取数据
A=dir（'*.txt'）;
filenum=length（A）;
for j=1:filenum
    data=load（A（j）.name）;
    [c，r]=size（data）;
    t= data（1:c，1）;
    x= data（1:c，2）;
    %%%%%%%%%%%%%%%%%%%%  滤波处理（核心部分）
    fs=1000;
    ftype='bandpass';
    Wp=[1 30]/（fs/2）;
    Ws=[0.1 150]/（fs/2）;
    Rp=2;
    Rs=40;
    [n，Wn]=buttord（Wp，Ws，Rp，Rs）;
    [b，a]=butter（n，Wn，ftype）;
    y=filter（b，a，x）;
    %%%%%%%%%%%%%%%%%%%%%%%%%%%%%%%  画图
    plot（t，y）;
end
```

滤波前后的波形图及傅里叶对比图如图 7-1、图 7-2 所示。

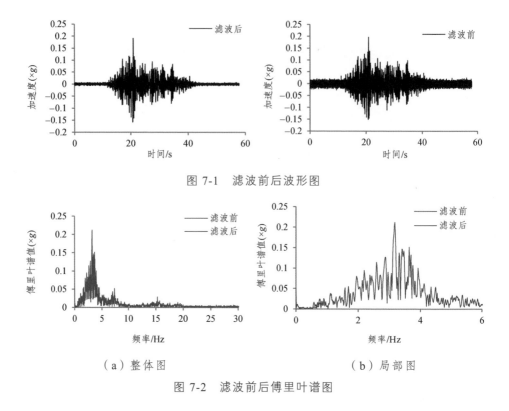

图 7-1　滤波前后波形图

（a）整体图　　　　　　　　　　（b）局部图

图 7-2　滤波前后傅里叶谱图

7.2.4　FIR 数字滤波器

FIR 数字滤波器（Finite Impuloe Response Digital Filter），即为有限长冲激响应，其特征为冲激响应仅仅持续有限时间，在工程实际采用中一般采用非递归算法来实现。用差分方程来描述该类型滤波器的滤波表达式如下：

$$y(n) = \sum_{K=0}^{N-1} b_k x(n-k) \tag{7-10}$$

式中：$x(n)$ 为输入信号；$y(n)$ 为输出信号；b_k 为滤波系数。

系统传递函数的表达式如下：

$$H(z) = b_0 + b_1 z^{-1} + \cdots + b_{N-1} z^{1-N} = \sum_{n=0}^{N-1} b_n z^{-n} \tag{7-11}$$

则其冲激响应为：

$$h(n) = \begin{cases} b_n & (0 \leqslant n \leqslant N) \\ 0 & (\text{其他}) \end{cases}$$

FIR 数字滤波器的设计有多种方法，目前较为常用的是窗函数法和频率采样法。其中窗函数法是应用最广泛的一种方法，下面对窗函数法的原理进行简单介绍。

一个理想数字滤波器的频响函数可表示为：

$$H_\mathrm{d}(\mathrm{e}^{j\omega}) = \sum_{n=-\infty}^{\infty} h_\mathrm{d}(n)\mathrm{e}^{-j\omega n} \tag{7-12}$$

式中：$h_\mathrm{d}(n)$ 为冲激响应序列。

由傅里叶逆变换可得：

$$h_\mathrm{d}(n) = \frac{1}{2\pi}\int_{-\pi}^{\pi} H(\mathrm{e}^{j\omega})\mathrm{e}^{j\omega n}\mathrm{d}\omega \tag{7-13}$$

由于 $h_\mathrm{d}(n)$ 是非因果性的，且 $h_\mathrm{d}(n)$ 的持续时间为 $(-\infty,+\infty)$，物理上也无法实现。故最常用的手段是将该冲激响应序列截断，再构造一个新的有限长冲激响应序列，用该新的有限序列去逼近。新构造的有限长的冲激响应序列如下：

$$h(n) = \begin{cases} h_\mathrm{d}(n) & (0 \leqslant n \leqslant m) \\ 0 & (\text{其他}) \end{cases}$$

上式 $h(n)$ 可认为是理想冲激响应序列与一有限长窗函数的乘积，即：

$$h(n) = h_\mathrm{d}(n)\omega(n) \tag{7-14}$$

式中：$\omega(n)$ 为简单截取所构成的矩形窗函数。$\omega(n)$ 定义为：

$$\omega(n) = \begin{cases} 1 & (0 \leqslant n \leqslant M) \\ 0 & (\text{其他}) \end{cases}$$

利用复卷积定理，可得：

$$H(\mathrm{e}^{j\omega}) = \frac{1}{2\pi}\int_{-\pi}^{\pi} H_\mathrm{d}(\mathrm{e}^{j\theta})W[\mathrm{e}^{j(\omega-\theta)}]\mathrm{d}\theta \tag{7-15}$$

由有限长度离散傅里叶变换特性可知，矩形窗使序列被突然截断，会造成谱泄漏，产生吉布斯现象。为了减小吉布斯现象的影响，可以选择一个适当的窗函数，使截断不是突然发生的，而是逐步衰减过渡到零。在工程实际中常用的窗函数共有汉宁窗、矩形窗、布莱克曼窗、巴特利特窗、海明窗、凯泽窗等。

7.3 反应谱计算

7.3.1 反应谱曲线的计算[123]

反应谱曲线在实践上可以通过模拟计算来决定，也可以用高速电子计算机来计算，当前有许多软件也可以用来计算反应谱。本章将给大家介绍一款软件，用以计算反应谱。

7.3.2 SPECTR 地震反应谱分析软件的使用

SPECTR 地震反应谱分析软件是由华南理工大学崔济东博士开发的一款专用于地震动反应谱分析的软件，能较好地解决反应谱计算过程中出现的问题。此软件操作简单，界面友好，使用便捷，接下来将重点讲述如何使用此款软件。

使用步骤如下：

（1）准备好加速度时程文件（文本格式）。

（2）打开 SPECTR，设置导入格式参数，将准备好的加速度时程文件导入软件。

（3）软件自动对导入的加速度时程进行积分计算获得位移和速度，可选择对加速度时程序进行基线修正。加速修正后，反应谱会基于修正的加速度时程进行计算。

（4）设置反应谱分析参数（最大、最小周期、阻尼比等）。

（5）勾选（Check）需要批量导出加速度时程结果或反应谱分析结果的文件，批量将分析结果导出到文本文件。

具体操作如下：

（1）导入加速度时程序。

点击按钮【Import Data】或者点击菜单【File】→【Import Time History Records】加速度时程导入参数设置菜单，根据加速度时程文本数据的格式参数点击【OK】确定导入，如图 7-3 所示。

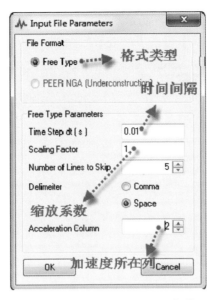

图 7-3　SPECTR 加速度时程序导入参数设置窗口

（2）查看时程结果。

① 按图查看，如图 7-4 所示。

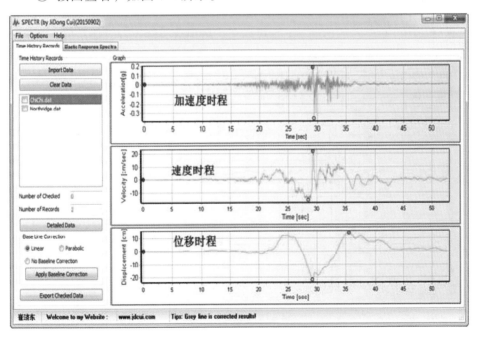

图 7-4　按图查看时程数据

② 按表格查看，如图 7-5 所示。

点击【Detailed Data】可按表格查看数据。

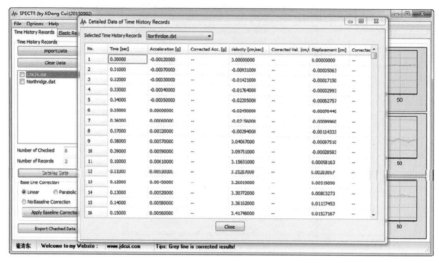

图 7-5　按表格查看时程数据

（3）基线修正。

点击【Apply Baseline Correction】可对选择的地震波进行基线修正，修正结果将在图 7-6 中以灰色显示，也可以在表格中查看修正的具体数值。如果对加速度时程进行了基线修正，则反应谱的计算基于修正的加速度时程进行。

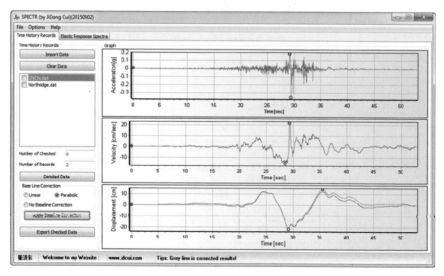

图 7-6　加速度时程基线修正

（4）查看反应谱结果。

① 按图查看反应谱，如图 7-7 所示。

点击【Analyze and Refresh】计算点选的加速度时程的反应谱并绘图。

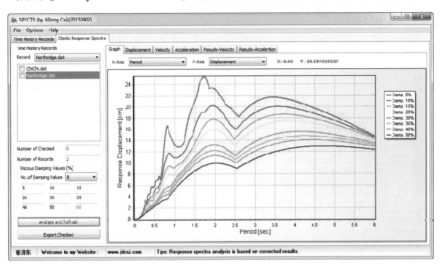

图 7-7　反应谱结果显示

用户可以通过下拉列表选择 X 轴和 Y 轴绘制反应谱，如图 7-8 所示，选择横坐标为相对位移，纵坐标为拟加速度反应谱，所绘制的图形就是所谓的 AD 谱。

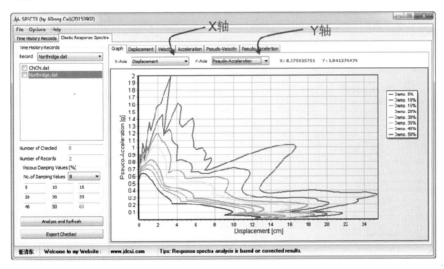

图 7-8　SPECTR 反应谱坐标轴设置

② 按表格查看反应谱，如图 7-9 所示。

可以点选页面，按表格查看加速度反应谱、速度反应谱、位移反应谱、拟加速度反应谱和拟速度反应谱的具体数据。图 7-9 为相对位移谱的数据。

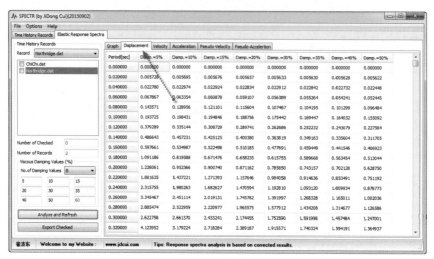

图 7-9　SPECTR 按表格查看反应谱

用户除了通过表格查看数据外，还可以方便用鼠标右键或者快捷键复制此页面的数据到 Excel 进行处理。如图 7-10、图 7-11 是通过快捷键【CTRL】+【A】复制相对位移谱数据，并通过【CTRL】+【C】将选择的数据复制到 Excel 作图的过程。

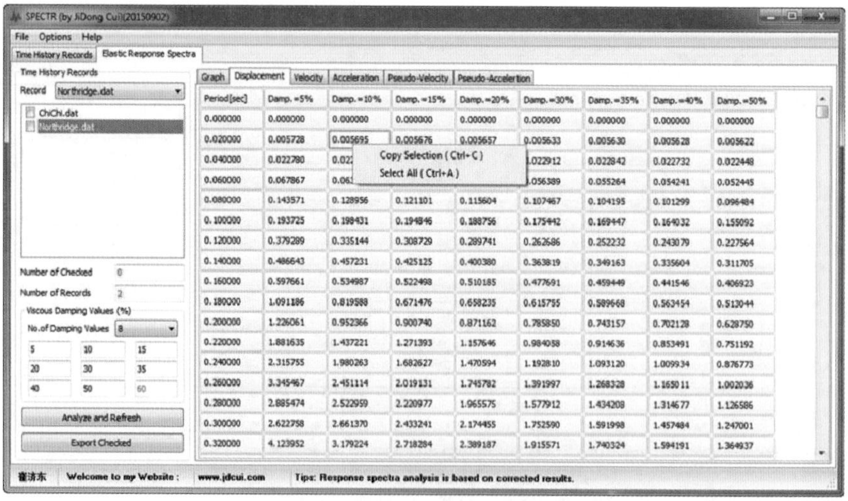

图 7-10　SPECTR 表格数据复制

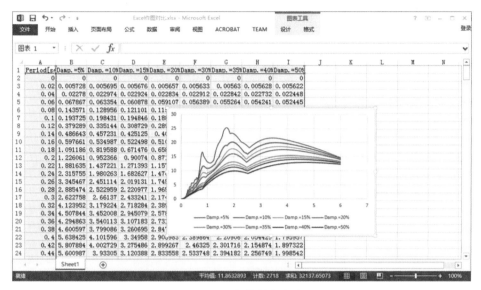

图 7-11　SPECTR 表格数据复制到 Excel

（5）批量导出反应谱分析数据。

如图 7-12 所示，（1）选好需要计算的加速度时程，（2）设置需要计算的阻尼比，（3）点击【Export Checked】就可以批量分析选择的加速度时程的反应谱并导出分析报告。

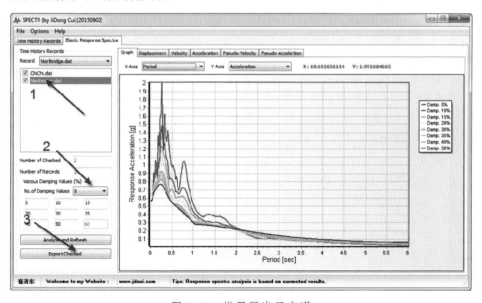

图 7-12　批量导出反应谱

（6）批量导出时程序分析数据。

同样，我们也可以以类似的方式导出时程序分析数据。如图 7-13 所示。

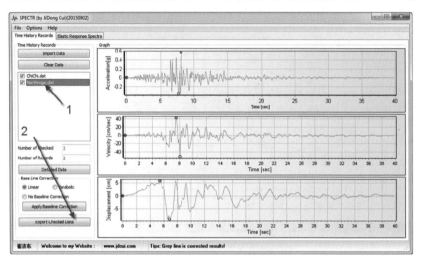

图 7-13　批量导出时程数据

7.4　结构自振周期和振型的计算方法[124]

7.4.1　能量法

能量法是根据体系在振动过程中的能量守恒原理导出的，适用于求结构的基本频率，此方法常用于求解以剪切为主的框架结构的自振周期及振型。

如图 7-14 所示，设体系做自由振动，任一质点 i 的位移为：$x_i(t) = x_i \sin(\omega t + \varepsilon)$

速度为：$\dot{x}(t) = \omega x_i \cos(\omega t + \varepsilon)$

当体系振动达到平衡位置时，体系变形位能为零，体系动能达到最大值 $T_{\max}$：

$$T_{\max} = \frac{1}{2} \omega^2 \sum_{i=1}^{n} m_i x_i^2$$

当体系振动达到振幅最大值时，体系动能为零，位能达到最大值 $U_{\max}$：

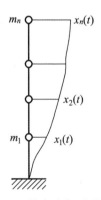

图 7-14　做自由振动的体系

$$U_{\max} = \frac{1}{2}\sum_{i=1}^{n} m_i g X_i$$

根据能量守恒原理 $T_{\max} = U_{\max}$，则：

$$\omega = \sqrt{\frac{g\sum_{i=1}^{n} m_i X_i}{\sum_{i=1}^{n} m_i X_i^2}} \ , \quad T_1 = \frac{2\pi}{\omega_1} = 2\pi\sqrt{\frac{\sum_{i=1}^{n} m_i X_i^2}{g\sum_{i=1}^{n} m_i X_i}}$$

一般假定：将结构重力荷载当成水平荷载作用于质点上，所得的结构弹性曲线为结构的基本振型。

7.4.2　折算质量法（等效质量法）

基本原理：用单质点体系代替多质点体系，使单质点体系的自振频率和原体系的基本频率相等或相近，如图 7-15 所示。

等效原则：两个体系的动能相等。

多质点体系的最大动能为：

$$T_{1\max} = \frac{1}{2}\sum_{i=1}^{n} m_i (\omega_1 x_i)^2$$

单质点体系的最大动能为：

$$T_{2\max} = \frac{1}{2} M_{eq} (\omega_1 x_m)^2 \ , \quad x_n = x_m$$

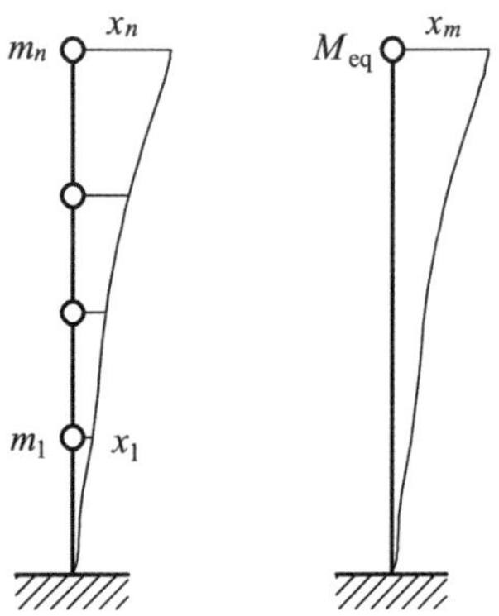

式中　x_m——体系按第一振型振动时，对应于折算质点处的最大位移；

图 7-15　多质点体系示意

$T_{1\max} = T_{2\max}$ ；

$$M_{eq} = \frac{\sum_{i=1}^{n} m_i x_i^2}{x_m^2} \ ;$$

$$\omega_1 = \sqrt{\frac{1}{M_{eq}\delta}} \ ;$$

$T_1 = 2\pi\sqrt{M_{eq}\delta}$ ；

δ——单位水平力作用下的顶点位移。

7.4.3 顶点位移法

顶点位移法是根据在重力荷载水平作用时计算得到的顶点位移来求解基本频率的一种方法，如图 7-16 所示。

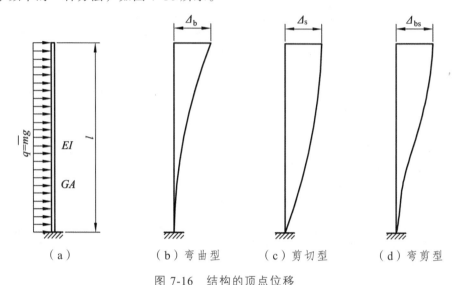

（a）　　　　　　（b）弯曲型　　　　（c）剪切型　　　　（d）弯剪型

图 7-16　结构的顶点位移

抗震墙结构可视为弯曲型杆，即弯曲型结构。则有：

$$T_b = 1.6\sqrt{\Delta_b}$$

框架结构可近似视为剪切型杆。则有：

$$T_s = 1.8\sqrt{\Delta_s}$$

框架-抗震墙结构可近似为弯剪型杆。则有：

$$T_{bs} = 1.7\sqrt{\Delta_{bs}}$$

本方法适用于质量及刚度沿高度分布比较均匀的任何体系结构。

7.4.4 矩阵迭代法

精确计算主要是指矩阵迭代法，又分刚度法与柔度法，一般多采用刚度法。

多自由度体系不考虑阻尼的自由振动频率方程为：

$$\left|[K] - \omega^2[M]\right| = 0$$

求解方程的 n 个根即可得到体系 n 个自振频率 ω_1，ω_2，$\cdots$，ω_n，自振周期可由下式求取：

$$T_i = \frac{2\pi}{\omega_i}$$

7.5　趋势项的消除

趋势项是振动信号中的一个线性的或随时间变化的趋势误差，其往往是振动信号中的低频成分，其周期甚至比整个振动信号的采样长度还要长。趋势项产生的原因是多种多样的，主要有以下 4 种：

（1）采样过程中没有对初始信号进行初步处理，从而使得测试信号中夹杂着频率低于被测物体正常振动频率范围的超低频成分。

（2）由于仪器的零点飘移或基础运动等原因而产生趋势项。

（3）由于主观原因，如未调整零点，会使采集到的振动信号中含有一常数项，该常数项经一次或二次积分变换后会成为线性或二次变化项。

（4）截取记录的样本长度选择不当。

趋势项的存在，会对后续的振动信号分析产生不利的影响，使得分析结果存在较大误差，甚至得出错误结论，因此在振动信号预处理环节中必须消除趋势项。消除趋势项的方法较多，如最小二乘拟合法、小波法、经验模态分解法、滑动平均法、滤波法、模型法等，现仅就几种较为常用的方法进行简要介绍。

7.5.1　最小二乘法 (Least-Squares-Fit Method)

最小二乘方法是广泛应用于工程实际的一种方法，运用该方法，第一步便是假设趋势项多项式，再基于最小二乘法原理得到一系列系数方程，而后便并将问题转化为求解方程组。对于高阶趋势项多项式系数的求解，一般运用矩阵法，并结合 MATLAB 等数学软件可方便地解出趋势项多项式的系数矩阵，从而得到趋势项方程表达式，最后从原始信号中减去趋势项所得即为消除趋势项后的有用信号，它不但能够消除线性趋势项，还可以消除高阶多项式趋势项。

设数据采用序列 $\{u_n\}$ $(n=1,2,\cdots,N)$，采样时间间隔为 Δt，现用 K 阶多项式 U_n 来拟合其趋势项，设 U_n 表达式如下[83]：

$$U_n = \sum_{k=0}^{K} b_k (n\Delta t)^k \, (n=1,2,\cdots,N) \tag{7-16}$$

式中：b_k 为多项式系数。

根据最小二乘法原理，设 $\{U_n\}$ 对 $\{u_n\}$ 的估计误差为 $E(\Delta t)$，$E(\Delta t)$ 即为估计值与真实值之间的误差：

$$E(\Delta t) = \sum_{n=1}^{N} (u_n - U_n)^2$$

即

$$E(\Delta t) = \sum_{n=1}^{N} \left[u_n - \sum_{k=0}^{K} b_k (n\Delta t)^k \right]^2 \tag{7-17}$$

求 $E(\Delta t)$ 的极小值，令上式对 b_j 的偏导数为 0：

$$\frac{\partial F}{\partial b_j} = \sum_{n=1}^{N} 2\left[u_n - \sum_{k=0}^{K} b_k (n\Delta t)^k \right][-(n\Delta t)^j] = 0 \tag{7-18}$$

整理后可得：

$$\sum_{n=1}^{N} u_n (n\Delta t)^j = \sum_{k=0}^{K} b_k \sum_{n=1}^{N} (n\Delta t)^{k+j} \qquad (j=1,2,\cdots,K) \tag{7-19}$$

求解上式便可得到趋势项表达式的系数，亦即得到趋势项表达式。在工程实践中，如果拟合多项式的阶数较高，即 K 值较大，按照一般的代数方法求解比较困难，也很容易出错，故往往结合 MATLAB 程序，采用矩阵的方法，可大大简化趋势项方程的求解过程。

令 $\sum = \sum_{n-1}^{N}$，则：

当 $K=0$ 时，可得趋势项系数矩阵：

$$b_0 = \frac{u_n}{N} \tag{7-20}$$

当 $K=1$ 时，可得趋势项系数矩阵：

$$\begin{bmatrix} b_0 \\ b_1 \end{bmatrix} = \begin{bmatrix} N & \sum n\Delta t \\ \sum n & \sum n^2\Delta t \end{bmatrix}^{-1} \begin{bmatrix} \sum u_n \\ \sum nu_n \end{bmatrix} \tag{7-21}$$

当 $K=2$ 时，可得趋势项系数矩阵：

$$\begin{bmatrix} b_0 \\ b_1 \\ b_2 \end{bmatrix} = \begin{bmatrix} N & \sum n\Delta t & \sum n^2\Delta t^2 \\ \sum n & \sum n\Delta t^2 & \sum n^2\Delta t^3 \\ \sum n^2 & \sum n\Delta t^3 & \sum n\Delta t^4 \end{bmatrix}^{-1} \begin{bmatrix} \sum u_n \\ \sum nu_n \\ \sum n^2 u_n \end{bmatrix} \tag{7-22}$$

以此类推，当 $K=s$ 时，可得趋势项系数矩阵：

$$\begin{bmatrix} b_0 \\ b_1 \\ \vdots \\ b_n \end{bmatrix} = \begin{bmatrix} N & \sum n\Delta t & \sum n^2\Delta t^2 & \cdots & \sum n^s\Delta t^s \\ \sum n & \sum n^2\Delta t & \sum n^3\Delta t^2 & \cdots & \sum n^{s+1}\Delta t^s \\ \sum n^2 & \sum n^3\Delta t & \sum n^4\Delta t^2 & \cdots & \sum n^{s+2}\Delta t^s \\ \vdots & \vdots & \vdots & & \vdots \\ \sum n^s & \sum n^{s+1}\Delta t & \sum n^{s+2}\Delta t^2 & \cdots & \sum n^{s+s}\Delta t^s \end{bmatrix}^{-1} \begin{bmatrix} \sum u_n \\ \sum nu_n \\ \sum n^2 u_n \\ \vdots \\ \sum n^s u_n \end{bmatrix} \tag{7-23}$$

上式即为趋势项的系数矩阵，将其代入 U_n 表达式即可得到趋势项多项式的一般表达式。

7.5.2　小波法（Wavelet Method）

将信号 $f(t)$ 表示为小波级数，形式如下[84]：

$$f(t) = \sum_{j=-\infty}^{\infty} \sum_{k=-\infty}^{\infty} (f, \psi_{j,k}) \psi_{j,k}(t) = \sum_{j=-\infty}^{\infty} d_{j,k} \psi_{j,k}(t) \tag{7-24}$$

式中：$\psi_{j,k}(t)$ 为小波函数；$d_{j,k}$ 为小波系数。其表达式如下：

$$\psi_{j,k}(t) = \psi(2^j t - k)$$

$$d_{j,k} = (f, \psi_{j,k})$$

将其与加窗傅里叶变换的"时间-频率窗"进行相似分析，得出小波变换的"时间-频率窗"笛卡儿积：

$$\left[b+at^{*}-a\Delta_{\psi},b+at^{*}+a\Delta_{\psi}\right]\times\left[\frac{\omega^{*}}{a}-\frac{1}{a}\Delta^{\cap},\frac{\omega^{*}}{a}+\frac{1}{a}\Delta^{\cap}\right] \qquad (7\text{-}25)$$

上式中 $a=2^{j}$，时间窗宽度为 $2a\Delta_{\psi}$，时间窗宽度随频率的增大而变窄，反之亦然。根据这一特点，只要不同时检测高频与低频信息，就可以满足高频与低频的时间局部化问题。根据实测数据的时间测量间隔 Δt，最高能检测到的频率为奈奎斯特频率，该频率等于 $f_{s}/2$，其中 f_{s} 为采样频率。在最高频率水平选择最窄"时间-频率窗"宽度，识别初始信号中的最高频率成分，而后将这些频率成分从初始信号中抽离，储存于 W_{N-1} 空间，而将抽离最高频率信号后的所有剩余信号存放于另一空间 V_{N-1} 中。然后，增大"时间-频率窗"宽度，再次识别 V_{N-1} 中的高频成分，用同样的方法将这些信号从 V_{N-1} 中抽离，存放于 W_{N-2} 中，再次将抽离高频信号后的所有剩余成分存放在 V_{N-2} 中，重复这一过程，最终实现信号中各频率分量的分离。从这一分解过程可以看出，该过程要求有两个互相联系的空间：

$$V_{N}=V_{N-1}+W_{N-1}=V_{N-2}+W_{N-2}+W_{N-1}=\cdots$$

$$=\cdots+W_{0}+W_{1}+W_{2}+W_{3}+\cdots+W_{N-2}+W_{N-1} \quad (N\in\mathbf{Z}) \qquad (7\text{-}26)$$

通过选择合适的小波基，便可将信号的不同频率成分提取出来。趋势项实际上是随机信号中的低频部分，从上述小波法的原理可知，运用小波法可以较为容易地从任何一个随机振动信号中提取出其低频成分，并将其从中剥离，实现信号中的低频与高频成分的分离，从而达到剔除趋势项的目的。

7.6　振动信号的积分和微分

由于实际的振动信号测量常通过振动加速度或者速度传感器进行采集，要获得振动信号的位移量，利用加速度、速度和位移之间的积分、微分关系，即对加速度信号进行一次积分后可获得速度信号，对速度信号进行一次积分后可获得位移信号，就可以在各信号量之间进行变换。在实际测量信号中常有微小直流分量的存在，积分处理后会带来趋势项，所以采用最小二乘法消除趋势项，以此对信号进行校准。本节将对振动信号的积分方法进行介绍，并就所存在的振动信号积分问题进行探讨[125]。

7.6.1 振动信号积分处理分析

在振动测试中，一般将振动信号简化为简谐振动，简谐振动表达式为：

$$X(t) = A\sin(2\pi ft + \varphi) \tag{7-27}$$

式中：A 为振幅；f 为振动频率；φ 为振动信号初相角。

根据振动量的大小（振幅、频率等），需要采用合适的测量工具对振动信号进行测量，以便更精确地获得振动量信息。测振传感器的作用是把被测对象的振动量（位移、速度、加速度）在要求的范围内准确地接收下来，并把它们转变成电信号，输出到相应的处理器（单片机、数字信号处理器等）进行分析处理，从而获得振动量的幅值、相位等参数，为控制实施提供条件。利用振动位移、速度、加速度三者之间的微分、积分关系，采用测振传感器测量振动量时，就可以对测量参数进行相应转换。为了便于理解，用连续函数表示采样信号，并不影响分析结果。设加速度传感器测量振动所得的加速度为 $a(t)$，则对加速度积分一次可得速率：

$$v(t) = \int_0^t a(t)\mathrm{d}t = v'(t) + v_0 \tag{7-28}$$

对速率信号积分一次可得位移：

$$s(t) = \int_0^t v(t)\mathrm{d}t = s'(t) + s_0 \tag{7-29}$$

式中：$a(t)$ 为连续时域加速度信号；$v(t)$ 为连续时域速率信号；$s(t)$ 为连续位移信号。

设初始值 $a_0 = 0$，$v_0 = 0$；式中 $v'(t)$ 是 $v(t)$ 的原函数，v_0 为初速度，$s'(t)$ 为 $s(t)$ 的原函数，s_0 为初始位移。

实际采样的加速度振动信号中含有一定的直流分量 ε，即有 $a(t) = a'(t) + \varepsilon$。因此，上述积分式变成：

$$v(t) = \int_0^t a(t)\mathrm{d}t = v'(t) + (\varepsilon t + \delta) + v_0 \tag{7-30}$$

$$s(t) = \int_0^t v(t)\mathrm{d}t = s'(t) + \left[\frac{1}{2}\varepsilon t^2 + (\delta + v_0)t + \eta\right] + s_0 \tag{7-31}$$

式中：δ 和 η 分别是加速度振动信号中含有的直流分量 ε 的一次和二次积分常量。微小直流分量 ε 在时域中积分中累加，导致一次积分后得到的速度振动信号中含有一次趋势项 $\varepsilon t + (\delta + v_0)$。

同理，对加速度振动信号二次积分后得到的位移振动信号中含有二次趋势项：

$$\frac{1}{2}\varepsilon t^2 + (\delta + v_0)t + (\eta + s_0) \tag{7-32}$$

由以上积分关系可知，当采用加速度（或者速度）传感器对振动信号进行测量时，为了获得振动信号的位移量和初相角等参数大小，需要对其进行积分变换。常用的积分方法有通过硬件电路进行积分，采用数字积分的软件方法进行积分，或者对信号进行时域和频域之间的相互转换处理，最终得到振动信号的幅值和相位等参数。为了消除趋势项的影响，在进行积分变换后需要进行校准，常用最小二乘法进行消除趋势项处理。

7.6.2　利用最小二乘法消除积分趋势项

在对信号积分过程时会受到直流偏置和趋势项的影响，需要在积分前后对信号进行去除直流分量和滤波处理，对测量加速度振动信号求平均值去除直流偏置，采用最小二乘法消除积分后振动信号的趋势项，其原理如下：

设实际测量得到振动信号的采样值为 $\{x_k\}(k = 1,2,3,\cdots,n)$，令采取时间间隔 $\Delta t = 1$，设多项函数：$x_k' = b_0 + b_1 k + b_2 k^2 + \cdots + b_m k^m$。其中 $k = 1,2,3,\cdots,n$。

确定函数 x_k' 的各项待定系数 $b_j(j = 0,1,2\cdots,m)$，使得函数 x_k' 与离散数据 x_k 的误差平方和最小，即求 $E = \sum_{k=1}^{n}(x_k' - x_k)^2 = \sum_{k=1}^{n}(\sum_{j=0}^{m} b_j k^j - x_k)^2$ 的极值。利用偏导求极值的方法，满足 E 有极值的条件为 $\frac{\partial E}{\partial b_i} = 2\sum_{k=i}^{n} k^i (\sum_{j=0}^{m} b_j k^{j+1} - x_k) = 0$，其中 $i = 0,1,2,\cdots,m$，依次取 E 对 b_i 求偏导，可以产生一个 $m+1$ 元线性方程组：

$$\sum_{k=i}^{n}\sum_{j=0}^{m} b_j k^{j+1} - \sum_{k=1}^{n} x_k k^j = 0 \tag{7-33}$$

解上面方程组，可以求出 $m+1$ 个待定系数 $b_j(j = 0,1,2,\cdots,m)$。在上式中，m 为设定的多项式阶次，其值范围为 $0 < j < m$。在式（7-33）中：当 $m = 0$ 时的趋势项为信号采样数据的算术平均值；当 $m = 1$ 时为线性趋势项；当 $m \geqslant 2$ 时，为曲线趋势项。在实际振动信号数据处理中，通常要根据实际情况确定 m 的值，来对采样数据进行多项式趋势项消除的处理。

7.6.3　基于时域-频域变换的积分方法

傅里叶分析是数学分析的一个分支，它不仅对数学研究起着重要作用，在工程实践中也发挥了重要作用。傅里叶分析提供了信号的频域分析方法，通过变换将时域和频率联系在一起，使在时域内隐藏的现象和特征在频域内显示出来。在几种傅里叶变换中，FFT 以其特点赢得了技术人员的青睐。FFT 是由离散傅里叶变换（DFT）发展而来的，它巧妙地解决了离散傅里叶变换（DFT）运算量巨大的问题。振动信号都可视为一系列简谐振动的叠加，由振动信号的数学模型式可知振动信号是周期信号，满足展开成傅里叶级数的条件，其傅里叶级数表示如下：

$$X(t) = a_0 + \sum_{n=0}^{\infty}(a_n \cos \omega t + b_n \sin \omega t) \tag{7-34}$$

对于离散的周期振动信号 $x(t_k)(k=0,1,\cdots,n-1)$，a_n,b_n 的公式为：

$$a_n = \frac{2}{N}\sum_{k=0}^{N-1}x(t_k)\cos\frac{2\pi nk}{N} \tag{7-35}$$

$$b_n = \frac{2}{N}\sum_{k=0}^{N-1}x(t_k)\sin\frac{2\pi nk}{N} \tag{7-36}$$

其中 $n = 1,2,\cdots,N/2$。

由式（7-34）和式（7-35）可知，测量的振动信号可由傅里叶变换后获得信号的振幅和相角计算式如下：

$$振幅\ A_n = \sqrt{a_n^2 + b_n^2} \tag{7-37}$$

$$相角\ \varphi_n = \arctan\frac{b_n}{a_n} \tag{7-38}$$

即通过对信号采用傅里叶变换，获得振动信号的振幅和相角。在测量时，由于振动信号不大，直接测量实验对象的微弱位移量很困难，精度上要求极高，实际测量时是应用位移、速度、加速度三者之间的相对微分、积分关系，根据振动信号的强弱，测量实验对象的速度或加速度，进行时域到频域变换处理即能获得振动位移量。

位移、速度和加速度之间的相对微分、积分关系：

$$a(t) = \frac{\mathrm{d}v(t)}{\mathrm{d}t}, v(t) = \frac{\mathrm{d}X(t)}{\mathrm{d}t} \tag{7-39}$$

由拉普拉斯变换的微分性质可得 [当 $v(0) = 0, \ X(0) = 0$ 时]:

$$\begin{cases} a(s) = sv(s) \\ v(s) = sX(s) \end{cases} \tag{7-40}$$

故

$$v(s)|_{s=2\mathrm{j}\pi f} = \frac{a(s)}{2\mathrm{j}\pi f} = \frac{|a(2\mathrm{j}\pi f)|}{2\pi f} \angle \arctan[a(2\mathrm{j}\pi f)] - 90° \tag{7-41}$$

$$X(s)|_{s=2\mathrm{j}\pi f} = \frac{v(s)}{2\mathrm{j}\pi f} = \frac{|v(2\mathrm{j}\pi f)|}{2\pi f} \angle \arctan[v(2\mathrm{j}\pi f)] - 90° \tag{7-42}$$

式中: $s = \mathrm{j}\omega = \mathrm{j}2\pi f$, 为复参数变量, 称为复频率; $a(s)$ 是频域中的加速度信号; $v(s)$ 是频域中的速度信号; $X(s)$ 是频域中的位移信号; s 是拉普拉斯复参变量。

当利用加速度传感器进行振动测量时, 就可以在测量后获得加速度 $a(t)$ 值, 经 DFT/FFT 变换后可以求得其幅值和相角, 利用上式就可以获得振动信号速度和位移量的相关参数。

7.6.4 总 结

实际的振动测量中需要对加速度 (或者速度) 信号进行积分变换, 故本书对振动信号的相关积分方法进行了详细介绍。在数值积分和傅里叶变换等软件积分过程中, 需要对振动信号直流分量和趋势项消除进行精确设计, 才能使积分后的信号更加精确, 因此本书也给出了详细的积分设计方法, 可以根据工程项目的实际情况选择合适的方法分析处理振动信号。

7.7 振动信号的时域分析

振动信号的时域处理又称为波形分析, 主要是在时域内对信号的分析处理, 如滤波、最值、概率密度函数、相关函数、微积分等, 这些均是振动信号时域分析的范畴。

地震信号是一种典型的随机振动，在随机振动的处理分析中，通常将某随机振动的一条信号记录称为一个样本函数，无限多的样本函数构成随机振动信号的集合。如果对一随机振动所有样本函数取某一时刻的集合平均与其他任一时刻的集合平均都是相同的，该随机振动称为平稳随机振动。如果一平稳随机振动的集合平均与任一样本函数的时间平均相等，称其为各态历经的随机振动。

实际工程的随机振动信号有很多是假设为各态历经来处理分析的。根据大量统计来看，大多数的随机振动近似满足各态历经的假设。但是，即使是各态历经的平稳随机振动，由于单个样本函数的点数仍需无限长，所以在实际工作中做起来是不可能的。通常仅能取有限长的点数来计算，所计算出的统计特性不是此随机信号的真正值，仅是接近真正值的一种估计值。以下给出的随机振动信号处理方法均为平稳随机振动信号取时间坐标上有限长度做出的估计。

7.7.1 概率分布函数和概率分布密度

1. 概率分布函数

随机振动信号的概率分布函数是指一随机振动是 N 个样本函数的集合 $X=\{x(n)\}$，其中在 t_1 时刻，有 N_1 个样本的函数值不大于特定值 x，那么其概率分布函数为：

$$P(X \leqslant x, t_1) = \lim_{N \to \infty} \frac{N_1}{N} \qquad (7\text{-}43)$$

瞬时值概率分布函数为 0 到 1 之间的实数，是变量 x 的非递减函数。必须指出的是只有当样本函数个数足够大时，$\dfrac{N_1}{N}$ 才趋向一个稳定值，即概率。

2. 概率分布密度

概率分布函数对变量 x 的一阶导数即为概率分布函数，其物理意义为采样数据点位于某一范围的概率，其表达式为：

$$p(x) = \frac{N_x}{N \Delta x} \qquad (7\text{-}44)$$

式中：Δx 是以 x 为中心的区间；N_x 为数组中数值落在 $x \pm \dfrac{\Delta x}{2}$ 范围中的数据个数；N 为总的数据个数。

7.7.2 均值、均方值和方差

1. 均　值

随机振动信号的均值是离散信号数据点 $x(k)(k=1,2,\cdots,N)$ 的平均值。随机振动信号均值的估计为：

$$u_x = \frac{1}{N}\sum_{k=1}^{N} x(k) \tag{7-45}$$

2. 均方值

随机振动信号均方值是离散信号数据点 $x(k)(k=1,2,\cdots,N)$ 的平方的平均值。其估计如下：

$$\psi_x^2 = \frac{1}{N}\sum_{k=1}^{N} x^2(k) \tag{7-46}$$

3. 方　差

显然方差的定义是去除了均值后的均方值。离散随机信号方差的表达式为：

$$\sigma_x^2 = \frac{1}{N}\sum_{k=1}^{N} [x(k)-u_x]^2 \tag{7-47}$$

7.7.3 相关函数

相关函数表示时间序列间的相似程度，分为自相关函数和互相关函数。

1. 自相关函数

自相关函数为同一时间序列不同瞬时间的相似关系。离散随机振动信号的自相关函数表达式为：

$$R_{xx}(k) = \frac{1}{N}\sum_{i=1}^{N-k} x(i)x(i+k) \quad (k=0,1,2,\cdots,m) \tag{7-48}$$

式中：$x(i)$ 是随机振动信号样本函数。

2. 互相关函数

互相关函数表示两个不同的时间序列间的相似关系，其大小代表两个不同信号之间的波形相似程度。离散随机振动信号的互相关函数表达式为：

$$R_{xy}(k) = \frac{1}{N-k} \sum_{i=1}^{N-k} x(i)y(i+k) \quad (k=0,1,2,\cdots,m) \tag{7-49}$$

7.8 振动信号的频域分析

频域处理首先基于傅里叶变换将时域信号变化为以频率为自变量的频域信号。傅里叶谱、频响函数、相干函数、反应谱等均为振动信号频域分析的范畴。

7.8.1 功率谱密度函数

1. 自功率谱密度函数

单个信号的功率谱密度函数叫作自功率谱密度函数，其为该随机振动信号的自相关函数的傅里叶变换，表达式如下：

$$S_{xx}(k) = \frac{1}{N} \sum_{r=0}^{N-1} R_{xx}(r) \mathrm{e}^{-\mathrm{j}2\pi kr/N} \tag{7-50}$$

2. 互功率谱密度函数

两个信号的功率谱密度函数称为互功率谱密度函数，其为两振动信号互相关函数的傅里叶变换，其表达式如下：

$$S_{xy}(k) = \frac{1}{N} \sum_{r=0}^{N-1} R_{xy}(r) \mathrm{e}^{-\mathrm{j}2\pi kr/N} \tag{7-51}$$

7.8.2 频响函数和相干函数

频响函数为互功率谱密度函数与自功率谱密度函数之比，表达式如下：

$$H(k) = \frac{S_{xy}(k)}{S_{xx}(k)} \tag{7-52}$$

频响函数反映的是被测系统本身对输入信号在频域中的传递特性。

相干函数为互功率谱密度函数的模的平方除以输入和输出自谱乘积所得到的商，表达式如下：

$$C_{xy}(k) = \frac{|S_{xy}(k)|^2}{S_{xx}(k)S_{yy}(k)} \qquad (7\text{-}53)$$

实际上，相干函数常常用来作为评判频响函数的标准，相干函数的值越大，说明频响函数的估计就越好。一般认为其值大于 0.8 时，频响函数的估计结果比较准确可靠。

7.9 标定变换

标定变换主要是将传感器直接测得的信号转换为所测物理量值，例如对于电压数字量的数据，传感器直接测得量为电压值，将该电压值直接乘以传感器的标定值，即传感器的物理量与输出电压的比值，即可得到所测物理量的值，标定变换即可完成。

振动测试中，由于主客观等各种因素的影响，所得到的信号必然夹杂着一些虚假成分，这时的信号与真实信号间存在一些差别，如若未经修正、处理而直接运用，则不可避免地会产生一定的误差，甚至得出错误的结论，因此必须在对振动信号进行分析前进行预处理，只有经过预处理的信号才能用于进一步的分析。而后通过分析经过预处理的信号，才能得出正确反映被测物体的结论。

振动信号处理大致有振动信号预处理、时域分析、频域分析等环节。振动信号预处理的目的主要是对测试信号进行初步处理，去除信号中的虚假干扰成分，为后续时域分析和频域分析提供可靠数据源；信号时域分析和频域分析的目的是通过一定的变换手段，提取出信号背后的能够反映被测物体本身的一些本质的东西。通常振动信号预处理又包含标定变换、趋势项去除、滤波、异点剔除等环节。

7.9.1 经验模态分解法（EMD Method）

EMD 法是由黄锷提出的，是目前一种应用极为广泛的信号分析方法。该方法不需要事先假定基函数，仅基于随机振动信号本身的时间尺度特征便能对信号进行分解，基于此特点，EMD 法在理论上适用于任何信号类型。EMD 法假定任何信号均可等效为几个固有模式函数 IMF 的叠加，详细步骤如下：

设 $x(t)$ 为原始信号，第一步为识别出 $x(t)$ 的所有极值点，然后用 3 次样条曲线串联所有极大值点形成 $x(t)$ 的上包络线，再串联所有极小值点形成下包络线。设上下包络线均值为 m_1，则 $x(t)$ 与 m_1 的差用 $h_1^1 = x(t) - m_1$ 表示。若 h_1^1 满足：① 极值点总数与零点总数相等或最多差 1；② 任一点处，上下包络线均值都为零；则 h_1^1 便是首个 IMF。若 h_1^1 不满足上述两个条件，那就需要进一步对 h_1^1 重复进行上述筛选过程。假设 k 次筛选后的 h_1^k 满足上述两个条件，则其即为该信号的首个 IMF，记作 $C_1 = h_1^k$。再对 $x(t)$ 与 C_1 的差 $r(t) = x(t) - C_1$ 进行如上同样的过程，从而能够推出第二个 IMF 分量 C_2。直到特定的终止条件得到满足，则整个分解过程才能停止。终止条件一般为 IMF 分量或余量 r_n 小于某预先设定的值，或者是余量 r_n 成为单调函数。经过这一过程后，$x(t)$ 便能够用 n 个 IMF 及余量 r_n 的和来表示：

$$x(t) = \sum_{j=1}^{N} C_j(t) + r_N(t) \tag{7-54}$$

第一个 IMF 分量包含有初始信号中的最高频成分，IMF 阶数越高，其包含的频率成分越低，故原始信号中的最低频率成分则包含于余量 r_n 当中，鉴于 EMD 分解的收敛准则，r_n 即为趋势项。

7.9.2　滑动平均法（Sliding Average Method）

滑动平均法是一种原理相对较为简单的方法，该方法不需要预先假定趋势项函数的形式，也不需要求解趋势项的表达式，便于工程应用。

滑动平均法的基本计算公式为：

$$y_i = \sum_{n=-N}^{N} h_n x_{i-n} (i = 1, 2, 3, \cdots, m) \tag{7-55}$$

式中　x——采样数据；

　　　y——处理后的数据；

　　　m——数据点高数；

　　　$2N+1$——平均点数；

　　　h_n——加权平均因子，加权平均因子必须满足其和等于 1。

对于简单滑动平均法，其加权因子为：

$$h_n = \frac{1}{2N+1} \quad (n=0,1,2,\cdots,N) \tag{7-56}$$

对应的基本表达式为：

$$y_i = \frac{1}{2N+1}\sum_{n=-N}^{N} x_{i-n} \tag{7-57}$$

对于加权平均法，若做五点加权平均（N=2），可取：

$$\{h\} = \{h_{-2}, h_{-1}, h_0, h_1, h_2\} = \frac{1}{9}\{1,2,3,2,1\}$$

根据最小二乘法原理，对振动信号进行线性滑动平均的方法即为直线滑动平均法，五点滑动平均（ $N=2$ ）的计算公式为：

$$\begin{cases} y_1 = \frac{1}{5}(3x_1 + 2x_2 + x_3 - x_4) \\ y_2 = \frac{1}{10}(4x_1 + 3x_2 + 2x_3 + x_4) \\ \quad\vdots \\ y_i = \frac{1}{5}(x_{i-2} + x_{i-1} + x_i + x_{i+1} + x_{i+2}) \quad (i=3,4,\cdots,m-2) \\ \quad\vdots \\ y_{m-1} = \frac{1}{10}(x_{m-3} + 2x_{m-2} + 3x_{m-1} + 4x_m) \\ y_m = \frac{1}{5}(-x_{m-3} + x_{m-2} + 2x_{m-1} + 3x_4) \end{cases} \tag{7-58}$$

本书基于 MATLAB 软件，根据滑动平均法的基本理论编制相关计算程序，提取振动台信号的趋势项，进而将其剔除，部分代码如下：

```
clear all
clc
A=dir('*.txt');
filenum=length(A);
for i=1:filenum
    data=load(A(i).name);
    [c,r]=size(data);
    t= data(1:c,1);
    x= data(1:c,2);
```

```
%%%%%%%%%%%%%%%%%%%    消除趋势项（核心部分）
l=30;                               % 滑动阶数
m=100;                              % 平滑次数
b1=ones(l,1);
a1=[b1*x(1);x;b1*x(c)];
b2=a1;
for k=1:m
    for j=l+1:l+c
        b2(j)=mean(a1(j-l:j+l));
    end
    a1=b2;                          % 趋势项
end
y=x(1:c)-a1(1+l:c+l);               % 消除趋势项
......
```

运用该法进行趋势项除去，可视化成果如图 7-17、图 7-18 所示。

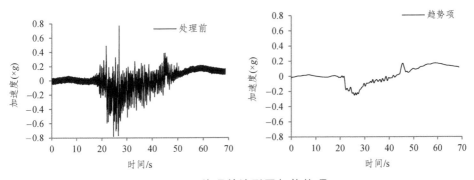

图 7-17　处理前波形图与趋势项

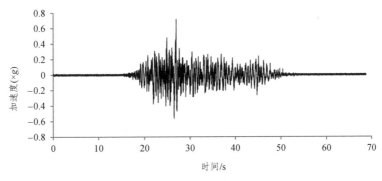

图 7-18　处理后波形图

参考文献

[1] 胡聿贤. 地震工程学[M]. 北京：地震出版社，2006.

[2] MARTIN D C, DAVID J L. Response of soils foundations and earth structures to the Chilean earthquake of 1960[J]. Bulletin of the Seismological Society of America, 1963, 53(2): 309-357.

[3] 刘恢先. 唐山大地震震害[M]. 北京：地震出版社，1986.

[4] RILEY CHUNG. The January 17, 1995 Hyogoken-Nanbu (Kobe) Earthquake[R]. 1996.

[5] HISASHI, SUMITOMO. System analysis of earthquake damage on water supply net works in Kobe City, Proeeedings of the 4th International symposium on Water pipe Systems[C]. 1997: 137-145.

[6] 宋胜武. 汶川大地震工程震害调查分析与研究[M]. 北京：科学出版社，2009.

[7] 陈运泰，杨智娴，张勇，等. 从汶川地震到芦山地震[J]. 中国科学：地球科学，2013（06）：1064-1072.

[8] 中日联合考察团，周福霖，崔鸿超，等. 东日本大地震灾害考察报告[J]. 建筑结构，2012，42（4）：1-20.

[9] GB 18306—2015 中国地震动参数区划图[S]. 北京：中国标准出版社，2015.

[10] DAVID L, ALEX T, JEAN-ROBERT P. Performance of lifelines during the 1994 Northridge earthquake[J]. Canadian Journal of Civil Engineering, 1995, 22: 438-451.

[11] LE VAL LUND. Lifeline Utilities Performance in the 17 January Northridge, California, Earthquake[J]. Bulletin of the Seismological Society of America, 1996, 86(1): 350-361.

[12] 高田至郎. 地震工学[M]. 东京：共立出版社，1991.

[13] ASTANEH S M F, KO H Y, STURE S. Assement of earthquake effects on

soil embankments[A]. In: Leung, Lee, Taneds. Centrifuge 94[C]. Rotterdam: A. A. Balkema, 1994.

[14] DAVID M W, ADAM C, TAYLOR C. Shaking table testing of geotechnical models[J]. International Journal of Physical Modelling in Geotechnics, 2002, 2(1): 1-13.

[15] DATTA S K, SHAH A H, EI-AKILY N. Dynamic Behavior of Buried Pipe in a Seismic Environment[J]. J of Appl Mech, ASME, 1982, 49: 141-149.

[16] YIMSIRIS, SOGA K, YOSHIZAKI K, et al. Lateral and upward soil-pipeline interactions in sand for deep embedment conditions[J]. Journal of Geotechnical and Geoenvironmental Engineering, 2004, 130(8): 830-842.

[17] WANG L R L, CHENG K M. Seismic response behvaior of buried pipelines[J]. J of Pressure Vessel Technoloyg, ASME, 1979, 101: 21-30.

[18] Ommittee on Gas and Liquid Fuel Lifelines of ASCE. Guidelines for the Seismic Design of Oil and GasPipeline Systems[M]. New York: Amerieal Society of Civil Ensineers, 1984.

[19] 日本大坝委员会. 坝工设计规范[S]. 1978.

[20] 董汝博，周晶，冯新. 一种考虑局部场地收敛性的多点地震动合成方法[J]. 振动与冲击，2007(04)：5-9+20+165.

[21] HAO H, OLIVEIRA C S, PENZIEN J. Multiple-station ground motion processing and simulation based on SMART-1 array data[J]. Nuclear Engineering and Design, 1989, 111: 293-310.

[22] 李海林，郭崇慧，杨丽彬. 基于分段聚合时间弯曲距离的时间序列挖掘[J]. 山东大学学报（工学版），2011，41（5）：57-62.

[23] 吴勇信，高玉峰. 基于功率谱矩阵开方分解的空间相关多点地震动合成方法[J]. 工程力学，2012（04）：29-35.

[24] OHSAKI Y. On the significance of phase content in earthquake ground motion[J]. Earthquake Engineering and structural Dynamics, 1979, 7: 427-439.

[25] 朱昱，冯启民. 相位差谱的分布特征和人造地震动[J]. 地震工程与工程振动，1992（01）：37-44.

[26] 屈铁军，王前信. 空间相关的多点地震动合成（I）基本公式[J]. 地震工程与工程振动，1998，01：8-15.

[27] NIGAM N C. Phase properties of a class of random process[J]. Earthquake-

Engineering and Structural Dynamics, 1982, 11 (10): 711-717.

[28] SHRIKHANDE M, GUPTA V K. On the characterization of the phase spectrum for strong motion synthesis[J]. Journal of Earthquake Engineering, 2001, 5(4): 465-482.

[29] VANMARCKE, HEREDIAZAVONI, FENTON. Conditional simulation of spatially correlated earthquake ground motion Vanmarcke[J]. Journal of Engineering Mechanics, 1993, 119(11): 2332-2352.

[30] VANMARCKE, FENTON. Conditioned simulation of local fields of earthquake ground motion[J]. Structural Safety, 1991(10): 247-264.

[31] REZAEIAN, SANAZ, DER KIUREGHIAN, et al. Simulation of orthogonal horizontal ground motion components for specified earthquake and site characteristics[J]. Earthquake Engineering and Structural Dynamics, 2012, 41(2): 335-353.

[32] LOPEZ O A, HERNANDEZ J J. Response spectra for two horizontal seismic components and applieation of the CQC3-rule[C]. Proeeedings of the 7th U.S. National Conference on Earthquake Engineering, Boston, 2002.

[33] ZHANG X D, BAO Z. Non-stationary signal analysis and processing[M]. Beijing: National defense industry publisher, 1998.

[34] MORLET J, ARENS E, FOURGEAU E, et al. wave propagation and sampling theory-part2: sampling theory and complex waves [J]. Geophysics, 1982, 47(2): 222-236.

[35] 杨培杰，印兴耀，张广智. 希尔伯特-黄变换地震信号时频分析与属性提取[J]. 地球物理学进展，2007，22（5）：1585-1590.

[36] HUANG N E, SHEN Z, LONG S R, et al. The empirical mode decomposition and Hilbert spectrum for nonlinear and non-stationary time series analysis[J]. Proc. Roy.Soc. London A, 1998, 454: 903-995.

[37] BRADLEY M B, CAMELIA K, TOM M, et al. Application of the empirical mode decomposition and Hilbert-Huang transform to seismic reflection data[J]. Geophysics, 2007, 72(2): 29-37.

[38] 公茂盛，谢礼立. HHT 方法在地震工程中的应用之初步探讨[J]. 世界地震工程，2003，19（3）：39-43.

[39] 吴琛，周瑞忠. Hilbert-Huang 变换在提取地震信号动力特性中的应用[J]. 地震工程与工程振动，2006，26（5）：41-46.

[40] CHEN Q H, HUANG N E, RIEMENS-CHNEIDER S, et al. A B spline approach for empiricalmode decompositions[J]. Advances in Computational Mathematics, 2006(24): 171-195.

[41] RILLING G, FLANDRIN P, GONCAL-VES P. On Empirical Mode Decomposition and its algorithms[C]. IEEE2 EURASIP Workshop on Nonlinear Signal and Image Processing，GRADO (I), 2003.

[42] 郑天翔，杨力华. 经验模式分解算法的探讨和改进[J]. 中山大学学报（自然科学版）. 2007，46（1）.

[43] ALLBERT BOGGESS FRANCIS J. NARCOWICH, A first course in wavelets with fourier analysis, 2/e. ISBN 978-7-121-10177-9.

[44] DAUBECHIES I. Ten lectures on wavelets[M]. SIAM: philadephia，PA，1992.

[45] ALLBERT BOGGESS FRANCIS J. NARCOWICH, A first course in wavelets with fourier analysis, 2/e. ISBN 978-7-121-10177-9.

[46] HUTTENLOCHER D P, KLANDERMAN G A, RUCHLIDGE W J. Comparing Images Using the Hausdorff Distance[J]. IEEE Trans Pattern A-nal Match Intell,1993,15: 850-863.

[47] EUROPEAN COMMITTEE FOR STANDARDIZATION. Eurocode8: Design of Structure for Earthquake Resistance[S]. 2003.

[48] KAUL M K. Stochastic characterization of earthquakes through their response spectrum[J]. Earthq. Eng.Stru. Dyn., 1978, 6: 497-509.

[49] SCANLAN R H, SACHS K. Earthquake time histories and response spectra[J]. J. Eng. Mech. Div.,EM4, 1974, 635-655.

[50] 欧进萍,刘会仪. 基于随机地震动模型的结构随机地震反应谱及其应用[J]. 地震工程与工程振动，1994，14（1）：14-23.

[51] 崔广心. 相似理论与模型试验[M]. 徐州：中国矿业大学出版社，1991.

[52] 袁文忠. 相似理论与静力学模型试验[M]. 成都：西南交通大学出版社，1998.

[53] DUNCAN W J. Physical Similarity and Dimensional Analysis[M]. London: Edward Arnold, 1953.

[54] LI S. Similarity and Dimensional Methods in Mechanics [M]. New York: Academic Press, 1959.

[55] KANA D, BOYCE L, BLANEY G. Development of a scale model for the dynamic interaction of a pile in clay[J]. Journal of energy resources

technology, ASME, 1986, 108(3): 254-261.

[56] IAI S. Similitude for shaking table tests on soil-structure-fluid model in 1g gravitational field[J]. Soils and Foundations, 1989, 29(1): 105-118.

[57] BATHURST R J, ZARNANI S, GASKIN A. Shaking table testing of geofoam seismic buffers[J]. Soil Dynamics and Earthquake engineering, 2007, 27(4): 324-332.

[58] LIN M L, WANG K L. Seismic slope behavior in a large-scale shaking table model test[J]. Engineering Geology, 2006, 86(2): 118-133.

[59] 范鹏贤，王明洋，邢灏喆，等. 模型试验中材料变形破坏的时间相似问题[J]. 岩石力学与工程学报，2014，33（9）：1843-1851.

[60] 中华人民共和国住房和城乡建设部. GB 50011—2010 建筑抗震设计规范[S]. 北京：中国建筑工业出版社，2010.

[61] SABNIS G M, HARRIS H G, WHITE R N, et al. Structural modeling and experimental techniques[M]. New Jersey: Prentice Hall, 1983.

[62] YOUSSEF M A, HASHASH, JEFFREY J H, et al. Seismic design and analysis of underground structures[J]. Tunnelling and Underground Space Technology, 2001, 16, 247-293.

[63] 谢定义. 土动力学[M]. 北京：高等教育出版社，2011，5：279-300.

[64] HARDIN B O, DRNEVICH. Shear modulus and damping in soils: Ⅰ. measurement and parameter effects, Ⅱ. design equations and curves[R]. Lexington University of Kentucky Technical Reports：UKY 27-70-CE 2 and 3.

[65] MARTIN P P, SEED H B. One-dimensional dynamic ground response analyses[J]. Journal of the geotechnical engineering division, 1982, 108(7): 935-952.

[66] STOKOE K H, DARENDELI M B, ANDRUS R D, et al. Dynamic soil properties: Laboratory, field and correlation studies[C]. 2nd International Conference on Earthquake and Geotechnical Engineering, 1999.

[67] HARDIN B O, DRNEVICH V P. Shear modulus and damping of soils: measurement and parameter effects[J]. Journal of Soil Mechanics and Foundation Division , 1972, 98(6): 603-624.

[68] ISAO I, ZHANG X J. Unified Dynamic Shear moduli And Damping Ratios of Sand and Clay[J]. Soils and Foundation, 1993, 33(1): 182-191.

[69] ROY H B. Dynamic Properties of Piedmont Residual Soils[J]. Journal of

Geotechnical Engineering , ASCE, 1996, 122(10): 813-821.

[70] ZHANG J F, RONALD D A, JUANG C H. Nomalized Shear Modulus and Material Damping Ratio Relationships[J]. Journal of Geotechnical and Geoenvironmental Engineering, ASCE, 2005, 131(4): 453-464.

[71] 陈国兴, 刘雪珠, 朱定华, 等. 江苏长江以南地区新近沉积土动剪切试验研究[J]. 地下空间与工程学报, 2007, 3（4）: 745-750.

[72] 彭盛恩, 王志佳, 廖蔚茗, 等. 土的动剪切模量比和阻尼比的经验模型研究[J]. 地下空间与工程学报, 2014, 10（3）: 566-572.

[73] 王志佳. 土及岩石动力学参数的统计与分析[D]. 成都: 西南交通大学, 2012.

[74] 陈国兴. 岩土地震工程学[M]. 北京: 科学出版社, 2007.

[75] DARENDELI B M. Development of a New Family of Normalized Modulus Reduction and Material Damping Curves[D]. University of Texas at Austin，Austin，Texas, 2001.

[76] WANG Z J, FAN G, HAN J W, et al. Reference Strain γr in Hyperbolic Modeling of Dynamic Shear Modulus of Soils[J]. IACGE, 2013: 271-278.

[77] 袁晓铭, 孙锐, 孙静, 等. 常规土类动剪切模量比和阻尼比试验研究[J]. 地震工程与工程振动, 2000, 20（4）: 133-139.

[78] ISHIBASHI I, ZHANG X. Unified dynamic shear modulus and damping ratios of sand and clay[J]. Soils and Foundations, 1993, 33(1): 182-191.

[79] BORDEN R H, SHAO L, GUPTA A. Dynamic properties of piedmont residual soils[J]. Journal of Geotechnical Engineering, ASCE, 1996, 122(10): 813-821.

[80] ZHANG J F, ANDRUS R D, JUANG C H. Normalized shear modulus and material damping ratio relationships[J]. Journal of Geotechnical and Geoenvironmental Engineering, ASCE, 2005, 131(4) :453-464.

[81] 中华人民共和国水利部. GB/T 50123—1999 土工试验方法标准[S]. 北京: 中国建筑工业出版社, 1999.

[82] 李安洪, 周德培, 冯君. 顺层岩质路堑边坡破坏模式及设计对策[J]. 岩石力学与工程学报, 2009, 28（1）: 2915-2921.

[83] 徐光明, 邹广电, 王年香. 倾斜基岩上的边坡破坏模式和稳定性分析[J]. 岩土力学, 2004, 25（5）: 703-708.

[84] 董金玉, 杨国香, 伍法权, 等. 地震作用下顺层岩质边坡动力响应和破坏模式大型振动台试验研究[J]. 岩土力学, 2011, 32（10）: 2977-2982.

[85] 吴世明，徐枚在. 土动力学现状与发展[J]. 岩土工程学报，1998（3）：125-131.

[86] CASAGRANDE A. Characteristics of cohesionless soils affecting the stability of slopes andearthfills[J]. Journal of the Boston Society of Civil Engineers, 1936, 23(1): 257-276.

[87] SEED H B, LEE K L. Liquefaction of saturated sands during cyclic loading[J]. Journalof the Soil Mechanics and Foundation Division, ASCE, 1966(6): I05-I34.

[88] HUANG W X. Investigation on stability of saturated soil foundation and slope againstliquefaction[A]//Proceedings of 5 International Conference of Soil Mechanics and Foundation Engineering[C], 1961.

[89] 汪闻韶. 饱和砂土振动孔隙水压力的产生、扩散和消散[C]. 中国土木工程学会第一届土力学及基础工程学术会议，1964.

[90] 汪闻韶. 土的动强度和液化特性[M]. 北京：中国电力出版社，1997.

[91] SEED H, IDRISS I, ARANGO I. Evaluation of Liquefaction Potential Using Field Performance Data[J]. Journal of Geotechnical Engineering, 1983, 109(3): 458-482.

[92] 汪闻韶. 土体液化与极限平衡和破坏的区别和关系[J]. 岩土工程学报，2005，27（1）：1-10.

[93] 陈国兴，左熹，王志华，等. 可液化场地地铁车站结构地震破坏特性振动台试验研究[J]. 建筑结构学报，2012，33（1）：128-137.

[94] 凌贤长，王东升，王志强，等. 液化场地桩-土-桥梁结构动力相互作用大型振动台模型试验研究[J]. 土木工程学报，2004，37（11）：67-72.

[95] 汪幼江，王天龙. 砂和粉土液化的振动箱试验[J]. 水电自动化与大坝监测，1999（6）：28-31.

[96] 黄春霞，张鸿儒，隋志龙，等. 饱和砂土地基液化特性振动台试验研究[J]. 岩土工程学报，2006，28（12）：2098-2103.

[97] 鞠杨，苏宏. 微粒混凝土配制技术[J]. 低温建筑技术，1994（4）：25-26.

[98] 国巍，余志武，蒋丽忠. 地震模拟振动台台阵性能评估与测试注记[J]. 科技导报，2013，31（12）：53-58.

[99] 杨林德，季倩倩，郑永来，等. 地铁车站结构振动台试验中模型箱设计的研究[J]. 岩土工程学报，2004，26（1）：75-78.

[100] 王志华，陈国兴，宰金珉. 考虑 SSI 效应的 TMD 减震特性振动台模型试验研究[J]. 南京工业大学学报，2002，24（5）：34-39.

[101] 陈国兴，王志华，左熹，等. 振动台试验叠层剪切型土箱的研制[J]. 岩土工程学报，2010，32（1）：89-97.

[102] PRASAD S K. Evaluation of deformation characteristics of 1-g model ground during shaking using a laminar box[D]. Tokyo: University of Tokyo, 1996.

[103] ZENG X, SCHOFIELD A N. Design and Performance of an Equivalent ShearBeam (ESB) Container for Earthquake Centrifuge Modeling[J]. Geotechnique, 1996, 46(1): 83-102.

[104] 夏祁寒. 应变片测试原理及在实际工程中的应用[J]. 山西建筑，2008，28：99-100.

[105] 尹福炎. 电阻应变片的温度自补偿及其他[J]. 衡器，2009，9：40-44+53.

[106] 孙训方，方孝根，关来泰. 材料力学：下册[M]. 2 版. 北京：高等教育出版社，1994.

[107] 李顺群，高凌霞，冯慧强，等. 一种接触式三维应变花的工作原理及其应用[J]. 岩土力学，2015（05）：1513-1520.

[108] 刘宇，鞠文斌，刘羽熙. 加速度传感器的检测应用研究进展[J]. 计量与测试技术，2010，10：24-25.

[109] 袁刚. 六维加速度传感器的原理、系统及特性研究[D]. 重庆：重庆大学，2010.

[110] 董世田. 土压力传感器的类型及其选用[J]. 传感器技术，1983（3）：48-49+47.

[111] 李文阳，潘春娟，刘洪佳. 土压力盒在混凝土结构模型试验中的应用[J]. 山西建筑，2007，32：83-84.

[112] 程瑶，姚鑫. 振弦式压力传感器在隧道安全监测中的应用[J]. 科技风，2012，12：99.

[113] 陈春红，刘素锦，王钊. 土压力盒的标定[J]. 中国农村水利水电，2007（2）：29-32.

[114] 杨钰. 浅谈土压力盒的埋置方法[J]. 山西建筑，2008，31：103-104.

[115] 徐光明，陈爱忠，曾友金，等. 超重力场中界面土压力的测量[J]. 岩土力学，2007，12：2671-2674.

[116] 昌学年，姚毅，闫玲. 位移传感器的发展及研究[J]. 计量与测试技术，2009（09）：42-44.

[117] 刘果. 智能型电容式位移传感器的研制及应用[J]. 水电自动化与大坝监测，2006（03）：42-44.

[118] 深圳诚科工程咨询有限公司. 西南交通大学边坡地震台监测实验报告[M]. 2015.

[119] 曹照平, 王社良, 马胜利. 光纤传感器在土木工程中的应用[J]. 南京建筑工程学院学报, 2000（04）：47-50.

[120] 王冬生, 王桂梅, 潘玮炜, 等. 光纤光栅位移传感器的研究[J]. 仪表技术与传感器, 2008（09）：6-8+17.

[121] 何少灵, 郝凤欢, 刘鹏飞, 等. 温度实时补偿的高精度光纤光栅压力传感器[J]. 中国激光, 2015（06）：174-178.

[122] 于秀娟, 余有龙, 张敏, 等. 光纤光栅传感器在土木工程结构健康监测中的应用与进展[A]. 中国光学学会光电技术专业委员会. 光电技术与系统文选：中国光学学会光电技术专业委员会成立二十周年暨第十一届全国光电技术与系统学术会议论文集[C]. 中国光学学会光电技术专业委员会, 2005：6.

[123] 大崎顺彦. 地震动的谱分析[M]. 北京：地震出版社, 2008.

[124] 梁远森, 许红, 王云昌. 高层建筑结构的自振周期的计算与实测[J]. 河南科学, 2005, 23（5）：699-703.

[125] 赵庆亮, 刘嘉濛, 王华庆, 等. 振动信号积分方法研究[C]//全国设备监测诊断与维护学术会议、全国设备故障诊断学术会议暨全国设备诊断工程会议, 2014.